Ruby 开发经典，
现场工程师手把手教的 Rails 高效实践方法！

应用开发

Ruby on Rails
最强教科书

[完全版]

THE FIRST-BEST TEXTBOOK OF
RUBY ON RAILS APPLICATION DEVELOPMENT
[COMPLETE EDITION]

[日] 太田 智彬　　[日] 寺下 翔太　　[日] 手塚 亮　　[日] 宗像 亚由美　著
TOMOAKI OTA　　SHOTA TERASHITA　　RYO TEZUKA　　AYUMI MUNAKATA

张倩南 译

中国青年出版社

前言

在使用Ruby on Rails时，即使是实现相同的功能也有多种做法，所以对初学者来说，从网上大量的信息中找出最好的实现方法是非常困难的。

通常，掌握最好的实现技术是需要一定经验的，而通过阅读本书来选择有用的功能，舍弃用不到的功能，大家就可以更有效率地学习了。

此外，Rails中有许多约定俗成、经常使用的程序库，所以对于某些功能，与其自己实现不如直接使用程序库。但这方面的知识也如前面所说的那样，需要一定的经验。本书会以实践的形式来介绍这些程序库的功能和使用方法，帮助大家快速理解吸收。

不仅是开发，本书还覆盖了关于发布、运行的最好方法，因此掌握本书的内容后，你就有能力独自承担一个中小规模的服务运用了。

全体作者

写给读者

本书会介绍一些Ruby特有的语法，但是不会涉及基础的语法知识。因此，本书是面向接触过Ruby或者其他编程语言的读者，具体如下。

- 学习过Ruby，想继续进阶，尝试做应用程序的人。
- 在实际工作中使用JavaScript，想学习后端技术的前端工程师。
- 有使用PHP、Node.js的MVC框架进行应用程序开发的经验，现在想改用Ruby on Rails进行开发的人。

此外，因为本书的特点是帮助读者高效地学习从开发到运行的最好实现方法，所以也十分欢迎以下人群阅读。

- 学习过Ruby on Rails的教程（https://railstutorial.jp/），但没有进一步深入的人。
- 勉强可以进行开发工作，但因为不清楚最佳方法，所以不确定自己的实现方法是否合适的人。
- 虽然可以进行开发工作，但因为不会灵活运用，在导入实际业务时停滞不前的人。

但是，完全没有接触过编程，甚至对"什么是Ruby？""什么是if语句、for语句？"都感到困惑的初学者，不是本书面向的对象。如果想阅读本书，可先阅读Ruby的入门书，或通过教程网站（https://www.ruby-lang.org/ja/documentation/quickstart/）等来学习Ruby的基础知识。

关于运行环境

下图是本书在执笔时的运行环境。

语言	版本
Ruby	2.4
Rails	5.1
Node.js	8.1
MySQL	5.7

关于OS对象

本书是以macOS和Windows 10（Windows Subsystem for Linux）为环境对象进行讲解的。在执行命令时，macOS因为已经预先安装了Terminal.app，所以用户可以直接使用，但Windows的用户需要使用Bash，所以请按以下步骤进行准备。

Windows上的Bash

在Windows上的Bash Shell环境，需要使用实现了Linux互换环境的Windows Subsystem for Linux，接下来我们介绍Bash Shell环境的安装步骤。我们可以在Windows 10 Anniversary Updata上使用Windows Subsystem for Linux，Ubuntu上提供了可以使用的Bash Shell。

1. Windows Subsystem for Linux的有效化

在"控制面板"的"程序"选项中选择"启动或关闭Windows功能"选项。在"Windows功能"对话框中勾选"适用于Linux的Windows子系统"复选框，单击"确定"按钮，就会开始安装，安装完成后，重新启动计算机即可。

图1 "控制面板"的"程序"选项

图2 "Windows功能"对话框

2. 切换为开发者模式

重新启动计算机后，在开始菜单中选择"设置"选项，在"Windows设置"面板中选择"更新和安全"选项，在"开发者选项"面板中，选择"安装任何已签名的可信应用并使用高级开发功能。"单选按钮。

图3 "开发者选项"面板界面

3. Ubuntu的安装

启动"命令提示符"输入bash后按Enter键，运行bash命令后就会开始安装Ubuntu。

成功安装Ubuntu后，为了使用UNIX我们需要输入用户名和密码，所以要设定好合适的用户名和密码。这里需要注意的是，出于安全的考虑，在输入密码时界面上不会显示任何信息，但是实际上正在输入，所以请耐心设置好。设置成功后就可以使用Bash Shell了。

图4 Ubuntu安装完成后的Bash Shell界面

关于示例代码

本书中出现的源码可以从以下的URL中下载。此外，关于源码的规则，请参考在GitHub上有7000多颗星的Ruby静态源码解析工具——RuboCop的默认设定。

示例代码：**https://github.com/ror5book/RailsSampleApp**
RuboCop：**https://github.com/bbatsov/rubocop**

目 录

Part 1　基础篇　9

Chapter 1　Ruby的基础

- 1.1　Ruby的安装 ……………………………………………………………………… 10
- 1.2　Ruby的语法 ……………………………………………………………………… 14
- 1.3　程序包的管理 …………………………………………………………………… 30

Chapter 2　Rails的基础

- 2.1　开始Rails之前 …………………………………………………………………… 34
- 2.2　Rails的安装 ……………………………………………………………………… 39
- 2.3　启动Rails服务器 ………………………………………………………………… 44
- 2.4　调试 ……………………………………………………………………………… 49
- 2.5　Rails基本的命令 ………………………………………………………………… 53
- 2.6　Rails应用程序的配置 …………………………………………………………… 55

Part 2　应用开发篇　57

Chapter 3　路由 / 控制器

- 3.1　理解路由 ………………………………………………………………………… 58
- 3.2　制作router ……………………………………………………………………… 63
- 3.3　理解控制器 ……………………………………………………………………… 66
- 3.4　制作控制器 ……………………………………………………………………… 71
- 3.5　session管理 …………………………………………………………………… 74
- 3.6　使用rescue_from进行适当的异常处理 ……………………………………… 79
- 3.7　整理复杂化的Rails Router …………………………………………………… 82
- 3.8　提高安全性 ……………………………………………………………………… 88

Chapter 4　视图

- 4.1　理解视图 ………………………………………………………………………… 92
- 4.2　制作视图 ………………………………………………………………………… 100

4.3	视图助手	106
4.4	Ajax处理	112
4.5	制作智能手机页面	114
4.6	多语言化应对	116
4.7	视图的性能调优	122

Chapter 5　数据库/模型

5.1	理解Rails中的模型	127
5.2	理解迁移	138
5.3	制作模型	146
5.4	表示关联模型	150
5.5	熟练使用验证	159
5.6	用复杂的条件获取数据	163
5.7	使用scope、enum保持可读性	167
5.8	制作不依赖RDB的模型	170
5.9	理解并正确操作ActiveRecord的行为	173

Chapter 6　测试

6.1	为什么要写测试	176
6.2	测试框架（Minitest+RSpec）	180
6.3	构建测试的运行环境	182
6.4	编写测试	187
6.5	使用高级功能编写测试	203
6.6	使用FactoryBot轻松管理测试数据	211
6.7	编写优秀的测试	220
6.8	检测覆盖率（SimpleCov）	223

Part3　发布运行篇　　227

Chapter 7　Rails的最佳实践

7.1	制作应用之前	228
7.2	制作新的应用	231
7.3	实现首页	249
7.4	实现用户认证	254

7.5	用户登录后发送邮件	266
7.6	进行异步处理	269
7.7	实现个人信息页面	275
7.8	实现一览页面	284
7.9	显示用户的详细信息	294
7.10	实现管理者界面	298

Chapter 8 部署应用

8.1	用AWS搭建环境	305
8.2	进行EC2的配置	317
8.3	制作AMI	326
8.4	配置数据库	329
8.5	配置存储	332
8.6	用Capistrano制作部署任务	335
8.7	根据部署流程进行部署	344

Chapter 9 应用的持续运行

9.1	用重构（refactoring）持续偿还技术负债	353
9.2	进行通用化，目标是DRY代码	356
9.3	编写可读性高的代码	360
9.4	做成便于故障恢复的应用	367
9.5	注意缩小影响范围	372

Chapter 10 应用运行中的要点

10.1	什么是应用的运行	376
10.2	将日志灵活运用到应用中	383
10.3	理解操作nginx、puma的命令	388

Part 1

基础篇

Chapter 1　Ruby的基础
Chapter 2　Rails的基础

CHAPTER 1　Ruby的基础

1.1 Ruby的安装

安装Ruby有很多方法,实际开发时一般使用rbenv进行安装。使用rbenv的好处是可以轻松地管理多个Ruby版本,大大减轻版本升级时的负担。

- rbenv/rbenv
  https://github.com/rbenv/rbenv

1.1.1 rbenv的安装

使用Homebrew安装(限定macOS)

macOS用户使用Homebrew可以非常便捷地安装rbenv。Homebrew的具体安装方法请访问下方的网址,安装时需要Xcode的Command Line Tools,未安装Xcode的用户请通过运行下方的命令进行安装。

```
$ xcode-select --install
```

- Homebrew
  https://brew.sh/index_ja.html

图1-1　Homebrew页面

安装好Homebrew后，在终端输入下图的命令安装rbenv。出现Installation successful! 提示后说明安装成功。顺便提醒一下，根据网络环境的不同，安装时可能需要一些时间。

```
$ brew update
$ brew install rbenv
```

GitHub路径安装

Windows用户可以用接下来将要介绍的GitHub路径进行rbenv的安装。

首先我们要运行下方的命令，预先安装rbenv必要的工具、程序库等。

```
$ sudo apt-get install build-essential \
libssl-dev libreadline-dev zlib1g-dev \
git
```

安装完成后，从GitHub库把源码校验到本地。

```
$ git clone https://github.com/rbenv/rbenv.git ~/.rbenv
```

校验完成后，使用make命令构建源码。

```
$ cd ~/.rbenv && src/configure && make -C src
```

源码构建完成后，构建路径。下方的操作是以bash为前提的，如果你使用的是zsh，请把.bash_profile替换成.zprofile再运行下方的命令。

```
$ echo 'export PATH="$HOME/.rbenv/bin:$PATH"' >> ~/.bash_profile
```

Ruby-build

为了能在rbenv上实现Ruby的安装和编译，请安装rbenv的插件ruby-build。

```
$ git clone https://github.com/sstephenson/ruby-build.git ~/.rbenv/plugins/ruby-build
```

1.1.2　使用rbenv安装Ruby

在开始操作之前，为了不用每次登录shell时都运行rbenv init命令，我们向初始化脚本中添加.bash_profile。

下方的命令是以bash为前提的，zsh的用户请把代码中的.bash_profile换成.zshrc后再运行。

```
$ echo 'eval "$(rbenv init -)"' >> ~/.bash_profile
$ source ~/.bash_profile
```

运行下方的命令后，出现"rbenv是函数"的提示后说明安装成功，接下来就可以进行下一步了。

```
$ type rbenv
rbenv是函数
```

准备工作完成后，终于可以用rbenv来安装Ruby了。首先，我们要确认可以安装的Ruby版本。

```
$ rbenv install -l
.
..
2.4.0
2.4.1
2.5.0-dev
..
.
```

因为执笔时最新的版本是2.4.1，所以运行下方的命令安装2.4.1版本。

```
$ rbenv install 2.4.1
$ rbenv versions
* system
  2.4.1
```

安装完成后，设定成global版本的Ruby。

```
$ rbenv global 2.4.1
```

设置完成后，再次确认版本。如果原本在system前面的*移到2.4.1的前面，说明更改成功了。

```
$ rbenv versions
  system
* 2.4.1
```

最后确认Ruby的版本为2.4.1，安装就完成了。

```
$ ruby -v
2.4.1
```

1.1.3 安装Node.js

因为Ruby需要使用依赖于Node.js的Gem，所以现在我们先安装Node.js。

macOS用户

在终端输入下方命令安装Node.js。

```
$ brew install node
```

安装完成后，确认版本。显示出安装的版本后说明安装成功了。

```
$ node -v
v8.9.1
```

Windows用户

在命令提示符中输入下方命令安装Node.js。

```
$ curl -sL https://deb.nodesource.com/setup_8.x | sudo -E bash -
$ sudo apt-get install -y nodejs
```

CHAPTER 1 Ruby的基础

1.2 Ruby的语法

本节将要学习Ruby的语法。不过，本书并不会详细地介绍每个函数，而是介绍对于读者来说容易感到困惑的、不同于其他语言的Ruby特有的语法。因此，如果你已经掌握了Ruby的语法，可以跳过本节。

1.2.1 语句构造

■ 标识符

Ruby的标识符以英文字母或下划线开头（a~z、A~Z、_），可以包含英文字母、下划线和数字（a~z、A~Z、_、0~9）。此外，一般来说，对于Ruby的变量名和函数名，我们习惯使用蛇形命名法（即用下划线代替空格）。

■ 注释

注释的写法主要有两种，一种是单行注释，另一种是多行注释。

```
# 单行注释

=begin
跨越
多行的
注释
=end
```

但是，在很多场合中，即使注释有很多行，我们也习惯用以#开头的注释方法。除非项目的代码规则中有明确规定，没有特殊理由的话，请使用以#开头的注释方法。

```
# 跨越
# 多行的
# 注释
```

■ 保留字

以下是Ruby中的保留字，这些保留字不能作为变量名或函数名使用。

BEGIN	class	ensure	nil	self	when
END	def	false	not	super	while
alias	defined?	for	or	then	yield
and	do	if	redo	true	__LINE__

```
begin      else       in         rescue     undef      __FILE__
break      elsif      module     retry      unless     __ENCODING__
case       end        next       return     until
```

1.2.2 变量和常量

和JavaScript中的var、let、const以及PHP中的$等相同,在Ruby中没有必要特意声明变量。我们只需要像下面这样,写上"变量名=值",就可以使用变量了。

```
name = 'Alice'
```

如果需要常量,使用以大写字母(A~Z)开头的标识符。

```
PUBLIC_KEY = 'AAAAB3NzaC1yc2EAAAAB'
PUBLIC_KEY = 'GP1+nafzlHDTYW7hdI4y'
#=> warning: already initialized constant PUBLIC_KEY
```

1.2.3 字面值

展开式

同其他语言一样,在Ruby中,用双引号括起来的字符串表达式可以展开变量。

```
name = 'Bob'
"my name is #{name}"
#=> "my name is Bob"
```

而用单引号括起来的话,则会原样输出。

```
'my name is #{name}'
#=> "my name is #{name}"
```

因此,需要展开变量的字符串用双引号括起来,其他的字符串用单引号括起来,用这种规则写代码简单明了。此外,RuboCop中的默认设置也是如此。

集成字符串

以下代码可以实现集成字符串。

```
print <<-EOS
  the string
  next line
EOS
```

而且，Ruby的集成字符串有一个显著特点，像下面这样用<<~写集成字符串，可以删除缩进。

```
def usage
  <<~USAGE
    Usage: rbenv <command> [<args>]

    local     Set or show the local application-specific Ruby version
    global    Set or show the global Ruby version
  USAGE
end

usage
#=> Usage: rbenv <command> [<args>]
#=>
#=> local     Set or show the local application-specific Ruby version
#=> global    Set or show the global Ruby version
```

正则表达式字面值

无论读者原来使用的是哪种编程语言，应该都用过正则表达式字面值，所以这里不再做详细说明。虽然Ruby的正则表达式和其他语言的正则表达式基本相同，但有一点必须要注意，那就是行首和行尾的匹配问题，请看下面的代码。

```
phone_number = <<-EOS
<script>alert('XSS');</script>
090-1234-5678
EOS

phone_number =~ /^\d+-\d+-\d+$/
#=> 31
```

如果你习惯于使用JavaScript等语言，可能会对这些代码感到惊讶并且不知为何行得通。理由很简单，^和$是表示行首和行尾的元字符，而不是表示字符串的开头和结尾的元字符。在这个例子中，因为容许XSS，所以可以像下面这样写代码。

```
phone_number = <<-EOS
<script>alert('XSS');</script>
```

```
090-1234-5678
EOS

phone_number =~ /\A\d+-\d+-\d+\z/
#=> nil
```

Rails的ActiveModel具备强大的验证功能，所以基本不用自己写正则表达式。但是在加入复杂的业务条件时，就需要自己写正则表达式了，所以请记住行首和行尾的匹配规则。

▌ 数组表达式

Ruby的数组表达式，在脚本语言中一般表示为[ ]的形式，通常记住这一点就足够了。但是这里还需要介绍另外一种可以说是Ruby独有的特殊表示法，那就是叫作%表示法的糖衣语法。当元素是字符串字面值时，可以用%w()的形式创建数组。

```
%w(foo bar baz)
#=> ["foo", "bar", "baz"]
```

一开始使用时你可能觉得很奇怪，但是习惯之后，可以不需要用'或"把字符串字面值括起来，这样可以减轻打字负担，并且代码也变得简明易读。

不过，因为这是Ruby独有的表示法，所以可能有人会不习惯。那么，如果想使用展开式的话，像%W这样使用大写字母就可以实现。

```
v = "c d"
%W(a\ b #{v}e\sf #{})

#=> ["a b", "c de f", ""]
```

在Ruby中，可以对数组使用各种运算符。当然，不用运算符的话，用标准函数也可以实现，但是使用运算符的话可以简洁直观地表示，所以会不会使用这个方法在效率上会产生差异。

下面是具有代表性的用法，请一定要掌握。

连接	差的集合	和的集合	且的集合
[1, 2] + [3, 4] #=> [1, 2, 3, 4]	[1, 2, 3] - [3, 4] #=> [1, 2]	[1, 2, 3]	[3, 4] #=> [1, 2, 3, 4]	[1, 2, 3] & [3, 4] #=> [3]

▌ 哈希表表达式

在Ruby中哈希表的键和值之间用冒号：连接。

这种记述方法类似于JavaScript的Object、Python的dictionary，所以对于接触过这些语言的读者来说应该很熟悉了。

```
{
  id: 1,
  name: 'bob'
}

{
  'key': 'value'
}
```

取出value时,用这样的方式:hash[key_name]。

key_name是字符串或符号,二者有所区别。

```
user = {
  name: 'Bob'
}

user[:name]
#=> "Bob"
```

Ruby 1.8之前,hash rocket等使用=>的记述方法来生成hash。虽然使用的机会很少,但在Ruby 2.4中,想把hash的key设为字符串时,可以使用hash rocket的记述方法。

hash rocket

```
user = {
  :name => 'symbol_key'
  "name" => 'string_key'
}

user["name"]
#=> "string_key"
# "name"和:name有区别
user[:name]
#=> symbol_key
```

1.2.4 运算符表达式

自值代入

```
foo += 12    # foo = foo + 12
```

```
a ||= 1
```

另外，下方的语句含义是，如果name的值是nil的话，则带入taro，否则name的值不变。这种方法叫作nil guard，在Ruby中很常见。

```
name ||= 'taro'
```

多重代入

```
foo, bar = [1, 2]      # foo = 1; bar = 2
foo, bar = 1, 2        # foo = 1; bar = 2
foo, bar = 1           # foo = 1; bar = nil
```

范围式

```
5.times { |n|
  if (n==2)..(n==3)
    puts n
  end
}
#=> 2
    3
```

1.2.5 方法调用

在调用方法时，可以按照惯例用带（）的记述方式，但通常情况下会把（）省略。

```
some_method()
some_method ─────────────────────────────────── 省略（）
```

此外，在方法参数的末尾传入一个及以上的hash时，可以像下面这样省略{}。

```
some_method(1, 2, a: 4) ─────────────────────── 省略{ }
some_method(1, 2, {a: 4})
```

调用带块的方法

什么是块？简单地说，就是用do~end或{~}围起来的作为参数的代码块。只有在定义时使用了yield的方法才可以接受块作为参数。

```
def method_with_block
  yield
end

method_with_block do
  puts 'foo'
end

#=> foo
```

想要使用块作为参数的话，可以在yeild的后面直接传入值。

```
def method_with_block
  yield 'john'
end

method_with_block do |name|
  puts "Hello #{name}!"
end

#=> Hello john!
```

在语法上，用do~end或{~}都可以。但从习惯上来说，1行的时候用{}，多行的时候用do~end，写链式方法调用时用do~end。链式方法调用像例①一样，把方法像链子一样连接起来。如果项目中没有规定的话，按照上述习惯来写代码比较好。

```
names = ["Alice", "Bob", "Charlie"]

# 反面示例
names.each { |name|
  puts name
}

# 反面示例
names.each do |name| puts name end

# 正面示例
names.each { |name| puts name }

# 正面示例
names.each do |name|
  puts name
end

# 反面示例
names.select { |name| name.start_with?("S") }.map { |name| name.upcase }

# 正面示例
names.select do |name|
  name.start_with?("S")
end.map { |name| name.upcase }
```
①

如果你对块有了一定程度的理解，这时你可能会有一个疑问，那就是如果我们想重复使用块的话该怎么办呢？

解决这个问题的方法就是使用Proc。Proc可以把块对象化，或者说Proc是一个可以保存的块。我们用Proc.new①生成块，用Proc.call②调用块。

```
square = Proc.new do |n|                              ——①
  n ** 2
end

class Array
  def iterate!(code)
    self.map { |n| code.call(n) }                     ——②
  end
end

puts [1, 2, 3].iterate!(square)
#=> [1, 4, 9]

puts [4, 5, 6].iterate!(square)
#=> [16, 25, 36]
```

关于块的说明还有最后一点，那就是lambda表达式，它和Proc有相似的功能。那么lambda和Proc有什么不同之处呢？

第一个不同之处是对参数的处理。在Proc中，当传递的参数不够时，会用nil来补足，但在lambda中会引起ArgumentError。在做通用的模块等场合时，一般要求严谨，所以可能用lambda会更合适。

```
proc = Proc.new{ |a, b, c| p "#{a}, #{b}, #{c}" }
proc.call(1, 2)
#=> 1, 2, nil

lambda1 = lambda{ |a, b, c| p "#{a}, #{b}, #{c}" }
lambda1.call(1, 2)
#=> wrong number of arguments (2 for 3) (ArgumentError)
```

第二个不同之处是使用return时二者的行为不同。在Proc中使用return的话，会从运行块的函数中出来，而lambda的话，会从块中出来回到运行块的函数中。

```
def method_with_proc
  proc = Proc.new { return p "proc" }
  proc.call
  puts "method_proc"
end

method_with_proc
#=> proc

def method_with_lambda
  lambda1 = lambda { return p "lambda" }
  lambda1.call
```

```
    puts "method_lambda"
end

method_with_lambda
#=> lambda
#=> method_lambda
```

从Ruby 1.9开始，lambda可以实现Rocket Syntax的shrot syntax功能，所以我们可以这样使用。

```
twice = -> (x) { 2 * x }
twice.call(3)
#=> 6
```

还有，在参数前面加上&的话，可以代替Proc将方法作为参数，这种方法一般称为折叠运算。

```
some_method = proc { |v| puts v }
[1,2,3].each(&some_method)
#=> 1
#=> 2
#=> 3
```

1.2.6 类/方法定义

类的定义

和其他语言一样，Ruby中也有Class，定义方法是像下面这样用class~end围起来。要注意Class的名称必须是以大写字母开头的标识符。而initialize是一个实例方法，在初始化Class时会被自动调用。

```
class MyClass
  def initialize
    puts 'Init'
  end
end

my_instance = MyClass.new
#=> Init
```

接下来是继承。继承是像下面这样使用<，子类会继承父类的实例方法或类方法。

```
class SuperMyClass
  def initialize
    @super_variable = 'init'
  end
end
```

```
class MyClass < SuperMyClass
end

SuperMyClass.new #=> #<SuperMyClass:0x007f9053108ea8 @super_variable="init">
MyClass.new #=> #<MyClass:0x007f9053108cf0 @super_variable="init">
```

super表示调用当前方法的父类方法。Rails中许多时候都需要重载方法，所以要注意掌握这一点。

```
class SuperMyClass
  def super_say
    puts 'super_hello'
  end
end

class MyClass < SuperMyClass
  def sub_say
    puts 'sub_hello'
  end

  def super_say
    puts 'sub_super_hello'
    super
  end
end

my_instance = MyClass.new
my_instance.sub_say       # sub_hello
my_instance.super_say     # sub_super_hello
                          # super_hello
```

模块定义

Ruby中只允许使用单一继承，不能使用多重继承。但是Ruby中有一个对应的概念可以代替多重继承，那就是Mix-in功能。想要运行Mix_in的话，一个必要的东西就是模块。

首先，和往常一样我们先来看一下代码。

```
module MyModule
  def say
    puts 'hello'
  end

  def self.say
    puts 'self_hello'
  end
end

MyModule.say #=> self_hello
```

定义好模块后，我们用include方法来安装Mix-in吧。

```
class IncludedClass
  include MyModule
end

included_instance = IncludedClass.new
included_instance.say #=> hello
```

怎么样？在模块中定义的say方法可以确认Mix-in有没有安装成功。这样我们就安装好Mix-in这个实例方法了。但是如果我们想增加类方法该怎么办呢？这里登场的是extend，我们看下面的例子。

```
class ExtendedClass
  extend MyModule
end
ExtendedClass.say #=> hello

# 因为增加为类方法，所以不影响安装
extended_class = ExtendedClass.new
extended_class.say #=> undefined method

extended_class.extend MyModule
extended_class.say #=> hello
```

这样就安装好增加的类方法了。

以上是用Mix-in安装相当于多重继承功能的方法。在Rails中，使用Concerns这个功能时需要Mix-in的知识，所以请牢记这里讲的知识。

还有就是在Ruby中，有一个读写类、模块中的实例变量的装置accessor。我们可以把它看作是所谓的getter/setter。

在accessor中，有专门用于读入的attr_reader①、专门用于写出的attr_writer②，还有用于读写的attr_accessor。我们看下面的示例代码来了解accessor的使用方法。

▶ Accessor的示例代码

```
class Book
  attr_reader :title, :price                            ——①

  def initialize(title, price)
    @title = title
    @price = price
  end
end

book = Book.new('Learning Rails', 2017)
puts book.title
#=> Learning Rails

puts book.price
```

```
#=> 2017
class Idea
  attr_reader :title ─────────────────────────────── ①

  def initialize(title)
    @title = title
  end
end

class Book < Idea
  attr_writer :title ─────────────────────────────── ②
end

book = Book.new('Learning Rails')
puts book.title
#=> Programming Ruby

book.title = 'Learning Rails 2nd Edition'
puts book.title
#=> Programming Ruby 2nd Edition
```

特异方法

特异方法这个词大家可能不大熟悉。简单地说，就是某些特定对象中固有的方法。Ruby中的类方法就是类的特异方法。

```
# 特异方法方式
class Hoge
  def Hoge.foo
  end
end

# 也可以在类定义之外
def Hoge.bar
end

# 像下面这样，即使类的名称改变了，也不要改变方法
class Hoge
  def self.baz
    'To infinity and beyond!'
  end
end
```

访问权限

和其他语言一样,Ruby中也有控制访问权限的机制。一共有3种类型:public、private和pritected。接触过其他面向对象语言的读者,应该对这3类访问权限的用途了解得很清楚,因此这里我们只是简单地回顾一下。

public

可以任意访问的方法。

private

函数式方法,即只能用没有接收者的形式进行访问的方法。因为函数式方法只能被self调用,结果就是只能被类本身或子类调用。

```ruby
class MyClass
  def some_method
    private_method
  end

  private

  def private_method
    puts 'private_method'
  end
end

MyClass.new.some_method
#=> private_method

MyClass.new.private_method
# => private method `private_method' called for #<MyClass:0x007f8f6384c0e8> (NoMethodError)
```

protected

这是能被类本身、模块以及其子类调用的方法。和private不同,这种方法能用指定了接收者的形式进行访问。

```ruby
class SuperMyClass
  protected

  def protected_method
    puts 'protected_method'
  end
end

class MyClass < SuperMyClass
```

```
  def some_method
    protected_method
    self.protected_method
    MyClass.new.protected_method
  end
end

MyClass.new.some_method
#=> protected_method
#=> protected_method
#=> protected_method
```

Protected在Rails的应用中使用的机会较少，但是，在制作精确的程序包时可能会用到，所以最好对这部分知识有个印象。

方法定义

在Ruby中用def end来定义方法。

```
def hello
  puts "Hello, world!"
end
```

想要传递参数的话，像下面这样加上（）就好了。

```
def hello(name)
  puts name
end
```

需要注意Ruby的方法有个特点，即返回值是方法中的最后一个表达式的值。在其他语言中，需要显式地加上return，而在Ruby中默认返回最后一个表达式。

```
def what_your_name
  'Alice'
end

what_your_name
#=> 'Alice'
```

以上是关于方法的基本内容，Ruby的方法还有一些习惯性的规则。

Ruby允许各种各样的写法，但自由度高的代价是，如果不知道习惯性规则的话，就会产生许多坏习惯，这里介绍几个典型例子。

第一点是关于句法。在需要使用参数的时候要在def后面加上括号，反之如果不使用参数的话就省略括号。

```
# 反面示例
def some_method()
  # code
end

# 正面示例
def some_method
  # code
end

# 反面示例
def some_method_with_parameters param1, param2
  # code
end

# 正面示例
def some_method_with_parameters(param1, param2)
  # code
end
```

第二点是方法的命名规则。在Ruby中方法名可以使用？和！，这些符号通常带有一定的含义。

？用于返回布尔值的方法，比如nil?判断对象是不是nil，empty?判断对象是否为空。

```
1.nil?
#=> false

''.empty?
#=> true
```

名称中含有！的方法和没有！的同名方法相比，具有破坏性作用。

下面我们来比较一下去除字符串首尾的空格返回新字符串的strip方法，以及破坏性方法strip!。

```
sample_string = "  hello, world  \r\n"
puts sample_string.strip
#=> hello, world

puts sample_string
#=> "  hello, world  \r\n" ─────────────────── ①
sample_string = "  hello, world  \r\n"
puts sample_string.strip!
#=> "hello, world"

puts sample_string
#=> "hello, world" ─────────────────────────── ②
```

非破坏性方法没有改变接收者自身的值①，与之相对，破坏性方法改变了接收者自身的值②。

最后一点是关于参数的规则。未使用的参数，可以像下面这样，在参数的名称前面加上_，或只用_。这样的话RuboCop等静态代码解析工具就可以避免对未使用的变量发出警告。

```
# 反面示例
result = hash.map { |k, v| v + 1 }

# 正面示例
result = hash.map { |_, v| v + 1 }
```

以上介绍的是具有代表性的一部分规则，如果有读者想更进一步了解的话，可以参考RuboCop的comitter，或者BozhidarBatsov的GitHub中名为Ruby-style-guide的仓库。

- bbatsov/ruby-style-guide

  https://github.com/bbatsov/ruby-style-guide

此外，Rails的style gide也公开了，有时间的读者可以去看一看。

- bbatsov/rails-style-guide

  https://github.com/bbatsov/rails-style-guide

1.3 程序包的管理

1.3.1 使用gem管理程序包

同Linux中的yum、Node.js中的npm一样,Ruby中也有一个叫RubyGems的程序包管理系统。RubyGems中的管理程序包(库)叫gem。此外,RubyGems本身也经常被称为gem。用Ruby进行程序开发时,gem是必不可少的,Rails也依赖于一些gem。但是,我们平常使用RubyGems这个系统时,并不需要记忆太多东西,所以可以一口气学完。

首先是gem的安装。我们可以先尝试安装比irb具有更高性能且本身是interactive shell的pry。我们先运行下面的命令。

在安装时要使用gem命令,所以我们可以在安装Ruby时一同安装。

```
$ gem install pry
```

安装成功后,在终端输入以下内容。

```
$ pry
```

然后会出现以下画面。

```
[1] pry(main)>
```

接着我们再输入以下内容。

```
[1] pry(main)> class Hello
```

怎么样?编辑器中有语法高亮,应该能够理解。确认pry的gem成功安装后,输入exit,或按contorol(在Windows中是Ctrl)+C组合键来结束pry的画面。

学完基本的操作后,我们来介绍代表性的功能。

cd

cd是用来转换范围的命令。通常在终端中运行cd命令的话会移动目录,在pry中的话则会移动对象。

```
[1] pry(main)> cd Array
[2] pry(Array):1>
```

ls

pry的ls命令可以一览作用域中的方法、变量。通常在终端里运行ls的话可以一览文件、目录，所以二者的功能很接近。

```
[2] pry(Array):1> ls
Array.methods: []    try_convert
Array#methods:
  &         assoc          concat        each_index    hash         map!
rassoc                     rotate        slice         to_h
  *         at             count         empty?        include?     max
reject                     rotate!       slice!        to_s
  +         bsearch        cycle         eql?          index        min
reject!                    sample        sort          transpose
  -         bsearch_index  delete        fetch         insert       pack
repeated_combination       select        sort!         uniq
# 中间内容省略
locals: _  __  _dir_  _ex_  _file_  _in_  _out_  _pry_
```

1.3.2 使用Bundler管理gem

在上一节中我们学习了RubyGems的使用方法，但是只有这样的话，我们还是没有可以管理应用程序依赖于哪个gem的技术。即使在本地环境中做出了完美的产品，如果不知道依赖的gem，想要构建出实际的应用环境是极其困难的，所以这里需要使用Bundler。

- bundler/bundler
  https://github.com/bundler/bundler

与其看说明，不如自己动手试试看，所以我们先来安装bundler。

```
$ gem install bundler
```

接着，我们制作可以当做应用程序的dummy文件夹，并在其中使用bundler命令。

```
$ mkdir bundle_project
$ cd bundle_project
$ bundle init
$ echo 'gem "rspec"' >> Gemfile
$ bundle install --path vendor/bundle
bundle_project $ bundle install --path vendor/bundle
Fetching gem metadata from https://rubygems.org/...........
Fetching version metadata from https://rubygems.org/..
Resolving dependencies...
```

```
Using bundler 1.15.4
Fetching diff-lcs 1.3
Installing diff-lcs 1.3
Fetching rspec-support 3.6.0
Installing rspec-support 3.6.0
Fetching rspec-core 3.6.0

Retrying download gem from https://rubygems.org/ due to error (2/4):
Gem::RemoteFetcher::FetchError Errno::ECONNRESET: Connection reset by peer -
SSL_connect (https://rubygems.org/gems/rspec-core-3.6.0.gem)Installing rspec-
core 3.6.0
Fetching rspec-expectations 3.6.0
Installing rspec-expectations 3.6.0
Fetching rspec-mocks 3.6.0
Installing rspec-mocks 3.6.0
Fetching rspec 3.6.0
Installing rspec 3.6.0
Bundle complete! 1 Gemfile dependency, 7 gems now installed.
Bundled gems are installed into ./vendor/bundle.
```

想要在应用程序的本地运行gem的话要怎么办呢？答案很简单，只要在开头加上bundle exec即可。

```
$ bundle exec rspec
No examples found.


Finished in 0.00093 seconds (files took 0.7238 seconds to load)
0 examples, 0 failures
```

这样我们就可以确认gem有没有正常运转了。运行下方代码后，可以得知本地的内容正在运行。

```
$ rspec
bash: command not found: rspec
```

此外，输入ls命令后，可以发现Gemfile.lock这个不太常见的文件正在生成。我们来确认一下它的内容。

▶ Gemfile.lock

```
GEM
  remote: https://rubygems.org/
  specs:
    diff-lcs (1.3)
    rspec (3.5.0)
      rspec-core (~> 3.5.0)
      rspec-expectations (~> 3.5.0)
      rspec-mocks (~> 3.5.0)
    rspec-core (3.5.4)
      rspec-support (~> 3.5.0)
    rspec-expectations (3.5.0)
      diff-lcs (>= 1.2.0, < 2.0)
```

```
      rspec-support (~> 3.5.0)
    rspec-mocks (3.5.0)
      diff-lcs (>= 1.2.0, < 2.0)
      rspec-support (~> 3.5.0)
    rspec-support (3.5.0)

PLATFORMS
  ruby

DEPENDENCIES
  rspec

BUNDLED WITH
   1.13.7
```

你可能已经注意到,这是记录了写在Gemfile中的有关gem依存关系的文件,也就是安装的记录。有Gemfile.lock的话,可以按照文件中的内容安装gem,这样无论在什么环境中都可以安装出完全相同的Gems了。

CHAPTER 2 Rails的基础

2.1 开始Rails之前

2.1.1 规约

开始Ruby on Rails之前，我们一有件必须要学习的事情，那就是支撑Rails的基本理念。这里讲的知识，很可能成为以后你为类设计、文件分割而烦恼时的判断依据，所以请一定要牢牢记住。

- Getting Started with Rails: 2 What is Rails?
  http://guides.rubyonrails.org/getting_started.html

不要重复（Don't Repeat Yourself: DRY）

DRY是一种开发思维，即"构成系统的每一部分都必须是单一、明了、可信赖的状态"。不重复相同的代码，可以使我们的代码变得容易维护，扩展性高，并且不容易产生bug。

（原文：Don't Repeat Yourself: DRY is a principle of software development which states that "Every piece of knowledge must have a single, unambiguous, authoritative representation within a system." By not writing the same information over and over again, our code is more maintainable, more extensible, and less buggy.）

比起配置，规约更重要（Convention Over Configuration: CoC）

Rails为Web应用程序中需要做的许多事情提供最佳的解决方案，而且Rails含有默认设置，因此，你不需要费心去留意庞大的配置文件。

（原文：Convention Over Configuration: Rails has opinions about the best way to do many things in a web application, and defaults to this set of conventions, rather than require that you specify every minutiae through endless configuration files.）

2.1.2 目录构成

安装Rails后会生成许多文件和目录，目录名和用途是相符的，所以我们应该不需要花力气去记忆（关于Rails的安装我们在下一节中讲解）。而且，目录本身的构成并不复杂，甚至可以说十分简单。我们来看下方第一层的构成，大家应该可以看懂。

```
├── Gemfile
├── Gemfile.lock
├── README.md
├── Rakefile
├── app ─────────────────────────── ①
├── bin
├── config ──────────────────────── ③
├── config.ru
├── db ─────────────────────────── ④
├── lib ─────────────────────────── ②
├── log ─────────────────────────── ⑦
├── public ─────────────────────── ⑤
├── tmp ─────────────────────────── ⑧
└── vendor ─────────────────────── ⑥
```

config目录③

config目录是放置配置文件组的地方，不只是Rails的默认配置文件，许多gem中安装的程序包配置也放在这里面。具体内容请到gem的官网进行确认。

```
.
├── application.rb
├── boot.rb
├── cable.yml
├── database.yml
├── environment.rb
├── environments
│   ├── development.rb
│   ├── production.rb
│   └── test.rb
├── initializers
│   ├── application_controller_renderer.rb
│   ├── assets.rb
│   ├── backtrace_silencers.rb
│   ├── cookies_serializer.rb
│   ├── filter_parameter_logging.rb
│   ├── inflections.rb
│   ├── mime_types.rb
│   ├── new_framework_defaults.rb
│   ├── session_store.rb
│   └── wrap_parameters.rb
├── locales
│   └── en.yml
├── puma.rb
├── routes.rb
├── secrets.yml
└── spring.rb
```

app目录①

app目录是配置用于开发应用程序文件的目录，由controllers⑨、models⑩、views⑪和assets⑫构成。这些文件各自的功能我们在之后讲述，在本阶段能大致理解就好。

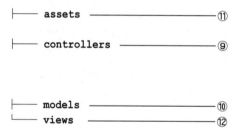

lib目录②

接下来是lib目录，这个目录和其他的目录相比使用频率较低，含有Custom Rake命令等。

▰ db目录④

db目录收纳的是和数据库相关的文件。生成Rails时,为了加入默认数据,目录中只有必要的seeds.rb,但在运行rails generate命令后,migration目录和文件在db目录内生成。

```
.
└── seeds.rb
```

▰ public目录⑤

public目录是放置static(静态)资源的地方。这里的static资源指的是404页面的HTML、favicon等,不随着动态值变化而变化,不需要digest的资源。当然并不是说所有的静态页面都要放入这个目录,这个目录主要存放的是http状态异常的文件。

```
.
├── 404.html
├── 422.html
├── 500.html
├── apple-touch-icon-precomposed.png
├── apple-touch-icon.png
├── favicon.ico
└── robots.txt
```

▰ vendor目录⑥

这个是bundle install运行时安装gem的场所。这里的目录几乎没有需要手动修改的地方,所以不用太在意。

```
.
├── assets
└── bundle
```

▰ log目录⑦

log目录是输出rack服务器运行记录的场所。

```
.
└── development.log
```

tmp目录⑧

```
.
├── cache
├── pids
├── restart.txt
└── sockets
```

tmp目录是用来存放缓存、pid等临时文件的场所。和vendor目录一样几乎没有手动接触的机会。

2.1.3 Rails的通信结构

Rails是怎样运行的呢？想知道这一点，我们需要了解Rack Server。Rack Server也叫Application Server，位于nginx、Apache等Middleware与Application之间，承担HTTP的收发信息处理工作。

接触过Ruby的人应该听说过puma、unicorn、webrick这些名称，这就是Rack Server。

- Rack: a Ruby Webserver Interface
  http://rack.github.io/

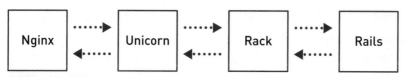

图2-1 Rack的结构

所谓的Rack Server的Rack，正如官网中写的a Ruby Webserver Interface，是Web Server和Ruby或者说是和Ruby frameworks之间通信的接口。再者，Rack中有Middleware这个元素，使用这个元素根据条件可以实现改写URL、进行编码处理、操作Cookie等中间处理。Middleware的累积称为Middleware Stack。

```
$ bundle exec rake middleware
```

本阶段还不可以进行行为确认，所以浏览一遍就可以了。运行上述命令后，可以确认Rails本身运行的MiddlewareStack。

```
use Rack::Sendfile
use ActionDispatch::Static
use ActionDispatch::Executor
use ActiveSupport::Cache::Strategy::LocalCache::Middleware
use Rack::Runtime
```

```
use Rack::MethodOverride
use ActionDispatch::RequestId
use Sprockets::Rails::QuietAssets
use Rails::Rack::Logger
use ActionDispatch::ShowExceptions
use WebConsole::Middleware
use ActionDispatch::DebugExceptions
use ActionDispatch::RemoteIp
use ActionDispatch::Reloader
use ActionDispatch::Callbacks
use ActiveRecord::Migration::CheckPending
use ActionDispatch::Cookies
use ActionDispatch::Session::CookieStore
use ActionDispatch::Flash
use Rack::Head
use Rack::ConditionalGet
use Rack::ETag
run ApplicationName::Application.routes
```

这部分是底层知识,在安装应用程序时并不需要深刻的理解。但是不了解这方面的内容在排除故障的能力上会有很大差别,所以最好记住这些知识。

2.1.4 Asset Pipeline

Asset Pipeline简单地说,就是可以结合、压缩JavaScript、CSS等Asset的框架,也具备制作使用CoffeeScript、SASS、ERB等其他语言写成的Asset等功能。

Asset Pipeline在Rails4以后从核心功能中分离出来,写在了一个叫sprockets-rails的gem中。

Asset Pipeline(Sprockets)是一项非常强大的功能,但是最近以webpack为首的JavaScript的Ecosystem充实了起来,比如在Single Page Application中Rails被作为API Server来使用,这时有可能不导入Asset Pipeline。

CHAPTER 2　Rails的基础

2.2 Rails的安装

在Rails中，Rails命令是捆绑在一起的，使用这些命令可以非常简单地完成安装。

但是命令中有许多选项，应该如何选择也是一个问题，所以这里我们总结了使用频率高的内容来进行学习。Rails4.1以后，在Spring背景中运行应用程序，能够缩短等待时间的功能成了标准配备。为了使用这项功能，本节以后不再使用命令运行时所带的bundle exec，而是使用bin/。

2.2.1　数据选项

数据选项是在应用程序中指定使用哪个数据库的选项。比如想要使用MySQL的话应该这样指定。

```
$ bin/rails new -d mysql
```

如果不指定这个选项的话就会使用默认的SQLite。

2.2.2　skip bundle选项

rails new命令在默认的Gemfile中会自动安装gem，但是有时我们不想安装默认的Gemfile中多余的内容。

这时，我们可以使用这个--skip-bundle(-B)选项。

```
$ bin/rails new -B
```

COLUMN

不能运行Rails命令时的对策

有一种非常罕见的情况，就是在输入bin/rails server等命令后什么反应也没有（挂起）。这种情况的原因多为Spring的加载处理失败，可以尝试结束Spring程序。

```
$ bin/spring stop
Spring stopped.
```

再次运行bin/rails server等命令后Spring会同时启动。

2.2.3 skip-turbolinks选项

所谓的Turbolinks是什么呢？

这是从Rails 4开始默认导入的功能，是使用Ajax和historyAPI完成快速页面刷新的构造。

因为不会重新读入全部的页面资源，所以性能良好，但是副作用是会发生各种制约，比如不会执行$(document).ready()、$(window).load()等，所以是否要导入这个功能需要慎重考虑。

如果不想导入Turbolinks的话，请像下面这样加上--skip-turbolinks选项。

```
$ bin/rails new --skip-turbolinks
```

2.2.4 Rails的安装

介绍完选项，下面我们可以来安装Rails了。

首先我们来制作rails_app这个目录。

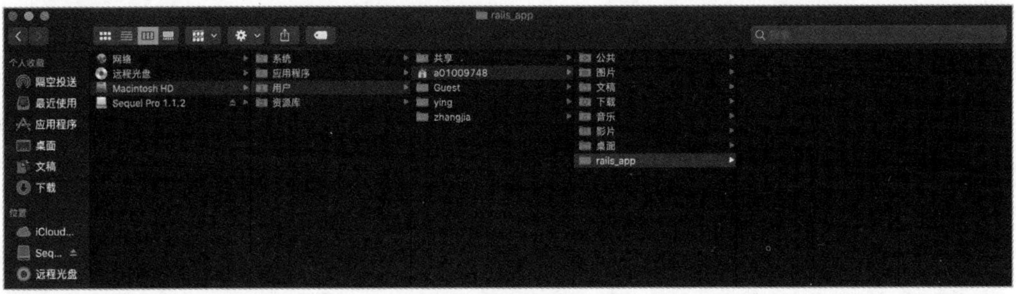

图2-2 rails_app目录的制作

目录制作完成后，用cd命令移动到制作好的目录中。

```
$ cd /Users/your_name/rails_app
```

这里使用drug&drop的话，就可以省去目录的输入，非常轻松。

图2-3 drug&drop的操作

目录的移动完成后，我们使用bundle init命令生成初始文件。

```
$ bundle init
```

Gemfile生成后，用编辑器打开，解除#gem "rails"开头的注释。

▶ **Gemfile内容**

```
# frozen_string_literal: true
source "https://rubygems.org"

gem "rails"
```

接下来安装Rails的gem。--jobs=4是一个进行并列处理的选项，加上这个选项，我们可以比平常更快地完成安装。

```
$ bundle install --path vendor/bundle --jobs=4
```

安装完Rails的gem后，接着开始正式安装Rails，请运行下方的命令。这里的重点是要加上-B,[--skip-bundle]后运行rails new命令，这样的话，生成Rails的Gemfile中就可以不用安装多余的gem。

我们本次使用的数据库是MySQL，所以用-d选项指定mysql。

```
$ bundle exec rails new ./ -B -d mysql --skip-turbolinks --skip-test
```

中途会询问是否可以进行Gemfile的覆盖，输入y表示许可。

```
Overwrite /Users/your_name/rails_app/Gemfile? (enter "h" for help) [Ynaqdh] y
```

Rails的安装完成后，再次尝试打开Gemfile。

▶ **安装Rails后的Gemfile**

```
source 'https://rubygems.org'
```

```ruby
git_source(:github) do |repo_name|
  repo_name = "#{repo_name}/#{repo_name}" unless repo_name.include?("/")
  "https://github.com/#{repo_name}.git"
end


# Bundle edge Rails instead: gem 'rails', github: 'rails/rails'
gem 'rails', '~> 5.1.0'
# Use mysql as the database for Active Record
gem 'mysql2', '>= 0.3.18', '< 0.5'
# Use Puma as the app server
gem 'puma', '~> 3.7'
# Use SCSS for stylesheets
gem 'sass-rails', '~> 5.0'
# Use Uglifier as compressor for JavaScript assets
gem 'uglifier', '>= 1.3.0'
# See https://github.com/rails/execjs#readme for more supported runtimes
# gem 'therubyracer', platforms: :ruby

# Use CoffeeScript for .coffee assets and views
gem 'coffee-rails', '~> 4.2'
# Build JSON APIs with ease. Read more: https://github.com/rails/jbuilder
gem 'jbuilder', '~> 2.5'
# Use Redis adapter to run Action Cable in production
# gem 'redis', '~> 3.0'
# Use ActiveModel has_secure_password
# gem 'bcrypt', '~> 3.1.7'

# Use Capistrano for deployment
# gem 'capistrano-rails', group: :development

group :development, :test do
  # Call 'byebug' anywhere in the code to stop execution and get a debugger console
  gem 'byebug', platforms: [:mri, :mingw, :x64_mingw]
end

group :development do
  # Access an IRB console on exception pages or by using <%= console %> anywhere in the code.
  gem 'web-console', '>= 3.3.0'
  gem 'listen', '>= 3.0.5', '< 3.2'
  # Spring speeds up development by keeping your application running in the background. Read more: https://github.com/rails/spring
  gem 'spring'
  gem 'spring-watcher-listen', '~> 2.0.0'
end

# Windows does not include zoneinfo files, so bundle the tzinfo-data gem
gem 'tzinfo-data', platforms: [:mingw, :mswin, :x64_mingw, :jruby]
```

※Rails的版本是执笔时的最新版

这次我们不需要coffee-rails。这个gem是asset pipeline的adapter，导入之后会自动编译JavaScript的预处理器CoffeeScript。

这个gem被用作Rails的默认设置时，在前端界的用户激增，因为和Ruby的语法相似，所以这次受到追捧，获得了一定的支持。

但是，现在这已经不是主流，用CoffeeScript写代码并不是标准，所以这次我们像下面这样把该行做成注释。

```
# gem 'coffee-rails', '~> 4.2'
```

排除coffee-rails后，输入下行命令，就完成安装了。

```
$ bundle install
```

以上是本节的内容，下一节我们将使用应用程序。

CHAPTER 2　Rails的基础

2.3 启动Rails服务器

Rails的安装完成后，接下来终于该启动Rails的服务器了。但是，如果之前没有准备好数据库的话，Rails就不能完成相应工作，所以我们先要安装好数据库。接下来安装的是本次要使用的数据库MySQL。

在macOS中安装MySQL

macOS的用户使用在第1章中介绍的Homebrew可以轻松地完成MySQL的安装。

```
$ brew install mysql
```

在运行命令后，出现以下内容的话说明安装成功了。

```
We've installed your MySQL database without a root password. To secure it run:
    mysql_secure_installation

MySQL is configured to only allow connections from localhost by default

To connect run:
    mysql -uroot

To have launchd start mysql now and restart at login:
  brew services start mysql
Or, if you don't want/need a background service you can just run:
  mysql.server start
==> Summary
🍺  /usr/local/Cellar/mysql/5.7.19: 322 files, 234.8MB
```

安装完成后用下方的命令启动MySQL。

```
$ mysql.server start
```

在Windows上安装MySQL

Windows用户可以按照下方的步骤进行MySQL的安装。

首先从下方的URL下载MySQL APT repository。

http://dev.mysql.com/downloads/repo/apt/

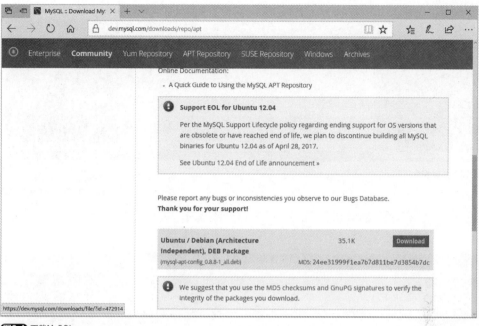

图2-4 下载MySQL

下载好的安装包可以用以下命令进行安装(请把安装包的名称换成下载的名称)。

```
$ sudo dpkg -i mysql-apt-config_0.8.8-1_all.deb
```

安装好后,用下方命令安装MySQL。

```
$ sudo apt-get install mysql-server
$ sudo apt-get install libmysqld-dev
```

在安装中,会有选择MySQL版本的请求,请参考下方页面进行设置。

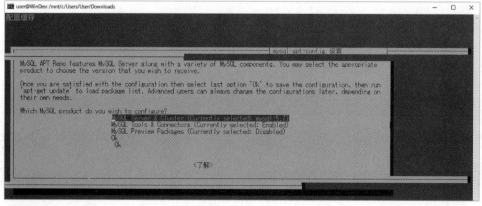

图2-5 选择MySQL版本

图2-6 MySQL设置

之后会显示请求设置MySQL用户的密码，这次不进行设置，只单击"了解"按钮。

图2-7 MySQL的密码设置

这样就完成了MySQL的安装，然后用以下命令重启MySQL。

```
$ sudo /etc/init.d/mysql start
```

> **COLUMN**
>
> 在启动MySQL时，如果HOME目录因/nonexistent而启动失败的话，可以尝试以下步骤。
>
> 制作mysql的HOME目录
>
> ```
> $ mkdir /home/mysql
> ```
>
> 把目录的所有者变更为mysql
>
> ```
> $ chown mysql /home/mysql/
> $ ls -l /home/
> --略--
> drwxr-xr-x  2 mysql root 4096 Sep 14 17:30 mysql
> --略--
> ```

把目录组换为mysql

```
$ chgrp mysql /home/mysql/
$ ls -l /home/
--略--
drwxr-xr-x  2 mysql mysql 4096 Sep 14 17:30 mysql
--略--
```

将mysql的HOME目录设定为/home/mysql

```
$ usermod -d /home/mysql/ mysql
```

确认mysql用户的HOME目录

```
$ cat /etc/passwd | grep mysql
mysql:x:117:126:MySQL Server,,,:/home/mysql/:/bin/false
```

再次启动MySQL。

数据库的制作

安装好MySQL后，下一步是完成数据库的制作。打开已安装目录中的config/database.yml文件，确认其中的内容。

▶ config/database.yml

```yaml
default: &default                                           # 默认设置
  adapter: mysql2
  encoding: utf8
  pool: 5
  username: root
  password:
  socket: /tmp/mysql.sock

development:                                                # 开发应用程序时使用的数据库
  <<: *default
  database: rails_app

test:                                                       # 运行Rspec等文本时使用的数据库
  <<: *default
  database: rails_app_test

production:                                                 # 实际运行时使用的数据库
  <<: *default
  database: rails_app_production
  username: rails_app
  password: <%= ENV['RAILS_APP_DATABASE_PASSWORD'] %>
```

下面我们来确认一下development的数据库是否是rails_app。如果是别的数据库请进行更换。
完成确认后，运行下方的命令，制作数据库。

```
$ bundle exec rake db:create
```

如果出现下方的记录就说明成功了。

```
Created database 'rails_app'
Created database 'rails_app_test'
```

这样我们就完成了数据库的设置，接下来终于可以启动数据库了。启动数据库实际上很简单，只要输入下方的命令就可以了。

```
$ bin/rails s
=> Booting WEBrick
=> Rails 4.2.6 application starting in development on http://localhost:3000
=> Run `rails server -h` for more startup options
=> Ctrl-C to shutdown server
[2017-04-05 00:12:57] INFO  WEBrick 1.3.1
[2017-04-05 00:12:57] INFO  ruby 2.3.1 (2016-04-26) [x86_64-darwin15]
[2017-04-05 00:12:57] INFO  WEBrick::HTTPServer#start: pid=88235 port=3000
```

用Booting Webrick启动Rack Server，用localhost:3000确认程序是否成功启动。其中，rails s中的s是server的简称，输入rails server会得到同样的结果。也就是说，s作为server的简称，同时也是server的别名。

2.4 调试

2.4.1 使用better_errors

- charliesome/better_errors
  https://github.com/charliesome/better_errors

根据客户端和想要调试的内容，Rails有几种不同的调试方法。如果是想在浏览器上快速确认的话，better_errors是一个很好的选择。better_errors的正式名称是Better error page for Rack apps，是一个Rack中的错误提示库。这是一个执笔时在GitHub的Star数量超过6000、在Rails中是默认标准的gem。下面我们把它安装好，来感受一下better_errors的威力。首先，我们在Gemfile中补写上以下内容，然后进行安装。

▶ 对Gemfile的补写

```
group :development do
  .
  ..
  gem 'better_errors'
  gem 'binding_of_caller'
end
```

```
$ bundle install
```

安装完成后，为了显示better_errors的界面，我们要引起一个错误。在模块、视图、控制器中都可以显示这个界面，这次我们介绍在控制器中运行的方法。

首先，运行以下命令生成控制器。关于命令的含义以及生成的文件我们将在下章中学习，现在没有必要理解。

```
$ bin/rails g controller home index
```

文件生成后，打开home_controller.rb文件，写入raise。

▶ 对app/controllers/home_controller.rb的补写

```
class HomeController < ApplicationController
  def index
    raise
  end
end
```

```
end
```

然后使用bin/rails s命令再次启动服务器,在浏览器中访问http://localhost:3000/home/index网址。

因为补写raise,发生了错误,所以会显示better_errors的界面。我们来看显示代码的页面,会发现有一个像控制台的东西①。

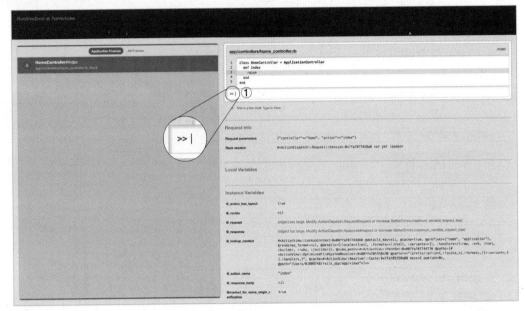

图2-8 better_errors界面

```
Time.zone.now
# => Sun, 18 May 2008 13:07:55 EDT -04:00
```

在这里我们输入Time.zone.now,会显示现在的日期。当然我们也可以使用变量。

```
now = Time.zone.now
created_at = Time.zone.parse('2017-04-11')
now - created_at
# => 7654
```

这个是REPL(Read-eval-print loop),也叫交互式解释环境。在我们确认变量中的内容时非常快捷方便,所以趁这次机会,请牢记这个知识。这次我们是在控制器中显示的better_errors,如果在视图中显示better_errors的话,请输入<%raise%>。和在控制器中运行raise一样,可以确认出现的错误界面。

2.4.2 pry-byebug

在Rack Server上进行调试时，better_errors是一个强有力的工具，但是在开发应用程序时就不只是在Rack Server上完成了，详细内容会在第6章进行解说。在对Test::Unit、Rspec等文本代码进行调试时必须使用其他的方法，而其中一个有用的选项就是pry-byebug，这是在控制台中可以一步步运行代码的调试器。

这里顺便介绍一下pry-byebug的另一个用处，它可以查看iterator中的值。better_errors只可以调试由raise引起的处理中断的状态，如果我们想一个一个确认iterator值的话，最好使用pry-byebug。下面我们赶紧把它安装好然后进行尝试吧。首先和往常一样，对Gemfile进行补写和安装。

▶ **对Gemfile的补写**

```
gem 'pry-byebug'
```

```
$ bundle install
```

pry-byebug的使用方法非常简单，像下面这样，在想要进行调试的位置前写入binding.pry这行代码。

```
some_variable = 'Hello Ruby'

def some_method
  puts 'Hello World'
end

binding.pry ─────────────────────────────────── 写在想要调试的位置之前
some_method
puts 'Goodbye World'
```

然后我们可以像下面这样启动REPL，接着就可以进行Step By Step的调试了。

```
    6: end
    7:
    8: some_variable = 'Hello Ruby'
    9:
   10: binding.pry
=> 11: some_method
   12: puts 'Goodbye World'

[1] pry(main)>
```

我们输入some_variable进行尝试，就可以确认输出的变量内容。

```
[1] pry(main)> some_variable
```

```
=> "Hello Ruby"
```

此外，还可以输出pry准备好的命令，通过使用这个命令我们可以进行程序的运行管理。接下来输入执行下一行的命令——step，我们可以看到some_method被调用了。

```
[2] pry(main)> step

    4: def some_method
 => 5:   puts 'Hello World'
    6: end
```

除了step，还有可以进行下一步的next，结束当前作用域的finish，调试完成后再次进行处理的continue。经常使用pry-byebug的读者，可以像官网中写的那样用~/.pryrc设定alias。

```
if defined?(PryByebug)
  Pry.commands.alias_command 'c', 'continue'
  Pry.commands.alias_command 's', 'step'
  Pry.commands.alias_command 'n', 'next'
  Pry.commands.alias_command 'f', 'finish'
end
```

输入以下内容后，按Enter键就可以重复执行之前的命令了。

```
# Hit Enter to repeat last command
Pry::Commands.command /^$/, "repeat last command" do
  _pry_.run_command Pry.history.to_a.last
end
```

CHAPTER 2 Rails的基础

2.5 Rails基本的命令

在Rails中，除了上一节介绍的rails new、rails server，还有许多非常方便的命令。这次我们将介绍其中使用频率比较高的命令。

2.5.1 rails generate

rails generate命令，正如它的名称一样，以rails generate xxx的形式接收参数，并根据参数生成必要的文件组，generate的别名是g。生成的文件种类很多，我们只需要记住基本的种类，没必要全部记住。详细内容我们在之后的章节中会讲解，现在只需要了解rails generate能接收的参数种类，以及那些参数的概要即可。

表 2-1 rails generate的参数

概要	代码示例
移动的生成	$ bin/rails g migrate add_age_to_users
模型的生成	$ bin/rails g model user email:string name:string
控制器的生成	$ bin/rails g controller users
删除自动生成的文件	$ bin/rails destroy controller users
Scaffold的生成	$ bin/rails g scaffold user email:string name:string

2.5.2 rails console

rails console的功能正如它的名字一样，是Rails专用的控制台，是一个读取Rails环境后可以运行Ruby代码的工具。除了Rails中准备的方法，它还可以使用自己在应用程序中定义的方法，以及加载的gem。它的用途有验证模型、确认使用Rails方法的脚本结果等，常用于单个机能的检验。

输入下行命令后，就可以启动控制台了。

```
$ bin/rails c
```

启动控制台后，输入下方命令，确认能否使用Rails的方法。

```
[1] pry(main)> now = Time.zone.now
=> Sun, 26 Nov 2017 14:48:48 JST +09:00
[2] pry(main)> now.present?
=> true
```

结束时，我们按control(Windows用户按Ctrl)+C组合键，或输入exit。rails console的默认设置是启动标准的irb，但是使用pry-rails gem的话，就可以使用在第1章介绍的pry控制台。导入之后不会有坏处，所以没有特殊理由的话，我们在Gemfile中输入以下内容。

```
gem 'pry-rails'
```

完成上述步骤后，用bundle命令执行安装操作，本节内容就结束了。

```
$ bundle install
```

COLUMN

在运行rails console时，可以指定text、production等运行环境。比如必须在实际运行环境的数据库中删除指定的用户时，可以像下面这样把production作为参数传递。

```
$ bin/rails console production
```

这样的话，我们就启动了和实际运行环境的数据库相连接的控制台，之后再运行删除用户的命令就可以达到目的了。

此外，rails console中还有可以不改变数据，只是把代码变成文本的选项，称为sandbox。

```
$ bin/rails console --sandbox
```

这样的话，即使运行删除数据库的命令，数据也不会改变。在执行绝对不能出错的操作之前，可以先用这个选项确认运行结果。

2.6 Rails应用程序的配置

2.6.1 常量的配置

Rails中有一些管理常量的方法,这里我们讲解最简单的形式。首先,如下图所示,在config下面制作constants.rb。

▶ config/initializers/constants.rb

```
# frozen_string_literal: true

module Constants
  SITE_NAME = 'Ruby on Rails'
end
```

使用$bin/rails c命令启动控制台,确认输出定义了constants.rb的结果。

```
Constants::SITE_NAME
#=> Ruby on Rails
```

2.6.2 应用程序的配置

在Rails中,应用程序共通的配置可以写在application.rb中。

但是,这个文件基本上会成为入口,我们把实际的配置文件放在config/initializers下面单独制作。生成的文件会被自动加载,因此没必要用require一个个调用。

刚才我们说了配置文件是单独制作的,但是其中有一部分必须写在application.rb中,下面先来讲解这部分文件。

第一个是time zone。在Rails中,除了系统和环境变量,还可以设置应用程序的time zone。

在默认设置中,从数据库调取日期、时间时会读取Time.utc,和中国有时差。为了消除这一点,我们补写上下面的设置。

```
config.time_zone = 'Beijing'
config.active_record.default_timezone = :local
```

接下来是i18n的设置。详细内容会在第4章介绍,Ruby中有i18n这项功能,我们可以用简单并且可扩展的方式安装翻译功能及支持多语言功能。

我们把默认的本地语言设置为中文,也可以根据需求设置成其他语言。

```
config.i18n.available_locales = [:en, :ja]
config.i18n.default_locale = :ja
```

以上就是application.rb的设置。

接下来我们对个别的设置进行说明。

> **COLUMN**
>
> 在实际运行环境中，本地日志在锁定错误原因、撤销数据时是非常重要的线索。但是，在开发环境中，基本不需要保存长期日志。这时，我们可以像下面这样补写上confug/environments/development.rb。
>
> ```
> config.logger = Logger.new("log/development.log", 5, 1 * 1024 * 1024)
> ```
>
> 这个设置的作用是，当日志文件超过10MB时生成development.0、development.1这样的文件，当文件数量超过5个后，删除旧文件。这样可以避免在不知不觉中生成巨大的日志文件，当不需要保管长期文件时我们最好这样设置。

Part 2

应用开发篇

Chapter 3　路由 / 控制器
Chapter 4　视图
Chapter 5　数据库 / 模型
Chapter 6　测试

CHAPTER 3 路由 / 控制器

3.1 理解路由

3.1.1 Rails路由的作用

本节我们将要学习把用户请求和控制器的action连接起来的Rails 路由。用户请求由GET、POST等HTTP的方法和URL的组合构成。控制器的action用于对请求执行一些处理，并给出反应。比如，当用GET方法访问/users时，Rails路由的动作是选择UsersController的index action。

在学习Rails路由的功能之前，我们需要先了解REST这个概念，下面将对此进行介绍。

3.1.2 什么是REST

所谓的REST（Representational State Transfer）是基于"操纵资源"这个理念的一种构架风格。Rails是一种深受REST影响的框架，所以深入理解REST对于学习Rails是必不可少的。

REST中的一个重要概念是"资源"。所谓的资源就是blog、user、"书签""图片"等信息的片段，在Rails中资源可以被看作是模型，比如用户资源/user可以用URI来表示。基于REST的设计原则设计URI，通过GET、POST等HTTP方法对资源进行CRUD操作的设计称为RESTfull。

CRUD意味着Creat（生成）、Read（读取）、Updata（更新）、Delete（删除）这四个基本操作。再进一步，对资源没有影响的Read被称为"参考系列"，有影响的Create、Update、Delete称为"更新系列"。

对REST进行严谨的定义是很难的，但是请记住以下设计原则。

- 对资源进行唯一的标识。
- 无状态性（statelessness）。
- URL用资源（名词）的复数形式表示。
- URL中不包含动词，用HTTP方法指定操作。

3.1.3　4种URL和7种action

下面我们依据REST来实际做一个路由。请移到第2章做成的rails_app目录下，在终端按顺序执行下面这3个命令。

```
$ bin/rails g scaffold user name:string email:string
$ bin/rails g scaffold article title:string contents:text
$ bin/rails db:migrate
```

1、2行的bin/rails g scaffold（资源名）是第2章介绍的generate命令的一种，可以对指定的资源生成模型-视图-控制器的雏形。虽然在实际的应用开发中很少会用到scaffold命令，但是这样便于理解Rails的构成，所以我们会使用这种方式。bin/rails db:migrate是把数据库的模式定义反映到数据库的命令，详细内容将在第5章介绍，现在不理解也没关系。

那么，通过上述的命令，user、article资源的路由和复数的action被自动定义了。接着运行下方的命令，我们可以确认定义的路由。

```
$ bin/rails routes
      Prefix Verb   URI Pattern                  Controller#Action
    articles GET    /articles(.:format)          articles#index
             POST   /articles(.:format)          articles#create
 new_article GET    /articles/new(.:format)      articles#new
edit_article GET    /articles/:id/edit(.:format) articles#edit
     article GET    /articles/:id(.:format)      articles#show
             PATCH  /articles/:id(.:format)      articles#update
             PUT    /articles/:id(.:format)      articles#update
             DELETE /articles/:id(.:format)      articles#destroy
       users GET    /users(.:format)             users#index
             POST   /users(.:format)             users#create
```

我们以输出的第1行为例。这行表示的是，用GET访问/articles这个URL，就会选择执行articles_controller的 index action。一部分action的URL中有:id，这里具体会加入1这样的整数值。比如访问/articles/1，会运行显示id=1的article的show action。

最左侧的Prefix列的article、new_article等，类似于Rails应用中可以作为参照的变量，是命名路由。有的routing不存在带有名称的route，但是我们使用后面会讲到的as选项的话，就可以加上任意名称了。(.:format)表示可以指定和访问.html、.json等扩展名。通过把format只限定为.json，可能会改变返回内容。

1个资源生成的路径有8种类型，其中articles#update是重复的，所以实质生成了7种action。生成的URL去除重复情况的话一共有4种类型，下面整理了7种action的内容。

表 3-1 7种action

HTTP方法	路径	action	目的
GET	/articles	index	取得article的一览表
POST	/articles	create	制作article
GET	/articles/new	new	取得制作article所需的form
GET	/articles/:id	edit	取得编辑特定article所需的form
GET	/articles/:id	show	取得一个特定的article
PUT/PATCH	/articles/:id	update	更新特定的article
DELETE	/articles/:id	delete	删除特定的article

COLUMN

PUT和PATCH

PUT和PATCH用哪个好呢？二者不同之处在于，PUT是表示对资源本身的更新，而PATCH是对资源的部分置换。像更换用户名这种常见的用例，基本上是资源的部分更新，所以通常使用的是PATCH。

在Rails中基本使用这7种action进行资源的CRUD操作。用bin/rails s启动服务器，访问http://localhost:3000/articles/new，会看到article的制作样式，从这可以制作article。

3.1.4　Rails中的Resource处理

制作Rails应用的话，会生成config/routes.rb这个文件。刚才看到的路由一览表就定义在这里面。

▶ config/routes.rb

```
Rails.application.routes.draw do
  resources :articles
  resources :users
end
```

3.1.5 Rails路由的基本方法

resources

Rails路由最强的方法是resources。指定了resources后，会生成7种路由，就像表3-1中显示的内容。

```
resources :articles
```

经常会遇到这种情况，只需要运行参照系列（show、index）时，就不需要delete、update这些更新系列的action。如果我们只想留下有用的action，可以指定:only、:except选项。

比如，我们只想留下index、show时，可以进行如下设置。

```
resources :articles, only: [:index, :show]
# 或者
# resources :articles, except: [:new, :create, :edit, :update, :destroy]
```

这两个选项的不同之处在于，only指定的是白名单，except指定的是黑名单。

虽然使用哪个结果都没有区别，但比起except我们更推荐only。比起列出不需要的action，明确地指定使用哪些action可读性更高，而且如果框架更新后默认的action种类增加的话，使用only指定的内容也不会受到影响。

resource

resource是和resources很接近的方法。它和resources的不同之处在于：它生成不含:id的路径。比如，如果是用于配置的路由，会根据登录进来的用户id进行分类处理，所以不需要配置资源的id。

```
Rails.application.routes.draw do
  # ...
  resource :config
end
```

像上面这样设置config/routes.rb的话，会输出下方这样的路由。

```
$ bin/rails routes
     Prefix Verb   URI Pattern              Controller#Action
 new_config GET    /config/new(.:format)    configs#new
edit_config GET    /config/edit(.:format)   configs#edit
     config GET    /config(.:format)        configs#show
            PATCH  /config(.:format)        configs#update
            PUT    /config(.:format)        configs#update
            DELETE /config(.:format)        configs#destroy
            POST   /config(.:format)        configs#create
```

resource方法也可以使用only、except方法指定action。

get/post/patch/put/delete

help页面只需接收GET请求，像这种时候，可以说是在处理静态资源。因此，在这种情况下，我们只使用get方法，可以更简洁地进行编写。

这些方法和resource等同样写在config/routes.rb文件中。

```
Rails.application.routes.draw do
  # ...
  get '/help', to: 'static_pages#help'
end
```

在上面这个例子中，路由会选择StaticPagesController的help action。

在下一节中我们会讲到使用：可以显示参数。

```
Rails.application.routes.draw do
  # ...
  get '/users/:id', to: 'users#show'
  # 下同
  # resources :users, only: [:show]
End
```

get之外还有post、put、patch、delete方法，基本的使用方法相同，这里不再赘述。此外还有match这个方法，但是并不推荐，一般情况下请大家不要使用。

现在，大家已经可以理解Rails路由的基础知识了。关于命名空间、resource的nest、参数的限制等应用内容将在3.7节中进行说明。

CHAPTER 3　路由 / 控制器

3.2 制作router

3.2.1 routing的设置

在上一节中学习了router、REST的概念，本节我们来实际进行routing的配置。继续上一节的内容，像下面这样编辑rails_app的config/routes.rb。如果还没有运行bin/rails g scaffold…命令的话，请先运行在3.1.3开头介绍的内容。

▶ config/routes.rb

```ruby
Rails.application.routes.draw do
  # bin/rails g scaffold article ... 自动生成
  resources :articles
  # 补写以下内容
  get '/hello', to: 'application#hello'
end
```

上面例子中的resources行会由bin/rails g scaffold命令自动生成，不需要进行编辑。

第5行定义了这样的路由：GET请求访问了/hello这个URL的话，会调用ApplicationController的hello action。这样，路由就补写到Rails.application.routes.draw do…end中了。关于action下一节会进行说明，为了进行行为确认，我们至少要安装hello action。

打开app/controllers/application_controller.rb文件，像下面这样编辑。

▶ app/controllers/application_controller.rb

```ruby
class ApplicationController < ActionController::Base
  protect_from_forgery with: :exception


  def hello
    text = 'Hello World!'
    # 在画面中进行输出text的处理
    render plain: text
  end
end
```

用bin/rails s启动服务器，访问http://localhost:3000/hello之后，在浏览器上会显示Hello World!字样。

命名路由

命名路由是可以参照Rails应用代码的变量。比如，运行rails routes的话，会有如下输出。最左边的new_article是命名变量，也是命名助手的prefix。

```
    Prefix Verb    URI Pattern              Controller#Action
new_article GET    /articles/new(.:format)  articles#new
```

使用命名变量的话，在视图中用new_article_path的形式，可以作为命名助手来使用。

```
= link_to 'New Article', new_article_path
```

正如上一节中看到的一样，使用resources等方法定义路由会自动生成命名路由。想要改变命名路由，或者想要制作新的命名路由时，通过指定as选项，就可以加上任意的变量名。

```
# 什么都不指定时
get '/hello', to: 'application#hello'
# 指定as时
get '/world', to: 'static_pages#world', as: 'foo'
```

像上面这样设置后，会输出下面这样的命名路由。

```
$ bin/rails routes
  Prefix Verb   URI Pattern          Controller#Action
   hello GET    /hello(.:format)     application#hello
     foo GET    /world(.:format)     static_pages#world
```

xxx_path、xxx_url的规则

把命名路由设为xxx的话，会有xxx_url和xxx_path这两个可以利用的命名助手。xxx_url是输出绝对URL，而xxx_path是输出相对路径。

我们在rails console中运行来寻找差别，从控制台中通过app对象可以运行命名助手。

```
$ bin/rails c
pry(main)> app.new_article_path
#=> "/articles/new"
pry(main)> app.new_article_url
#=> "http://www.example.com/articles/new"
```

两个命名助手的输出结果不同。实际上使用哪个都没有太大差别，但是在一个应用中最好统一。从可读性的角度来看，最好使用path助手。

3.2.2 分配参数

之前我们在rails routes的运行结果中看到过，像:id一样，以:开始的内容就是参数（变量）。

比如，像下面这样定义的话，:user_name相当于是参数。

```
get 'users/@:user_name', to: 'users#index', as: 'user'
```

我们给命名助手的参数传递哈希变量，会生成以下URL。

```
$ bin/rails c
pry(main)> app.user_path(user_name: 'alice')
#=> "/users/@alice"
```

详细内容我们会在后面的章节中讲述，现在先记住访问/users/@alice这个URL时，在controller（action）中，通过调用params[:user_name]，可以获取alice。

3.2.3 用rails routes 浏览、确认设置

刚才讲过，运行rails routes命令，可以一览config/routes.rb中的内容。

```
$ bin/rails routes
```

启动rails console时，运行show-routes命令，可以得到同样的结果。

```
$ bin/rails c
pry(main)> show-routes
     Prefix Verb   URI Pattern                Controller#Action
   articles GET    /articles(.:format)        articles#index
            POST   /articles(.:format)        articles#create
...
```

> **COLUMN**
>
> 为了让bin/rails c代替irb启动pry，需要使用2.5小节中介绍的pry-rails gem。
> 在以后的说明中都是以导入pry-rails为前提进行的。

CHAPTER 3 路由 / 控制器

3.3 理解控制器

控制器是MVC（Model-View-Controller）框架中的C，承担的是连接模型和视图的功能。具体地说，是调用负责逻辑的模型，在选择的视图中嵌入信息，向用户返回HTML、JSON。

那么，接下来我们要开始学习控制器了。

3.3.1 控制器的命名规则

Rails中控制器的命名规则使用的是资源的复数形式。比如，对于item资源是ItemsController、对于person资源是PeopleController。

为什么有必要遵守命名规则呢？这个前面也曾讲过，Rails的理念之一是"比起配置，规约更重要（CoC:Convention over Configuration）"，遵守命名规则，可以使我们省略应用中冗长的代码。对于其他开发者来说更容易理解，而且可以写出可维护性高的代码。

但是，不用在意资源（即不用制作模型），制作一个近乎静态的控制器时，可能会用单数命名。比如，HomeController、HelpController等。如果我们使用了违反规约的命名规则，通常会导致编写量增多，所以除了刚才讲到的特殊情况，我们要用复数形式命名控制器。

英语中有person-people这样的不规则复数，对于母语不是英语的人来说可能会感到苦恼。这时我们可以使用pluralize、singularize这样的辅助方法，来查找名词的单复数形式。我们用rails console来确认一下。

用pluralize改为复数形式

```
$ bin/rails c
pry(main)> 'person'.pluralize
=> "people"
pry(main)> 'rail'.pluralize
=> "rails"
```

用singularize改为单数形式

```
$ bin/rails c
pry(main)> 'rails'.singularize
=> "rail"
pry(main)> 'people'.singularize
=> "person"
```

虽然应该没必要，但我们确实可以自己定义单复数的活用规则。比如，把资源的单数规定为hito、复数规定为hitobito。

在config/initializers/inflections.rb中，写入以下代码，就可以添加自定义的规则了。

▶ config/initializers/inflections.rb

```ruby
ActiveSupport::Inflector.inflections do |inflect|
  inflect.irregular 'hito', 'hitobito'
end
```

这样，我们就可以解决资源名为单复数形式的问题了。

```
pry(main)> 'hito'.pluralize
=> "hitobito"
pry(main)> 'hitobito'.singularize
=> "hito"
```

3.3.2　ApplicationController和方法

对于user资源，有UsersController，基本上控制器和资源是连接在一起的。查看各个控制器的类定义，我们会看到：class UsersController < ApplicationController…。由此可知，所有的控制器都继承自ApplicationController。也就是说，ApplicationController中定义的处理，可以被所有的控制器使用。定义的通用处理中具有代表性的有安全设置、异常处理、回调。关于这些处理的内容我们会在之后的内容中进行讲解。

个别继承ApplicationController的控制器，会把action定义为public方法。以ArticlesController为例，def index…、def show…等方法定义对应于action。ArticlesController是由sacffold命令在app/controllers下生成的，我们来确认一下它的内容。

▶ app/controllers/articles_controller.rb

```ruby
class ArticlesController < ApplicationController
  before_action :set_article, only: [:show, :edit, :update, :destroy]

  # GET /articles
  # GET /articles.json
  def index
    @articles = Article.all
  end

  # GET /articles/1
  # GET /articles/1.json
  def show
  end
  # 以下省略
end
```

index action进行的处理是让实例变量@articles存储所有的article，这个实例变量可以在视图中使用。处理完action之后，控制器会显示合适的视图。不用特意编写代码，控制器和action的组合会自动选择合适的视图进行处理。详细内容会在第4章进行说明。

private方法中编写了后面会讲到的Strong Parameters的处理等内容。虽然我们也可以定义没有连接action的public方法，但是这会造成混乱，所以应该避免这种方式。

3.3.3 接收参数

HTTP的请求中传递参数，主要有以下4种方法。

①包含在URL的路径中。
②作为URL的query string。
③包含在Body中。
④包含在Header中。

①包含在URL路径中的方法是GET/users/5，这非常具有REST的风格。在Rails中，users#show这样的action会用这样的方法传递参数。②使用query string的方法，就像GET/search?q=foo这样，作为、?之后的query传递。③包含在Body中的方法，会使用POST、PUT等请求。最后，④包含在Header中的方法，HTTP Header可以单独处理加上X-这个prefix的自定义Header。

其中路径参数、query参数、Body可以用params[ ]这个统一接口进行处理。比如，面对GET/search?q=foo这个请求时，在控制器和视图中调用params[:q]就可以得到foo。

只有自定义Header的处理和原本目的不同，在应用接收参数中，基本上不会用到。如果要访问Header的话，可以用request.headers。

我们修改一下上一节中制作的hello访问，显示参数的内容。

▶ app/controllers/application_controller.rb

```ruby
class ApplicationController < ActionController::Base
  protect_from_forgery with: :exception

  def hello
    # 修正以下内容
    text = "PARAMS: #{params}"
    render plain: text
  end
end
```

在这种状态下启动服务器，访问http://localhost:3000/hello?p=foo&q=bar，以下内容会输出到画面中。

```
PARAMS: {"p"=>"foo", "q"=>"bar", "controller"=>"application", "action"=>"hello"}
```

正如"p"=>"foo","q"=>"bar"，我们可以看到用query string指定的参数收纳到params中了。在实际的应用中，这些参数被作为不同的处理对象，用作数据库访问的key等。

3.3.4 Strong Parameters

Strong Parameters是保证安全处理传递给Rails应用的参数的装置。作为例子，我们思考一下新用户进行登录的功能。所需的处理流程为user对象从表单界面被传递，接收到user对象的服务器将其变换成合适的形式，保存在数据库中。被传递的user对象含有name、email属性。如果可以用params[:user]取得user对象，我们就可以用以下处理方式制作新用户。

```
# 没有考虑strong parameter的例子
# 即使运行也会出现ActiveModel::FprbiddenAttributesError
def create
  # params[:user] => { name: 'Inureo', email: 'inureo@example.com' }
  User.create(params[:user])
end
```

像User.creat(params[:user])这样，把哈希形式的数据直接传递给模型后进行模型的设定，这种功能叫MassAssignment。MassAssignment没必要个别去指定模型的属性，所以用起来非常方便，但是像上面的示例代码一样使用时就会显示出脆弱性。

比如有的恶意用户向user对象附加上意味着管理者的{admin:true}属性，并传递给服务器。如果实际上数据库中设置了admin这一栏，运行上述代码的结果就是会制作带有admin属性的用户。这样利用MassAssignment的脆弱性，就可以更新没有被允许的属性了。

应对这种脆弱性的办法是Strong Parameters功能。首先，我们来看一个使用了Strong Parameters的例子。

```
def create
  User.create(user_params)
end

private

def user_params
  params.require(:user).permit(:name, :email)
end
```

改变的地方是没有直接处理params[:user]，而是调用user_params方法。在user_params方法中，对params调用require和permit方法。require在检查完params中是否含有必要参数user对象后，返回user的内容。接着在permit方法中，以白名单的方式对属性进行许可操作。加上permit(:name,:email)这行代码，不管包不包含相关属性，admin属性都会被无视。

像下面这样输出查看调用各个方法的阶段，就可以非常轻松地理解Strong Parameters的正确举动了。我们把第2章中介绍的binding.pry写在action中的适当位置，调用binding.pry时pry console就会启动，然后可以确认请求中参数的内容等。下面运行的这个例子有一些前提条件，不能直接运行，请理解这个输出的内容。

```
# 通过[ ]访问
# user是空的：返回nil
pry(#<UsersController>)> params[:user]
=> <ActionController::Parameters {"name"=>"foo", "email"=>"bar",
"admin"=>"true"} permitted: false>

# require方法
# user为空时：发生异常(ActionController::ParameterMissing)
pry(#<UsersController>)> params.require(:user)
=> <ActionController::Parameters {"name"=>"foo", "email"=>"bar",
"admin"=>"true"} permitted: false>

# fetch方法
# user为空时：返回第二个参数的值（这时是{}）
pry(#<UsersController>)> params.fetch(:user, {})
=> <ActionController::Parameters {"name"=>"foo", "email"=>"bar",
"admin"=>"true"} permitted: false>

# 用permit许可部分属性
# permitted: 为true
pry(#<UsersController>)> params.require(:user).permit(:name, :email)
=> <ActionController::Parameters {"name"=>"foo", "email"=>"bar"} permitted:
true>
```

只运行require、fetch的话就会出现permitted:false，通不过检验。最后通过调用permit方法，设置permitted:true，使MassAssignment变为可能。require、fetch的区别在于处理想要取出的参数不存在的情况。请根据实际情况分别使用上述方法。

CHAPTER 3 路由／控制器

3.4 制作控制器

控制器的重要元素是action和过滤器。action是前面介绍过的index、show等方法。而过滤器是在action执行前后进行共通处理的装置。

接下来我们一边制作控制器，一边对其进行详细的学习。

3.4.1 用generator制作Controller

我们首先用Rails的generator来制作控制器。

之前通过运行bin/rails g scaffold user name:string email:string命令，我们制作了user系列的文件组，为了避免和现在要做的UsersController产生冲突，需要将其删除。请运行下面的命令。

```
$ bin/rails d scaffold user          ①删除使用scaffold制作的user
$ bin/rails db:migrate:reset         ②重新迁移
```

这样，用scaffold生成的所有和user相关的文件就被删除了①。要注意不是bin/rails g，而是bin/rails d。用generate, g命令制作的资源，可以用destroy,d进行删除。运行bin/rails db:migrate:reset，会执行将在第5章进行说明的重新迁移②。

控制器的制作有rails g scaffold_controller和rails g controller命令。rails g scaffold_controller可以制作包含ViewForm在内的很多形式。与之相对，rails g controller可以制作最小的控制器的action和视图。虽然使用哪个都可以，但是因为rails g scaffold_controller容易生成不必要的文件，在实际的开发中最好用rails g controller只生成必要的action。

在本节中，使用rails g controller命令生成控制器。我们先来执行以下命令。

```
$ bin/rails g controller users index show
      create    app/controllers/users_controller.rb
       route    get 'users/show'
       route    get 'users/index'
      invoke    erb
      create      app/views/users
      create      app/views/users/index.html.erb
      create      app/views/users/show.html.erb
```

然后我们来看一下生成的users_contreller.rb文件的内容。

▶ app/controllers/users_controller.rb

```
class UsersController < ApplicationController
  def index
  end

  def show
```

```
    end
  end
```

我们可以看到index和showaction被定义了。在实际应用中，这些action中会定义相应的处理操作，关于详细的安装步骤会在第7章以后进行说明。

打开config/routes.rb后，会生成如下路由。

▶ config/routes.rb

```
Rails.application.routes.draw do
  get 'users/index'
  get 'users/show'
  # … 以下略
end
```

但是这样的话URL就不是REST的了。我们可以像下面这样使用resources进行修正。

▶ config/routes.rb

```
Rails.application.routes.draw do
  resources :users, only: [:index, :show]
  # … 以下略
end
```

3.4.2 设置过滤器（before_action/after_action）

控制器有一个重要的功能是"过滤器"。过滤器可以在特定action前后嵌入处理。我们通过一个例子来对过滤器进行学习。

可以定义的过滤器有以下3种。

表 3-2 过滤器定义

过滤器	执行时间点
before_action	Action之前
after_action	Action之后
around_action	Action前后

在实际的应用中使用的过滤器主要是before_action，很少使用around_action和after_action。尤其是如果频繁使用around_action的话，会使后续处理复杂化，所以最好避免这种情况。

使用before_action的示例如下所示。因为login_url、signed_in?等方法还未定义，所以以下代码不能运行。大家留下一个印象就好。

```ruby
class UsersController < ApplicationController
  before_action :require_login, only: [:index]

  def index
    # do something...
  end

  private

  def require_login
    redirect_to login_url unless signed_in?
  end
end
```

在上面的例子中，执行index action之前，require_login方法被当作过滤器运行。进行的处理是，如果是未登录状态，就不运行index action，改为登录界面。像这样before_action<方法名的符号>（选项）指定，就可以用选项留下合适的action了。

此外，也可以不直接指定方法，用代码块定义过滤器。在进行调用方法读取参数等稍微复杂的处理时，我们可以像下面这样编写代码。

```ruby
# c代表controller。可以省略
# 用block指定的模式
before_action do |c|
  # do somothing
end

# 传递proc的模式
before_action ->(c){ ... }
```

为了跳过父类中定义的过滤器，子类可以调用skip_xxx_action。如果我们想让ApplicationController中定义的共通过滤器在一部分action中无效的话，就可以这样做。

CHAPTER 3 路由 / 控制器

3.5 session管理

3.5.1 什么是session

HTTP本身是一个无状态（stateless）的连接协议，但是这个事实在构建Web应用时非常的不合理。所以这里登场的就是我们现在要讲的session，通过使用这个装置就可以有状态了（stateful）。此外还有一个和session有相似功能的Cookie。两者在保持状态这一点上是共通的，只不过session是管理在服务器这一端，而Cookie是管理在客户端（浏览器）这一端。

终端用户基本上既不可以查看session的内容，也不可以进行修改。因此，通过在session中保存用户ID，就可以简单地做好认证装置。

基本的session管理包含以下流程。

①当用户第一次访问服务器时，服务器制作并保存连接了用户的session。
②服务器返回给用户session的ID（32位的hash值）。
③用户将sessionID保存在Cookie中（以_session_id:7c354730fe5692873aaac07bcc7acc81这样的形式）。
④用户发出两次以上的请求时，sessionID将发送给用户。
⑤服务器核对sessionID，锁定用户。
⑥在合适的时间（退出登录、过了一定时间），服务器销毁session。

3.5.2 Rails中的session管理

在Rails中，通过设置可以选择session的保存地点（Store）。

表 3-3 session的保存地点

Store	Session的保存地点
CookieStore	客户端的Cookie
CacheStore	Rails的内存缓存
ActiveRecordStore	ActiveRecord中使用的数据库
DalliStore	memcached（key-value Store之一）
RedisStore	Redis（key-value Store之一）

CookieStore是Rails的默认设置，但要注意session例外地保存在了客户端。CookieStore在安全性上对"session攻击"的防御能力很弱，会产生一些问题，所以最好不要在实际环境中使用。CacheStore速度很快，但是有很大的弱点，比如，服务扩大后想要增加服务器时，多个服务器不能共享同一个用户。

因此，session的保存地点可以使用ActiveRecordStore、DailStore、RedisStore等，以及和Rails应用服务器不同的DataStore。在处理session的保存地点时，比起MySQL、PostgreSQL等的RDBMS，Redis、memcached处理得更快速便捷。如果不是因为设施等制约不能使用KVS的话，推荐使用Redis、memcached。

在本节中，我们以Redis为例介绍session的保存地点。Redis除了保存session以外，还被经常用作缓存KVS。

Redis的安装

为了使用Redis，我们首先需要安装Redis。macOS用户使用Homebrew可以简单地完成安装。在多人团队开发时，大家可以讨论利用通用的Redis服务器，或制作Docker容器等。关于Docker我们会在本节最后进行补充说明。

使用Homebrew的话，用以下命令就可以进行安装了。

```
$ brew install redis
```

下面使用redis-server命令启动Redis的服务器。

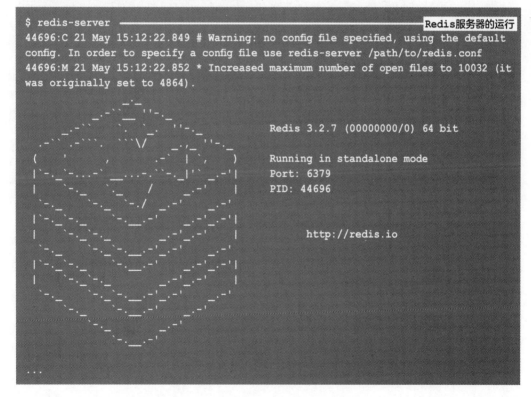

Redis服务器的运行

默认设置是用port:6379启动服务器，我们可以用localhost:6379访问。访问Redis服务器不是使用浏览器，而是需要使用专门的线上命令工具（redis-cli）以及各种语言的程序包等。在启动Redis的同时，打开另一个终端，用redis-cli命令启动Redis的客户端。

```
$ redis-cli                                          Redis客户端的运行
127.0.0.1:6379> set foo "hogehoge"
OK
127.0.0.1:6379> get foo
"hogehoge"
127.0.0.1:6379> keys *
1) "foo"
```

其中，用set <key> <value>保存值，用get <key>获取值是最基础的命令。keys <pattern>命令是取得指定pattern的key的一览表。指定*时，可以获取所有key的一览表。如果你想了解更多关于Redis的操作，官方文件（https://redis.io/）中有非常多的介绍可以进行参考。

COLUMN

Redis不支持Windows环境，但我们可以用Windows Subsystem for Linux(WSL)进行安装。关于使用WSL安装Redis请参考7.6小节。

将Redis用作Rails的SessionStore

把Rails的session保存地点设为Redis，需要导入gem。下面这两个gem很有名。

- redis-rails

    https://github.com/redis-store/redis-rails
- redis-session-store

    https://github.com/roidrage/redis-session-store

使用redis-rails的话，session之外的缓存也会保存在Redis中。redis-session-store不会保存缓存，但session的保存设置可以详细指定。

首先，我们在Gemfile中写入redis-rails，执行bundle install命令。

```
gem 'redis-rails'
```

session的设置记述在config/initializers/session_store.rb文件中，下面是设置的一个例子。

▶ config/initializers/session_store.rb

```ruby
Rails.application.config.session_store :redis_store, {
    servers: [
      {
        host: ENV['REDIS_HOST'] || 'localhost',
        port: ENV['REDIS_PORT'] || 6379,
        db: 0,
        namespace: 'session'
      }
    ],
    expire_after: 90.minutes
  }
end
```

Redis服务器在本地环境和生产环境中使用的东西不同,因此有必要根据环境改变Redis的连接目的地。能够根据环境改变设置的办法有很多,但像上例中这样,使用ENV['REDIS_HOST']参考环境变量的方法是最简单的。如果环境变量什么都没有设置的话,将使用||右侧的默认值。

在设置环境变量时,启动Rails server之前,要在终端内运行export命令。以下是设置REDIS_PORT的例子。

```
$ export REDIS_PORT=9999
```

3.5.3 Rails中session的使用方法

Rails中的session,在控制器或视图中被用作session方法。session对象可以像普通的哈希一样进行读写,使用起来非常方便。

```ruby
# session的读取
current_user_id = session[:user_id]
# session的书写
session[:user_id] = current_user.id
```

如果我们想删除session的一部分,就把nil代入key。在执行退出登录等功能时,明确想要销毁session的话,调用reset_session方法,就可以将session完全销毁了。

```ruby
# 删除一部分session
session[:user_id] = nil
# 销毁全部session
reset_session
```

COLUMN

这里我们对Docker进行补充说明。

Docker是一个提供容器型虚拟环境的开源工具。容器虚拟化与主机虚拟化相比具有高速、轻量的优势。使用Docker，不仅本节介绍的Redis，其他的MySQL、PostgreSQL、Nginx等中间件都可以容器化。当然，Rails应用本身也可以容器化。

使用Docker进行Rails的环境构建、运用等超过了本书的范畴，所以省略。Docker的官方文件中有Rails项目的设置示例，请读者一定要去学习一下。

- 官方文件
  https://docs.docker.com/compose/rails/

CHAPTER 3 路由 / 控制器

3.6 使用rescue_from进行适当的异常处理

当Rails应用中发生错误时，我们会显示合适的错误页面。

思考错误页面之前，我们先来确认一下HTTP的状态码。HTTP状态码在请求成功时会返回2xx，客户端的请求有问题时返回4xx，服务器端的处理有问题时返回5xx。HTTP的状态码如表3-4所示。

表 3-4 HTTP的状态码

状态码	含义
1xx	处理中
2xx	成功
3xx	重定向
4xx	客户端错误
5xx	服务器端错误

接着，为了实际看到错误画面，我们需要修改config/environments/development.rb文件中的一部分设置。在开发环境的默认设置中，不会显示错误画面，而是会输出调试用的错误信息。

```
# Show full error reports.
config.consider_all_requests_local = false # default は true
```

3.6.1 4xx的操作

客户端发送的参数格式发生错误或请求不存在的记录时，就会发生异常。在Rails中，一定程度上可以根据发生的异常种类自动返回合适的HTTP状态码。比如，当收到不存在的user_id的URL（/users/999999）访问时，模型中User.find(999999)处理失败，发出ActiveRecord::RecordNotFound。ActiveRecord::RecordNotNFound和HTTP状态码404连接在一起，和public/404.html配置的页面一同返回给客户端。而如果和HTTP状态码相对应的public/xxx.html不存在的话则返回空页面。

Rails中的例外和HTTP状态码的对应，可以从控制台调用ActionDispatch::ExceptionWrapper.rescue_responses进行确认。

```
$ bin/rails c
pry(main)> ActionDispatch::ExceptionWrapper.rescue_responses
=> { "ActionController::RoutingError"=>:not_found,
    "AbstractController::ActionNotFound"=>:not_found,
    "ActionController::MethodNotAllowed"=>:method_not_allowed,
    "ActionController::UnknownHttpMethod"=>:method_not_allowed,
    "ActionController::NotImplemented"=>:not_implemented,
    "ActionController::UnknownFormat"=>:not_acceptable,
```

```
"ActionController::InvalidAuthenticityToken"=>:unprocessable_entity,
"ActionController::InvalidCrossOriginRequest"=>:unprocessable_entity,
"ActionDispatch::Http::Parameters::ParseError"=>:bad_request,
"ActionController::BadRequest"=>:bad_request,
"ActionController::ParameterMissing"=>:bad_request,
"Rack::QueryParser::ParameterTypeError"=>:bad_request,
"Rack::QueryParser::InvalidParameterError"=>:bad_request,
"ActiveRecord::RecordNotFound"=>:not_found,
"ActiveRecord::StaleObjectError"=>:conflict,
"ActiveRecord::RecordInvalid"=>:unprocessable_entity,
"ActiveRecord::RecordNotSaved"=>:unprocessable_entity}
```

利用Rack::Utils.status_code方法，我们可以把标识变为数值（状态码）。

```
$ bin/rails c
pry(main)> Rack::Utils.status_code(:not_found)
=> 404
```

如果我们想在异常发生时进行特殊处理，或者返回动态错误页面，可以通过在ApplicationController中声明rescue_from来实现。以下是使用rescue_from的例子。

▶ app/controllers/application_controller.rb

```ruby
class ApplicationController < ActionController::Base
  rescue_from ActiveRecord::RecordNotFound, with: :not_found

  def not_found
    render 'errors/404', status: 404
  end
end
```

在上述例子中，在Rails应用的某处发生了ActiveRecord::RecordNotFound时，执行了用with选项指定not_found中定义的处理。不是进行默认处理返回public/404/html，而是返回基于errors/404这个单独操作标准框的页面。

用rescue_from捕获的异常，可以自定义。在自定义异常时需要注意，不是Exception，而是必须像下面这样继承StandardError。这是Ruby语言的通常做法。

```ruby
class CustomError < StandardError; end
```

3.6.2　5xx的操作

在Rails中如果发生了不能归类于4xx的异常，那么我们就把它当作5xx来处理，包括语法错误、nil操作错误等安装问题以及由程序库（gem）产生的bug等。在这种情况下，我们可以写上rescue_from StandardError、rescue_from Exception来进行单独的异常处理，但并不推荐这样做。原因在于，这样做不能保证当内部发生5xx的错误时能够继续运行，而且需要输出动态页面。

应对5xx系列异常，最简单且安全的方法是事先在public/500.html中放置一个静态文件。当发生意想不到的异常时，Rails会将public/500.html与500的响应一同返回。但在实际的构成中，Rails应用中一般配有nginx、Apache等Web服务器，Web服务器也可以返回500页面。

虽然不推荐这样做，但如果你无论如何都想调控500系列的异常行为的话，不要用Exception，而要用StandardError来捕捉错误。以前讲过，当发生Exception时，基本就不能恢复了，如果是在Rails内部进行操作的话，会引起无法预测的行为，这是非常危险的情况。

CHAPTER 3 路由／控制器

3.7 整理复杂化的Rails Router

现在，我们对Rails Router、控制器都有了一定的了解。本节将对3.1和3.2节中介绍的routing进一步学习。

config/routes.rb的编写自由度较高，所以在开发时，经常会有思路不清晰或定义了不需要的routing等情况。比如，在第4章中进行多语言处理时，我们会介绍以下定义routing的方法。

▶ config/routes.rb

```
Rails.application.routes.draw do
  scope '(:locale)', locale: /#{I18n.available_locales.join("|")}/ do
    # ...
  end
end
```

在上面的例子中，通过使用限定参数、scope、可选参数等技巧，可以实现i18n化处理的routing。理解并安装上这样的routing之后，我们就可以写出思路清晰、可维护性高的设定了。

3.7.1 使用namespace

使用namespace划分命名空间，可以将同名资源的处理分离。比如在制作普通用户和管理者用户时，通过以下代码，我们可以使用users这个相同的资源名进行不同的处理。

▶ config/routes.rb

```
Rails.application.routes.draw do
  resources :users

  namespace :admin do
    resources :users
  end
end
```

下面我们来输出routing看一下。

```
$ bin/rails routes
        Prefix Verb   URI Pattern                  Controller#Action
         users GET    /users(.:format)             users#index
               POST   /users(.:format)             users#create
               # 省略 ...
   admin_users GET    /admin/users(.:format)       admin/users#index
               POST   /admin/users(.:format)       admin/users#create
```

```
# 省略 ...
```

用namespace:admin代码块围起来,我们可以明白URI和控制器的层级加深了一层。此外,还需要加深目录和模块的层级。处理admin/users的控制器定义如下。

admin目录和bin/rails g controller admin/users一样,使用以/分割的generate命令就可以和控制器同时生成,但我们也可以手动生成。

▶ app/controllers/admin/users_controller.rb

```ruby
module Admin
  # 放入module中
  class UsersController < ApplicationController
    # actions...
  end
end
```

namespace也可以多行嵌套使用。比如当我们生成/api/v2/books/10和/api/v3/books/10这样的终端来作为API版本管理策略时,可以像下面这样编写代码。

▶ config/routes.rb

```ruby
Rails.application.routes.draw do
  namespace :api do
    namespace :v3 do
      resources :books
    end
    namespace :v2 do
      resources :books
    end
  end
end
```

指定namespace后,URL和控制器的层级加深了。虽然在较少的情况下会用到,但是我们可以只对URL或控制器中的一方进行明确的分割。

实际的使用方法、设置的URL以及控制器如下所示。

▶ config/routes.rb

```ruby
Rails.application.routes.draw do
  # 在URL添加en
  scope :en do
    resources :books
  end

  # 在Controller的层级添加en
  scope module: :en do
    resources :books
  end
end
```

```
$ bin/rails routes
     Prefix Verb    URI Pattern                Controller#Action
                   # 省略 ...
      books GET    /en/books(.:format)         books#index
            POST   /en/books(.:format)         books#create
                   # 省略 ...
            GET    /books(.:format)            en/books#index
            POST   /books(.:format)            en/books#create
```

接下来对上述内容进行总结，各个指定信息如下所示。

namespace	向URL/控制器添加层级
scope	向URL添加层级
module	向控制器添加层级

3.7.2 用shallow方法整理嵌套的Routes

如果我们想显示和id:1用户关联的信息，在REST中可以使用users/1/articles实现。用Rails的router安装的话，会嵌套resources方法。

▶ config/routes.rb

```ruby
Rails.application.routes.draw do
  resources :users do
    resources :articles
  end
end
```

这种状态生成的"一般嵌套"的路由如下图所示。

```
$ bin/rails routes
           Prefix Verb    URI Pattern
Controller#Action
    user_articles GET     /users/:user_id/articles(.:format)
articles#index
                  POST    /users/:user_id/articles(.:format)
articles#create
 new_user_article GET     /users/:user_id/articles/new(.:format)
articles#new
edit_user_article GET     /users/:user_id/articles/:id/edit(.:format)
articles#edit
     user_article GET     /users/:user_id/articles/:id(.:format)
articles#show
                  # 省略...
```

在edit和show action中，虽然需要同时指定:user_id和(articles的):id，但这种写法太冗长了。因为如果:id在应用中是唯一的话，就没有必要指定:user_id了。因此，show action的/users/:user_id/articles/:id的写法可以用articles/:id来代替，这样的路由叫"浅层"路由。在Rails中，可以用shallow option实现。

使用shallow设定生成的路由如下所示。

▶ config/routes.rb

```ruby
Rails.application.routes.draw do
  resources :users, shallow: true do
    resources :articles
  end
end
```

```
$ bin/rails routes
          Prefix Verb   URI Pattern                              Controller#Action
   user_articles GET    /users/:user_id/articles(.:format)        articles#index
                 POST   /users/:user_id/articles(.:format)        articles#create
new_user_article GET    /users/:user_id/articles/new(.:format)    articles#new
    edit_article GET    /articles/:id/edit(.:format)              articles#edit
         article GET    /articles/:id(.:format)                   articles#show
                 # 省略...
```

这样，使用shallow就可以生成精简的URL了。

3.7.3 增加action

除了GET index、GET show等默认的7个action，我们可以增添单独的action。增添action需要使用collection或member。下面我们来看一个例子。

▶ config/routes.rb

```ruby
Rails.application.routes.draw do
  resources :articles do
    collection do
      # 进行检索的action
      get 'search'
    end

    member do
      # 用markdown形式表示的action
      get 'raw'
    end
  end
end
```

这里，我们定义用于检索信息的search action和可以用Markdown阅览信息的raw action（Markdown是用于文本记述的标记语言之一）。上述的实现可以输出以下路由。

```
$ bin/rails routes
          Prefix Verb    URI Pattern                      Controller#Action
  search_articles GET    /articles/search(.:format)       articles#search
     raw_article GET     /articles/:id/raw(.:format)      articles#raw
```

我们注意URI Pattern就会发现collection和member的差异。用collection指定的话，就会像index action一样，变成针对资源整体（collection）的action。而用member指定的话，就会像show action一样，变成针对用:id指定的单个资源。

3.7.4 对参数加以限定

因为用户可以很容易地操作URL的参数，为了防止发送错误请求，我们可以对参数进行限定。虽然模型等方式也可以对用户输入的参数进行检验，但是在请求的入口加上限制，可以使问题变得简单。

我们可以用constraints选项对routes级别的参数进行限定，用正则表达式等方式对各个参数定义有效形式。参数可以指定任意个数。

▶ config/routes.rb

```
Rails.application.routes.draw do
  get 'users/@:user_name', to: 'users#index', constraints: {
    user_name: /[a-zA-Z]{1,5}/
  }
end
```

在上述例子中，我们限定参数只能是有1~5个字母的英文。如果传递6个字母及以上的user_name，会发生传递限定之外的参数错误。实际上因为不会匹配到任何一个路由，所以会返回404错误。

```
$ bin/rails c
pry(main)> app.user_path(user_name: 'bob')
=> "/users/@bob"
pry(main)> app.user_path(user_name: 'charlie')
ActionController::UrlGenerationError: No route matches {:action=>"index",
:controller=>"users", :user_name=>"charlie"}, possible unmatched constraints:
[:user_name]
```

此外，我们可以像下面这样用省略的方式指定constraints。

▶ config/routes.rb

```
Rails.application.routes.draw do
  get 'users/@:user_name', to: 'users#index', user_name: /[a-zA-Z]{1,5}/
end
```

3.7.5 使用可选参数

我们通过用（）把路由的路径参数括起来，可以指定能够省略的可选参数。比如，下面这个路由可以匹配/users和/en/users中的任何一个。

▶ config/routes.rb

```
Rails.application.routes.draw do
  get '(:locale)/users', to: 'users#index', locale: /en|ja/
end
```

我们把这个可选参数和scope组合起来，就可以实现本节开头介绍的路由功能了。

CHAPTER 3 路由/控制器

3.8 提高安全性

3.8.1 Rails和安全对策

互联网中潜在着各种各样的危险，因此，为了保护Web应用免受外部攻击者破坏，我们需要学习和安全相关的许多知识以及正确地编写代码。在学习中，我们自己编写安全对策方面的代码是有用的，但不要想着自己从零开始编写用于一般公开的Web应用的安全对策。

Rails会自动为我们运行各种安全对策，与其自己编写代码，还不如利用这些安全对策来更简单、确切地保证应用的牢靠性。

此外，brakeman是一个有名的gem，它可以确认Rails应用的安全对策是否确实生效。因此，我们在公开应用前，可以先确认安全对策是否合理运行。

- presidentbeef/brakeman
  https://github.com/presidentbeef/brakeman

3.8.2 设置Digest认证

HTTP认证方式有Basic认证和Digest认证。这两个都是依靠用户名和密码对页面进行浏览限制的装置。当我们想制作只对一部分用户公开的应用，或想安装管理者界面时，就可以用这些简单的认证方式。不论是Basic认证还是Digest认证都没有对通信内容进行加密，所以必须要与SSL/TLS（不是用http而是用https访问）合用。而且Basic认证在认证时的用户名和密码几乎都没有加密，因此安全风险很大。而Digest认证的结构稍微复杂一点，有对认证时的信息进行加密的方法。

以上是HTTP的认证方式，那么我们在什么场合使用呢？比如，把应用对一部分的用户限定公开，或给管理者界面加锁时，需要使用HTTP认证。但是，作为普通公开的应用认证装置，从用户经验（UX）和安全性的角度来看，应该避免用HTTP认证，而应该安装使用form和session的FORM认证方式。FORM认证方式在一般的Web服务中，在登录界面中输入用户ID和密码后就进入成登录状态。对此我们将在第7章中介绍。

Basic认证和Digest认证都可以在Rails中方便地安装，接下来介绍在安全方面更有优势的Digest认证设置的安装。

```
require 'digest/md5'

class ApplicationController < ActionController::Base
  # ... 省略
```

```
  # Digest认证的认证领域 (realm)
  REALM = 'SecretZone'.freeze
  # 用户名=>（用户名：Realm：密码）的MD5哈希值
  USERS = { 'user1' => Digest::MD5.hexdigest(['user1', REALM, 'passw0rd'].
join(':')) }.freeze

  before_action :authenticate

  private

  # Digest认证
  def authenticate
    authenticate_or_request_with_http_digest(REALM) do |username|
      USERS[username]
    end
  end
end
```

以上是Digest认证的安装。在这种状态下访问应用的话，会显示Digest认证的对话窗口。在上面这个安装示例中，输入"用户名：user1密码：passw0rd"之后就认证成功了。

在Digest认证中，用：连接起来的用户名、realm、密码字符串的MD5哈希值，和用户名是对应的。realm是认证领域，只要设置合适的值就没问题了（但是realm返回给客户端时没有加密，所以不要加入机密信息）。我们用authenticate_or_request_with_http_digest方法确认用户名和密码。关于Digest认证的详细结构，在互联网上有很多资料，这里舍去不提。

3.8.3 强制SSL/TLS

SSL/TSL是把通信加密的装置，虽然现在是将TLS而非SSL当作互联网标准，但是习惯上，我们把SSL/TLS统称为SSL。因此，本章也用SSL来表述。

应用了SSL的Web页面，是用https://而非http://来访问的。以前很多网页只把登录页面、结算界面等重要功能HTTPS化，最近"日常SSL化"已经很常见，推荐大家把网站整体SSL化。

在设置SSL时，需要用其他方法进行导入服务器证书等SSL的设置。现在有AWS、Heroku等很多可以免费使用SSL证书的接入商，利用这些接入商是最简单的方法。

在完成网站的SSL化设定后，从安全等角度来看，最好切断HTTP访问。如果想把Rails应用整体的访问强制HTTPS化的话，在config/environments/production.rb等文件中写上config.force_ssl=true的设定。

```
Rails.application.configure do
  config.force_ssl = true
end
```

3.8.4　进行CSRF防御设定

CSRF（Cross Site Request Forgery）是和Web应用相关的有名的漏洞之一，这是一种违反用户意图发送请求的攻击。

我们举例来说明CSRF。比如用户想要登录一个对CSRF防御性弱的SNS。用同一个浏览器访问恶意危险网站的话，就会出现陷阱，也就是向登录状态的SNS发送不正当请求。因为SNS的服务器没有进行足够的CSRF防御，所以会出现违背自己意愿发布SNS、进行退会处理等情况，这就是CSRF攻击。

CSRF的原因是请求的验证不足。如果我们能够验证发送请求方的form是否来自正规的服务器，那么就可以防御CSRF了。在Rails中，采用的方法是把安全令牌埋到form中，在请求时进行验证。我们确认一下ApplicationController，会发现CSRF防御的设置本来就是有效的，基本上开发者不需要做任何改变。

```
class ApplicationController < ActionController::Base
  protect_from_forgery with: :exception
end
```

但是，用Rails构建API服务器时，如果不需要CSRF防御的话，应该这样设置：protect_from_forgery with::null_session。

3.8.5　使用Secure Headers

Secure Headers是Twitter公司公布的gem，可以集中设定安全相关的Response Header。在https的网页内有http链接的混杂内容相关的检测，因此有可能缓和XSS的脆弱性。

在Gemfile中添加以下内容，执行bundle install即可安装。

```
gem 'secure_headers'
```

如果什么都不设定的话，会出现应用错误，所以我们制作config/initializers/secure_headers.rb文件，写入以下内容。

```
SecureHeaders::Configuration.default
```

上面的代码适用于Secure Headers Gem的默认设定，而设定本身可以详细指定。如果需要根据制作的网站条件更改设定的话，请参照官方文档（https://github.com/twitter/secureheaders）。

COLUMN

使用本节介绍的Brakeman可以自动确认Rails的安全性。但是，在开发一般公开的服务时，最好还是具备和安全方面相关的基本知识。

幸运的是，Rails的文档中关于安全性有详细的讲解。如果你对自己的安全防御知识不太有信心的话，强烈建议在发布服务前先阅读下方链接页面的全文内容。

- Rails security guard
  https://railsguides.jp/security.html

CHAPTER 4 视图

4.1 理解视图

本章我们将要学习MVC中的V，也就是视图。视图承担的任务是把模型的信息恰当地表示出来，返回给客户端。

4.1.1 生成视图的结构

在Rails控制器的action中，编写的最后处理，就是进行视图渲染。比如运行UserController的index action之后，就会选择app/views/users/index.html.erb等模板文件进行渲染。至于哪个模板文件会被选择，取决于控制器和action的组合，以及视图文件的路径和文件名，所以遵守Rails的规约是很重要的。

4.1.2 模板引擎（ERB、Haml、Slim）

在一般的Web应用中，需要向客户端返回HTML作为响应。和静态HTML文件不同，加入变量，编写简单的条件分支，生成动态页面（HTML）的雏形称为模板引擎。

在Ruby中，有名的模板引擎有ERB、Haml、Slim。这三个模板引擎各有所长，我们需要根据想要制作的应用性质进行选择。接下来，我们总结一下各个模板引擎的特征。

ERB

ERB的意思是嵌入式Ruby（Embedded Ruby），是一种Rails标准的基础且适用性高的模板引擎。在HTML中，可以用<%...%>，<%=...%>的形式嵌入Ruby代码。

基本上我们只要理解下面这两种写法就可以使用ERB了。

- <%...%>运行Ruby代码（执行if语句、变量定义等）。
- <%=…%>输出Ruby代码的运行结果，将结果嵌入模板。

下面是一个简单的ERB例子。

```
<html>
  <head>
    <title><%= title %></title>
  </head>
  <body>
    <div class="content">
      <% user = { name: 'Bob' } %>
      <p><%= user[:name] %></p>
      <% foo = 1 %>
```

```
      <p>foo is <%= foo %></p>
    </div>
  </body>
</html>
```

ERB本身可以作为独立于Rails的个体运行。我们把上方的ERB作为sample.html.erb，来运行下方的Ruby请求。

```
require 'erb'

template = File.read('./sample.html.erb')

title = 'Hello'
puts ERB.new(template).result(binding)
```

运行之后，会输出下方的HTML。

```
<html>
  <head>
    <title>Hello</title>
  </head>
  <body>
    <div class="content">

      <p>Bob</p>

      <p>foo is 1</p>
    </div>
  </body>
</html>
```

我们可以看到，在ERB模板外部定义的title、user变量在模板内部展开。在实际作为Rails结构使用时，我们可以把在控制器定义的实例变量用到视图中。

需要注意的是，ERB本身是在模板文件中嵌入Ruby代码，并提供将其展开的结构的通用模板引擎。因为HTML的生成是没有特殊化的，ERB不能保证"生成的结果一定符合HTML的语法"。

也要注意文件的扩展名是.html.erb。意思是，用ERB形式的文件作为模板把变量解决后就可以生成HTML了。除了HTML，在制作生成YAML、JSON等其他形式的ERB文件时，格式是settings.yml.erb和response.json.erb。

Haml

ERB是通用的模板引擎，与之相对，Haml是专门输出HTML的模板引擎。在Rails中使用时，需要导入haml-rails。输出和ERB示例代码内容几乎相同的HTML，在Haml中的编写方式如下。

```
!!! 5
%html
```

```
%head
  %title = title
%body
  .content
    - user = { name: 'Bob' }
    %p= user[:name]
    - foo = 1
    %p
      foo is #{foo}
```

根据上面的介绍，有以下几个重点需要我们注意。

- !!! 5表示HTML5。
- 像%html这样，开头加上%，表示HTML标签。
- 结构是缩进两个空格，不写闭合标签。
- -表示运行Ruby代码，=表示输出结果。
- class带有的div标签中div可以省略。

不用写HTML中冗长的闭合标签，代码非常清爽。

Haml与将要介绍的Slim相比，在运行上存在劣势，但是我们可以制作Hamlit (https://github.com/k0kubun/hamlit)，它比Slim运行更快。

Slim

Slim是一种比Haml更简洁的模板引擎。在Rails中使用时，需要导入slim-rails。

```
doctype 5
html
  head
    title = title
  body
    .content
      - user = { name: 'Bob' }
      p= user[:name]
      - foo = 1
      p
        | foo is #{foo}
```

下面是Slim和Haml的不同点。

- HTML版本的指定方法变成了doctype5。
- 不用%的表述方法。
- 想把标签和普通字符串区分开的话，要使用|。

应该使用哪个模板引擎

ERB的优势是最接近HTML，学习成本低，即使不习惯编程的人也可以很方便地使用。而且，和AngularJS、Vue.js等JavaScript框架组合使用时，可以保持可读性。

另一方面，Haml、Slim可以大幅度减少代码量，能够提高可维护性以及生产性。另外，在ERB中忘记了HTML的闭合标签也不会出现ERB错误，但是在Haml、Slim中如果有语法错误的话，用Rails可以检查出来。

至于应该使用哪个模板引擎，因为它们各有长短，所以不能一概而论。如果没有特殊情况的话，最好使用Slim或Haml。

下面，在本章的示例代码中都是以Slim为中心使用的。在Rails中，要使用Slim的话，需要使用slim-rails gem。请在Gemfile中加入以下设定，运行bundle install。

▶ Gemfile

```
gem 'slim-rails'
```

4.1.3 用偏模板通用化

通常Web应用的界面是由多个组件构成的。把各个组件通用化的结构称为偏模板或partial。使用偏模板有以下几点好处。

- 可以将页面中共有的组件通用化并再利用。
- 将视图结构化，思路更清晰。

偏模板像_comment.html.slim这样，习惯保存为_（下划线）开头的文件名，这样就能区别于普通的视图。

下面是偏模板的一个例子。

▶ _comment.html.slim

```
.comment
  p
    = comment.user.name
  .content
    = comment.content
```

调用偏模板的代码如下所示。

▶ app/views/articles/index.html.slim

```
= render partial: 'comment', locals: { comment: @comment }
/ 省略的形式
```

```
= render 'comment', comment: @comment
```

比如在render partial:'comment'中，我们用partial:选项指定偏模板。偏模板的文件名中虽然有下划线_，但是注意调用时不要加下划线。用locals:选项可以向偏模板中传递变量。像locals:{comment:@comment}这样，用{偏模板中的形参名：传递的变量}这样的哈希形式指定。我们也可以省略partial:，但要注意这时变量的传递方法也变了。

偏函数的注意事项

说到使用偏模板的缺点，虽然并不严重，但确实会对运行造成影响。用来调用partial的render方法在处理时需要一些成本，所以如果用太多的偏模板会使运行效率变差。但是，所谓的运行效率变差基本上可以无视，所以我们优先考虑可维护性，使用偏模板是有很大好处的。

此外，在偏模板中最好不要用实例变量（@user等@开头的变量）。原因是使用实例变量的话，偏模板的再利用性会降低。比如，用generator生成的_form partial中，有form_for@user这行代码，我们最好像form_for user这样，用本地变量代替实例变量，从外部传进来。

▶ app/views/articles/new.html.slim

```
= render 'form', user: @user
```

偏模板的保存位置

偏模板的保存位置总结起来有以下几种。虽然这不是Rails的强制规则，但大多数的应用都遵从以下构成规则。

表 4-1 偏模板的保存位置

保存地目录	用途
app/views/shared	从各种视图调用的偏模板
app/views/resources : #resources	连接resources的偏模板（app/views/users/_user.html.slim等）
app/views/layouts	从layout文件调用的偏模板

4.1.4 理解布局

制作Rails应用的话，会生成app/views/layouts/application.html.erb文件。我们来看一下ERB文件的内容。

▶ app/views/layouts/application.html.erb

```
<!DOCTYPE html>
<html>
  <head>
```

```erb
    <title>RailsApp</title>
    <%= csrf_meta_tags %>

    <%= stylesheet_link_tag    'application', media: 'all' %>
    <%= javascript_include_tag 'application' %>
  </head>
  <body>
    <%= yield %>
  </body>
</html>
```

这是一个可以记述视图整体的通用结构模板叫布局。布局文件保存在app/views/layouts下面。在layout中，含有通用的<head>标签，以及header/footer等在全部页面中都要使用的元素。

此外，请注意<body>标签中=yield这行代码。各个页面中运行的视图都放在=yield这个地方，我们具体来看一下。请运行以下命令制作BooksController和index action。

```
$ bin/rails g controller books index
```

▶ app/controllers/books/books_controller.rb

```ruby
class BooksController < ApplicationController
  def index
    # 根据规约隐式调用以下处理
    # render 'index'
  end
end
```

▶ app/views/books/index.html.slim

```
h1 Books#index
p Find me in app/views/books/index.html.slim
```

这时，生成的HTML如下所示。模板使用的是刚才介绍的app/views/layouts/application.html.erb。
用bin/rails s启动服务器，通过访问localhost:3000/books/index确认实际内容。

```html
<!DOCTYPE html>
<html>
  <head>
    <!-- 部分省略 -->
  </head>

  <body>
    <h1>Books#index</h1>
    <p>Find me in app/views/books/index.html.slim</p>
  </body>
</html>
```

利用布局通用化，可以大幅减少从各个action调用视图的代码。

分开使用多个layout

现在，我们已经知道，通过使用layout和偏模板，可以制作重复性低的DRY视图。但是，所有页面都用单一的layout通用化的话，有时会不太顺利。

比如，管理者界面、错误界面等，最好使用和一般用户界面不同的layout。在Rails中，想要制作不同的layout的话，需要像下面这样在app/views/layouts下添加layout文件。

```
$ touch app/views/layouts/books.html.slim
```

编辑适当的文件内容，如下所示。通过在控制器中声明layout，可以替换layout文件。

▶ app/controllers/books_controller.rb

```ruby
class BooksController < ApplicationController
  # controller单位的layout设定
  layout 'books'

  def index
    # ...
  end
end
```

此外，如果只想让特定的action替换布局的话，我们可以像render'index',layout:'awesome_layout'一样明确地进行指定。但是如果过多地分割布局文件的话，运行和管理的成本会增加，所以我们要适当控制生成的布局文件。

4.1.5 content_for

各视图会被插入到布局文件中=yield的部分，但是我们想改变布局文件中含有的<title>、footer的话，该怎么办呢？解决这个问题要使用content_for方法，使用这个方法可以在页面布局中默认的=yield部分之外的地方动态地嵌入内容。

首先，我们在布局中嵌入指定了键的yield。

▶ app/views/layouts/application.html.erb

```erb
<!DOCTYPE html>
<html>
  <head>
    <!-- 省略 -->
  </head>
  <body>
    <%= yield %>
    <%= yield :footer %>
```

```
    </body>
</html>
```

用=yield:footer指定的地方是嵌入内容的地方。在视图中，我们把用yield指定的键（这里是:footer）作为content_for方法的参数，来记述内容。

▶ app/views/books/index.html.slim

```
/ 写在默认文件中的开头等地方（在哪都可以）
- content_for :footer do
  h1 Footer

/ 以下是通常的模板定义
h1 HELLO!!!
```

在上述例子中，用<%=yield%>指定的地方输出的是<h1>HELLO!!!</h1>展开的HTML，用<%=yield:footer%>指定的地方输出的是<h1>Footer</h1>展开的HTML。

```
<!DOCTYPE html>
<html>
  <head>
    <!-- 部分省略 -->
  </head>
  <body>
    <h1>HELLO!!!</h1>
    <h1>Footer</h1>
  </body>
</html>
```

CHAPTER 4 视图

4.2 制作视图

在上一章中，我们使用Scaffold命令尝试制作了视图。通过rails generate等命令生成的默认模板引擎可以用下面的config/application.rb文件来设定。

▶ config/application.rb

```ruby
# ...
module RailsApp
  class Application < Rails::Application
    # Initialize configuration defaults for originally generated Rails version.
    config.load_defaults 5.1

    # 添加以下内容
    config.generators.template_engine = :slim
    # ...
  end
end
```

以下内容的前提是模板引擎为Slim。需要补充的是，在一个应用中可以使用多个模板引擎。比如，即使generators的设定是Slim，也可以使用ERB、Haml，但这样做不太好，所以我们最好使用统一的模板引擎。

把已经生成的ERB文件变成Slim需要使用erb2slim gem。首先，我们像下面这样安装erb2slim。

```
$ gem install erb2slim
```

接着更换app/views下的erb文件。

```
$ erb2slim app/views app/views -d
```

4.2.1 视图的制作

和上一章相同，使用rails g controller命令可以同时生成视图和控制器。我们运行下方命令来制作index和show的模板。以下命令和3.4节相同，如果已经制作好了就没必要再次运行。然后和3.4节一样，对config/routes.rb做适当修改来使用resources方法。

```
$ bin/rails g controller users index show
```

运行以上命令后，会生成以下文件组（部分省略）。

- app/controllers/users_controller.rb
- app/views/users/index.html.slim
- app/views/users/show.html.slim

当然，我们也可以不使用generator命令，直接生成文件。从终端生成文件时，可以像下面这样，制作好目录后再制作文件。

```
$ mkdir -p app/views/users
$ touch app/views/users/new.html.slim
```

4.2.2 视图的命名规则

如果我们把视图文件名设为与其对应的控制器的action名，运行action后就会自动渲染视图。比如，把与UsersController的index action对应的视图文件名（以及文件路径）设为users/index.html.slim。

此外，在制作偏模板时，我们在文件名开头加上下划线_，以区别于普通视图。form的偏模板设为users/_form.html.slim这样的文件名，在实际调用时指定的名称前不加下划线。

```
= render 'form'
```

4.2.3 制作布局和偏模板

布局的制作

前面的章节中讲过，布局是定义了通用视图结构的文件。应用程序通用的布局文件默认是app/views/layouts/application.html.erb。因为这里使用的是Slim而非ERB，所以是app/views/layouts/application.html.slim。接下来我们对这个layout文件做以下修改。

▶ app/views/layouts/application.html.slim

```
doctype html
html
  head
    title
      | RailsApp
    = csrf_meta_tags
    = stylesheet_link_tag    'application', media: 'all'
    = javascript_include_tag 'application'
  body
    / 通用的header
    = render 'layouts/header'
    / 在个别模板文件（index.html.slim等）中记录内容
```

```
  = yield
  / 通用的footer
  = render 'layouts/footer'
```

我们继续来看body的内部。在=yield的前后，layout/header和layout/footer作为偏模板来调用。接着，我们来制作偏模板。

偏模板的制作

我们先来制作header和footer部分的模板。各自的偏模板文件分别是app/views/layouts/_header.html.slim和app/views/layouts/_footer.html.slim。

在标准规则中，没有生成个别偏模板的generator，所以需要手动生成。虽然生成文件用哪种方法都可以，但是从终端生成的话请运行下方命令。

```
$ touch app/views/layouts/_header.html.slim
$ touch app/views/layouts/_footer.html.slim
```

我们把文件的内容编辑如下，并确认偏模板能否使用。

▶ app/views/layouts/_header.html.slim

```
h1 header
```

▶ app/views/layouts/_footer.html.slim

```
h1 footer
```

在这种状态下，运行bin/rails server命令，并启动Rails，就可以确认所有页面中显示了通用的header和footer。

尝试访问localhost:3000/users的话，会显示图片中的界面，然后就可以确认header和footer的显示方式了。

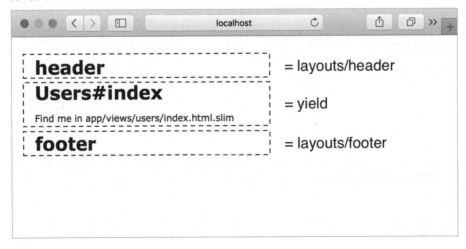

4.2.4 读入CSS/JavaScript

CSS、JavaScript、图像等称为asset。读入asset需要使用将在下节介绍的helper_method。stylesheet_link_tag和javascript_include_tag分别读入由asset pipeline管理的CSS和JavaScript的helper_method。

因为通常使用的是在全部页面通用的asset，所以我们要编写在布局文件中读入的方法。

▶ app/views/layouts/application.html.slim

```
head
  / 读入app/assets/stylesheets/application.js
  = stylesheet_link_tag    'application', media: 'all'
  / 读入app/assets/javascripts/application.js
  = javascript_include_tag 'application'
```

以上内容在指定rails new时设定，所以通常没有必要自己安装。使用helper_method的话，可以省略asset的路径和扩展名。

以上是原来使用Sprockets的Rails中asset的读入方法，从Rails5.1开始，可以使用Webpacker gem了。Webpacker是把前端asset的构建工具webpack和Rails相整合的gem。使用Webpacker来管理asset的话，读入asset时使用的helper_method就变成了javascript_pack_tag和stylesheet_pack_tag。

▶ app/views/layouts/application.html.slim

```
head
  / app/javascript/packs/application.js 深入研读 (利用Webpacker时)
  = javascript_pack_tag 'application'
```

4.2.5 用flash显示通知/错误信息

flash的使用方法

用户在第一次登录应用等场合时，显示只出现一次的即时消息的工具称为flash。flash的使用方法非常简单，在控制器中以key和value的形式设置flash信息，从视图中像哈希一样调用flash。

此外，flash通常和redirect同时使用，所以在以下例子中，我们利用redirect_to方法进行重定向。在这种情况下，访问hello页面的话，登录页面会重定向，并在登录页面显示flash信息。

▶ Controller

```
class StaticPagesController < ApplicationController
  def hello
    # 设定flash信息
```

```
    # key: notice, value: 'login is required.'
    flash[:notice] = 'login is required.'
    redirect_to login_path
  end

  def login
    # loginaction
  end
end
```

▶ View

```
= flash[:notice]
/=> 'login is required'
```

在上述代码中可以使用flash，不过每次都需要在视图指定key的话会很麻烦，所以我们最好写一个使用each方法显示flash信息的程序。

COLUMN

这里对webpack（https://webpack.js.org/）进行补充。
webpack是Web前端开发用的构建工具之一，主要是整理输出模块化的JavaScript、CSS，也可以使用plugin优化代码等。在Rails5以前，有很多单独或组合使用webpack和Rails进行开发的例子，但是在Webpacker Gem问世之后，Rails和webpack就可以简单地整合使用了。

▶ app/views/layouts/application.html.slim

```
/ 部分省略
  body
    / 共通的header
    = render 'layouts/header'
    / flash的显示
    - flash.each do |key, value|
      div class="alert alert-#{key}" = value
    / 在个别模板文件（index.html.slim等）记述内容
    = yield
    / 通用的footer
    = render 'layouts/footer'
```

通过上述代码，我们可以同时处理多条flash信息，并且不需要指定key。CSS的class设定也同时进行，所以可以通过flash的key轻松地改变外观。

实际输出的HTML如下所示。

```
<div class="alert alert-notice">login failed</div>
```

flash的注意点

虽然通常flash是伴随重定向一同使用的，但是不使用重定向也可以使用flash。在这种情况下，请注意用flash.now代替flash。

改变方法的理由和flash信息的生存时间有关。使用flash时信息的生存时间是到"下一个请求为止"。为了让当前请求以及重定向的请求与信息的生存时间一致，我们用重定向地址的界面显示flash信息。

与之相对，flash.now的生存时间是"当前请求"的存续时间。在没有伴随重定向的场合（在action中调用render等），如果使用通常的flash，虽然会显示信息，但是信息的生存时间过长，在下一个请求中会再次显示flash信息。反之，如果在伴随重定向的场合使用flash.now的话，界面上什么都不会显示。

在实际应用中，记住以下内容就没有问题了。

```
flash[:notice]='在重定向场合使用'
flash.now[:alert]='在渲染场合使用'
```

CHAPTER 4 视图

4.3 视图助手

进行日期格式的更换、HTML表单的生成等重复处理时，我们使用视图助手。使用助手可以简化视图的代码，提高可读性。

如果你有兴趣知道本章介绍的嵌入在Rails中的助手是如何安装的，请从以下URL中确认方法的定义。阅读一下进行数字显示处理的number_helper、进行日期显示处理的date_helper，会非常有参考价值。

- 视图助手
  https://github.com/rails/rails/blob/master/actionview/lib/action_view/helpers/

4.3.1 使用视图助手

在Rails中，可以使用的助手有很多，本书不能全部介绍，这里只介绍在实际的应用开发中使用频率比较高的助手。

link_to

link_to是自动生成<a>标签的助手，按照显示的字符串、URL的顺序传递参数并使用。

```
link_to 'Hello页面', hello_path
#=> "<a href="/hello">Hello页面</a>"
```

image_tag

使用image_tag助手，可以自动生成<img>标签。此外，使用asset pipeline的话，asset的路径和digest值（用于缓存的随机数）也可以自动解决了。

```
# 直接指定路径
image_tag "/test.png", alt: 'test'
#=> "<img alt="test" src="/test.png" />"

# 使用asset pipeline
image_tag "test.png"
#=> "<img alt="test" src="/assets/test-e3b0c44298fc1c149afbf4c8996fb92427ae41e46
49b934ca495991b7852b855.png" />"
# e3b0c4……是根据asset pipeline生成的digest值
```

url_for

url_for会基于控制器、action等自动生成URL。

```
url_for(controller: 'articles', action: 'show', id: 10, anchor: 'title')
#=> "/articles/10#title"
```

time_ago_in_words

使用time_ago_in_words助手,可以简单地实现"3分钟前""2天前""几秒钟前"这样的时间显示。在内容更新频率高的服务中,有时比起2017/06/05 12:34这种正确的时间,显示和当前时间的差值对用户来说更加便于理解。

```
time_ago_in_words 10.second.ago
#=> "less than a minute"
time_ago_in_words 2.hours.ago
#=> "about 2 hours"
time_ago_in_words Time.new('2000-01-01')
#=> "over 17 years"
```

number_to_currency

number_to_currency是根据locale改变货币格式的助手,关于locale会在4.6节中进行说明。当locale是:en时,以美元($)的格式输出。

```
number_to_currency(123)
#=> "$123.00"
```

但是如果只根据locale轻易地完成替换的话,日语圈用户中显示的"123日元"到了英语圈用户中就显示成$123了。因此,我们需要注意对每个locale分开输出金额,或者把货币固定为一种形式。

truncate

truncate是省略长文本的一种助手。默认通过省略记号…可以省略30个字,我们可以通过omission和length选项分别更改其设定。

```
truncate("lorem ipsum dolor sit amet", length: 15)
#=> "lorem ipsum ..."
```

此外,利用代码块可以进行省略后的处理。使用场景是可以指定省略内容的链接。

```
truncate(article.content, length: 10) do
  link_to '继续阅读', article_path(article)
end
=> lorem i...(继续阅读的链接)
```

4.3.2 使用表单的助手

表单定义

表单是把用户输入的信息发送给服务器的HTML元素。输入ID和密码的登录界面、发送SNS的界面等都是表单的一种。

form_tag

制作表单最基本的助手是form_tag。想要制作简单的检索表单可以使用下面这种方式编写代码。这里，我们使用Slim作为模板引擎。

```
= form_tag('/search', method: 'get') do
  = label_tag(:q, '检索表单')
  = text_field_tag(:q)
  = submit_tag('检索')
```

上面的代码可以写成下面这样。

```
<form action="/search" accept-charset="UTF-8" data-remote="true" method="get">
  <input name="utf8" type="hidden" value="✓">
  <label for="q">检索表单</label>
  <input type="text" name="q">
  <input type="submit" name="commit" value="检索" data-disable-with="检索">
</form>

<form action="/search" accept-charset="UTF-8" method="get">
  <input name="utf8" type="hidden" value="&#x2713;" />
  <label for="q">检索表单</label>
  <input type="text" name="q" id="q" />
  <input type="submit" name="commit" value="检索" data-disable-with="检索" />
</form>
```

我们可以看到，使用form_tag的话，代码会变得非常简洁。表单元素还有Password Field、Check Box等，与之相对的有password_field_tag、check_box_tag等助手。

form_for

刚才介绍了如何使用form_tag生成普通的表单。此外，form_for助手可以轻松地生成关联到特定模板的表单。

比如，制作关联到Article模板的表单时，代码如下所示。这些代码制作了新的发送信息的表单。

```
= form_for @article do |f|
  = f.label :title
  = f.text_field :title
  = f.label :contents
  = f.text_area :contents
  = f.submit
```

要注意和form_tag不同的是，这里接收的是block参数（在上例中是f）。上述例子可以换成以下HTML的代码。

```html
<form class="new_article" id="new_article" action="/articles" accept-charset="UTF-8" method="post">
  <input name="utf8" type="hidden" value="✓">
  <input type="hidden" name="authenticity_token" value="Pwki9d6LdIlu6lQ9p6zgMUEiBXIzq3RU4ET05kt/XXghT2B4rMPZXMnymA8s3tl0c3I1z80nfRVhTTJInH349Q==">
  <label for="article_title">Title</label>
  <input type="text" name="article[title]" id="article_title">
  <label for="article_contents">Contents</label>
  <textarea name="article[contents]" id="article_contents"> </textarea>
  <input type="submit" name="commit" value="Create Article" data-disable-with="Create Article">
</form>
```

注意，和method="psot"一样，HTTP方法是自动被设定的。如果处理的模板还不存在的话，发送POST。如果模板已经存在的话，发送PATCH请求。因此，通常开发者不需要直接指定HTTP方法。

form_with

从Rails 5.1开始，增加了form_with方法。虽然form_tag和form_with很像，容易发生混乱，但使用form_with能够利用统一的界面构建表单。

我们用form_with重写刚才通过form_tag写成的检索表单。

```
= form_with(url: '/search', local: true) do |f|
  = f.label(:q, '检索表单')
  = f.text_field(:q)
  = f.submit('检索')
```

local:true选项是用来控制下节中将要介绍的Ajax处理。原来的form_tag、form_for为了进行Ajax通信，需要选择remote:true选项，但form_with可以默认地进行Ajax通信。因此，当form_with实现和原来的表单助手同样的行为时，没必要选择local:true选项。

我们举一个把form_for换成form_with的例子作为参考。

```
= form_with(model: @article, local: true) do |f|
  = f.label :title
  = f.text_field :title
  = f.label :contents
  = f.text_area :contents
  = f.submit
```

form_for直接把模型对象作为参数，与之相对的是，form_with像model:@article这样用选项指定。

4.3 simple_form

Rails中的表单助手可以使代码更简洁，而我们使用simple_form等gem，可以进一步简化代码。

- plataformatec/simple_form
  https://github.com/plataformatec/simple_form

我们实际导入simple_form进行尝试，下面对Gemfile增加以下设定。

▶ Gemfile

```
gem 'simple_form'
```

运行bundle install后，我们需要像下方这样运行simple_form的generate命令。

```
$ bundle install
$ bin/rails generate simple_form:install
```

我们用simple_form编写刚才Article模型的表单，代码如下。不用显示指定标签等，代码变得更加简洁。关于详细设置、选项的指定等请参考官方文档。

```
= simple_form_for @article do |f|
  = f.input :title
  = f.input :content
  = f.button :submit
```

4.3.3 制作自定义助手

除了可以简单使用的默认助手以外，我们还可以通过app/helpers/*_helper.rb，定义原创的助手方法。在应用整体中使用相关代码定义在app/helpers/application_help.rb文件中。

例如，我们可以像下方这样，定义生成应用标题的page_title助手。

▶ app/helpers/application_helper.rb

```
module ApplicationHelper
  def page_title
    base_title = 'Sugoi App'
    return base_title if @title.blank?
    "#{base_title} | #{@title}"
  end
end
```

实例变量定义为@title ='welcome!'的话，可以得到输出Sugoi App | welcome!的助手方法。在Slim中用以下代码调用。

```
title = page_title
```

需要注意的地方是，Rails的助手在视图中是全局范围的，有名称冲突的风险。因此，我们最好只定义少数助手进行应用整体中必要的处理（也有的Rails用户完全不使用自定义助手）。如果我们想写很多关于视图的逻辑，一个解决办法是使用Decorator模式，关于这点我们将在第9章进行介绍。

CHAPTER 4 视图

4.4 Ajax处理

4.4.1 Ajax定义

在微博等应用中，单击"赞"等按钮之后，页面没有改变，而画面发生了变化，这种功能是用Ajax（Asynchronous JavaScript+XML）来实现的。Ajax是在浏览器中进行异步通信、向服务器发送请求、更改部分页面的技术，从它的名称我们可以推测出原本想使用的是XML。但是，与XML相比，JSON更轻量级，便于在JavaScript上进行处理，所以处理JSON形式的数据成为主流。

4.4.2 进行Ajax处理

HTML5自定义数据属性和Unobtrusive JavaScript

用form助手的选项指定remote:true的话，输出的<form>标签属性会被指定为data-remote="true"。这是一种称为HTML5自定义数据属性的做法，能够自己定义data-*="foo"这种形式的属性，可以作为Rails默认生成的application.js中的一个rails-ujs触发器来使用。

这种把data-*等HTML结构和JavaScript操作完全分开的做法叫Unobtrusive JavaScript。利用Unobtrusive JavaScript的视图助手，Rails的开发者可以简单地实现Ajax处理、防止由于连续点击造成的二次发送、确认对话框等典型功能。

这样，rails-ujs在实现动态较少的应用时非常便利。但是，在制作频繁使用JavaScript的应用时，自己安装Ajax处理的话整体的代码思路会更清晰。为了方便而导入Vue.js和React.js等前端框架，Rails 适合独立编写。

使用表单助手的Ajax

虽然在实际的应用中不太常用，但我们还是介绍一个使用Rails功能完成书签登录的例子。不过，因为是简单地介绍，所以没有写实际运行的代码。这里只需要对实现方法有印象就可以了。

首先，使用form_with编写代码，完成从视图向服务器发送异步请求的处理。

```
= form_with(url: '/bookmark', method: :put, id: 'button') do |f|
  = f.submit('bookmark')
```

接着，定义接收请求返回JSON的action。

```
# config/routes.rb
put '/bookmark', to: 'application#bookmark'
```

```ruby
# application_controller.rb
def bookmark
  render json: '{ "status": "ok" }'
end
```

render json:这行代码可以返回简单的JSON。

最后，编写处理JSON响应的JavaScript。在app/assets/javascripts/bookmart.js等适当的文件内编写以下处理，登录Ajax的回调。这里制作的合适的JavaScript文件默认被application.js自动读入。

```javascript
window.onload = () => {
  document.querySelector('#button').addEventListener('ajax:success', (event) =>
{
    [data, status, xhr] = event.detail
    console.log(event)
    console.log(data)
    console.log(status)
  });
};
```

ajax:success是当Ajax成功时会被触发的项目，我们需要对这个项目编写必要的处理。同样，Ajax失败的话，ajax:error会被触发。

顺便说一下，自Rails 5.1开始，一直被使用的jQuery从默认设置中删掉了，所以上述示例代码没有使用jQuery。

CHAPTER 4 视图

4.5 制作智能手机页面

如今，比起电脑，使用智能电话等移动端上网的用户正在增多，这两者的界面尺寸不同，因此需要改变显示的布局、信息。如果只改变布局的话，使用CSS的Media Queries来更换就可以了，但是如果想要大幅度改变HTML的构造、显示的信息，就需要考虑更换模板了。在Rails中，准备了variant这个可以简单地实现这项任务的工具。

variant是可以根据每个设备更换适当模板文件的工具。接下来，我们看一个使用variant更换输出模板的例子。首先，需要准备两种模板。

表 4-2 两种模板

文件名	说明
index.html.erb	默认选择的模板
index.html+smart.erb	在request.variant设定:smart后选择的模板

重点在于，要像+smart这样，把+<variant>添加到文件名中。准备好这些模板后，在控制器内调用request.variant = :smart，index.html+smart.erb会代替index.html.erb被选择。

在本例中写的是:smart，但只要request.variant和模板文件名中+以后的字符串内容相一致就可以。通常用的是:sp，:tablet，:mobile等。

控制器的代码如下所示。

▶ app/controllers/application_controller.rb

```ruby
class ApplicationController < ActionController::Base
  # ...
  before_action :detect_browser

  private

  def detect_browser
    case request.user_agent  ──────────────── ①
    # 省略 ...
    when /iPhone/i  ──────────────────────── ②
      request.variant = :smart  ───────────── ③
    end
  end
end
```

在上述代码中，我们用before_action调用detect_browser方法。
detect_browser可以进行的处理包括：

①获取用户代理信息。
②匹配/iPhone/i正则表达式之后。
③在request.variant设定:smart。

在这种状态下，收到从iPhone浏览器发来的访问后，会显示使用了index.html+smart.erb的视图。

通常，用户访问应用时使用的设备、浏览器的信息，可以从用户代理处确认。在Rails中，用户代理可以通过request.user_agent的值来获取。上述代码直接参照的是request.user_agent，实际上我们没有必要自己定义正则表达式，想要判断用户代理时，可以使用Browser、Woothee等gem。

- fnando/browser
  https://github.com/fnando/browser

- woothee/woothee
  https://github.com/woothee/woothee

CHAPTER 4 视图

4.6 多语言化应对

在制作应用时,我们需要考虑把哪种用户当作目标对象。如果对象是中国人,就没有必要准备英语,但是在制作面向海外的应用时,我们至少应当考虑英语用户。多语言(国际)化应对一般称为i18n,是internationalization的缩写。本章也将使用i18n这个表述方法。

4.6.1 i18n的设定

在Rails中,有简单方便地设定i18n的办法。这次我们以英语和中文这两种语言为例进行学习。首先,我们在config/application.rb中增加以下设定。

▶ config/application.rb

```ruby
# ...
module RailsApp
  class Application < Rails::Application
    # Initialize configuration defaults for originally generated Rails version.
    config.load_defaults 5.1

    # 增加以下内容
    # 应对的locale
    config.i18n.available_locales = [ :en, :zh-CN ]
    # 默认的locale
    config.i18n.default_locale = :zh-CN
    # ...
  end
end
```

这里出现的locale,是"每个地域的语言、通货、日期等记载的集合"的一种nuance语言。要注意,根据地域的不同,有差异的不仅是语言,还包括时间及时间的表示方法等。

各个locale的设定定义在config/locales/<locale名>.yml中。config/locales/en.yml从最开始就制成了,所以我们来尝试制作config.locales/zh.yml文件。在config.locales/zh.yml文件中写入以下内容。

▶ config/locales/zh.yml

```yaml
zh-CN:
  hello: '你好'
  welcome: '欢迎'
```

从视图调用i18n的设定需要使用I18n.t、I18n.l。在视图中,可以不指定I18n,只用t和l也可以调用。它们分别是translate、localize方法的别名，通常我们使用一个字母的别名（t和l）。translate意味着翻译，localize用于日期（Date、DateTime、Time）格式的变换。

在config/application.rb文件设定config.i18n.default_locale=:zh-CN的状态，启动rails console后，会输出config/locales/zh.yml文件中定义的内容。

```
$ bin/rails c
pry(main)> I18n.t('hello')
=> "你好"
pry(main)> I18n.translate('welcome')
=> "欢迎"
pry(main)> I18n.t('none') # 未定义
=> "translation missing: zh-CN.none"
# 未定义
pry(main)> I18n.l(Time.now) # 未定义
I18n::MissingTranslationData: translation missing: zh-CN.time.formats.default
```

因为没有定义日期的格式，所以I18n.l(Time.now)会发生异常。正如错误信息提示的那样，我们可以在zh-CN.time.formats.default中写格式的定义，也可以利用rails-i18n gem，设定普通的格式。

请在Gemfile中加入以下内容，运行bundle install。

▶ Gemfile

```
gem 'rails-i18n'
```

再一次运行I18n.l，就会以我们熟悉的日期格式来显示时间。

```
$ bin/rails c
pry(main)> I18n.l(Time.now)
=> "2017/06/09 10:06:44"
```

在这种状态下，用:en指定英语的locale，就会以英语显示。

```
$ bin/rails c
pry(main)> I18n.l(Time.now, locale: :en)
=> "Fri, 09 Jun 2017 10:24:10 +0900"
```

接着，我们看下一个例子可以得知，time_ago_in_words、number_to_currency等Rails视图助手可以自动进行i18n的对应。

```
$ bin/rails c
pry(main)> helper.time_ago_in_words 10.seconds.ago
=> "未满一分钟"
pry(main)> helper.number_to_currency(5000000000000000)
=> "5,000,000,000,000,000日元"
```

这样，只需要导入rails-i18n gem，就可以大幅度地节省i18n化的步骤。rails-i18n gem的locale设定可以从GitHub的仓库进行确认，大家了解一下就好。

4.6.2　locale的判定

如果把默认的locale设为zh-CN，那么对所有的用户都会显示中文页面。如果英语用户来访问，显示的也是中文页面的话，就失去了i18n化的意义。所以我们应该设定为，在面对中文用户时显示zh-CN locale的页面，在面对英语的用户时显示en locale的页面。

根据不同的用户更换合适的locale有几种方法，最简单的就是在URL中嵌入locale信息。此外，向URL嵌入locale也有几种形式。

表 4-3　向URL嵌入locale的形式

locale的嵌入形式	例子
子域名	https://en.example.com/home
路径	https://example.com/en/home
query参数	https://example.com/home?locale=en

使用哪种形式都可以，不过使用子域名的话，需要Rails之外的服务器设定，所以推荐嵌入到路径或query参数中。

在URL嵌入locale之后，就可以共享不依赖于用户的链接。此外，还可以根据每个locale让搜索引擎（Google等）进行检索。

另一方面，有的场合需要操控像https://example.com/home这样没有指定locale时的行为。这时，需要根据用户信息来切换locale，我们可以从连接点的IP地址、HTTP Header来判断。最简单而且有效的方式是使用Accept-Language HTTP Header。

在适当的页面，用浏览器的developer tool查看从浏览器发送的HTTP Header，可以确认Accept-Language。

▶ Accept-Language的例子

```
Accept-Language:zh-CN,en-US;q=0.8,en;q=0.6
```

q=*是用0到1表示的优先级。在zh-CN中没有指定q，省略了默认的q=1。也就是说，上述例子中，含有"希望优先使用中文，如果不行的话优先使用英语"这条信息。服务器处理这个信息后，就可以根据用户信息判定合适的locale。我们也可以自己写locale判定的处理，但是使用gem更为简便。因此，我们使用http_accept_language gem（https://github.com/iain/http_accept_language）进行相应的处理。

▶ Gemfile

```
gem 'http_accept_language'
```

在控制器中像下方这样调用方法的话,就可以基于Accept-Language判断locale。如果在I18n.available_locales中没有定义合适的locale,则返回nil。

```
http_accept_language.compatible_language_from(I18n.available_locales)
#=> :zh-CN
```

接下来将介绍实际的使用方法。

4.6.3　locale和控制器的设定

我们对像https://example.com/en/home这样,把locale嵌入路径的做法进行说明。此外,像https://example.com/home这样没有指定locale时,可以用Accept-Language进行locale判定,失败时则返回默认的locale。

首先,我们指定Rails router的scope,将locale嵌入路径中。

▶ config/routes.rb

```
Rails.application.routes.draw do
  # I18n.available_locales => [:zh-CN, :en]
  # /#{I18n.available_locales.join("|")}/ => 像/zh-CN|en/一样展开
  scope '(:locale)', locale: /#{I18n.available_locales.join("|")}/ do
    # 编写通常的routes
    resources :users
  end
end
```

在scope指定(:locale)。像:locale这样,通过加上冒号将其参数化后,在控制器中可以作为params[:locale]参考。此外,用()括起来后会成为可选的路径,所以在没有指定locale的URL中也有效。这时params[:locale]会变为nil。

接着,我们用控制器制作可以动态设定locale的过滤器。

▶ app/controllers/application_controller.rb

```
class ApplicationController < ActionController::Base
  before_action :set_locale

  # 设定locale的filter
  def set_locale
    I18n.locale = locale
  end
```

```ruby
  # 按照(path)parameter,Accept-Language,default的优先顺序决定locale
  # `@locale ||= …` 是处理的缓存
  def locale
    @locale ||= (params[:locale] ||
                 http_accept_language.compatible_language_from(I18n.available_locales) ||
                 I18n.default_locale)
  end

  # default_url_options：定义生成URL时的默认参数的特殊方法
  # 这时，对URL的助手嵌入locale
  def default_url_options
    # 如果locale没有明确指定的话就跳过（可选）
    return {} if params[:locale].blank?
    { locale: locale }
  end
end
```

这样，在before_action中设定好set_locale方法后，就可以返回恰当的locale页面了。

default_url_options是设定url_for、xxx_path等传递给URL助手的默认选项的特殊方法，通过返回{locale:locale}，可以向页面内的链接中嵌入locale信息。

需要补充的是，locale方法内的@locale ||=…负责处理缓存。因为locale判定的处理只需要对请求进行一次，这样可以避免每次调用locale方法时都要对locale再次进行计算。

4.6.4 i18n对应的确认

i18n化有没有正常运行，如果用眼睛去确认的话非常麻烦。因此，我们使用i18n-tasks（https://github.com/glebm/i18n-tasks）这个gem可以检索出不足或未使用的翻译。

为了导入i18n-tasks，我们来修正Gemfile。

▶ Gemfile

```ruby
gem 'i18n-tasks'
```

基本的命令是i18n-tasks health，在终端运行命令的话，可以得到如下输出内容。

```
$ bundle exec i18n-tasks health

Forest (en, zh-CN) has 3 keys across 2 locales. On average, values are 6 characters long, keys have 1.0
segments, a locale has 1 keys.
Missing translations (1) | i18n-tasks v0.9.15
+--------+---------+----------------------------------+
| Locale | Key     | Value in other locales or source |
+--------+---------+----------------------------------+
|   en   | welcome | zh-CN 欢迎                       |
+--------+---------+----------------------------------+
Unused keys (3) | i18n-tasks v0.9.15
+--------+---------+-------------+
| Locale | Key     | Value       |
+--------+---------+-------------+
|   en   | hello   | Hello world |
| zh-CN  | hello   | 你好        |
| zh-CN  | welcome | 欢迎        |
+--------+---------+-------------+
```

这样就可以检查是否有漏译或未使用的定义，并将结果以Missing translations、Unused Keys的形式直观地输出。i18n-tasks中还有一些其他的功能和设定，详细信息请参考官方文档。

4.7 视图的性能调优

本节我们进行性能调优,进行性能调优的步骤如下。

①关于最优化、高速化的必要性思考。
②性能的测量。
③瓶颈的锁定。
④修正、优化造成瓶颈的代码。
⑤再次进行测量,确认性能的改善。

请在最开始一定要进行"关于最优化、高速化的必要性思考"。因为如果进行了不必要的最优化,性能的些许改善需要的代价有可能大大损害代码的可维护性。还有,这里所说的瓶颈是指占整体处理时间比重较大的处理。

性能的测量可以使用gem,或使用在第10章将要介绍的NewRelic等SaaS。需要注意的是,在测量时,需要加入一些设定,比如在development环境中将缓存的设定无效化,每次请求时进行代码的重载等。因此,和production环境相比,性能将显著降低。

以下的设定并不是必需的,如果想要以接近production环境的状态进行测量的话,我们把config/environments/development.rb文件改为以下内容,就可以得到和实际环境接近的测量结果。还有几种其他的设定,不过cache_classes的设定效果最好。

需要注意以下设定生效之后,代码将不能自动重载,所以每次在编辑代码时需要重新启动Rails服务器。

▶ config/environments/development.rb

```
Rails.application.configure do
  # config.cache_classes = false
  config.cache_classes = true
end
```

4.7.1 使用profiler的gem

我们可以使用profiler的gem测量哪里的处理需要花费时间。一般我们可以把profiler理解为性能解析工具。profiler的gem有几种,这里使用其中的rack-lineprof和rack-mini-profiler,像下方这样在Gemfile中添加内容,运行bundle install。因为只用于development环境,所以我们编写在group:development代码块中。

▶ Gemfile

```
group :development do
  gem 'rack-lineprof'
  gem 'rack-mini-profiler', require: false
end
```

rack-lineprof

rack-lineprof是以行来简单地测量运行时间的gem。这次我们用于视图，而且它也可以适用于应用整体。

让rack-lineprof有效，我们需要添加以下设定。Rails通常在启动时进行开发，但是要注意为了反映出这些设定文件的更改，我们需要重新启动Rails server。

▶ config/environments/development.rb

```
Rails.application.configure do
  # Settings specified here will take precedence over those in config/application.rb.
  config.middleware.use Rack::Lineprof
end
```

作为例子，我们来测量以下视图。在bin/rails g controller static_pages performance_sample中制作视图和控制器，修改为以下内容。

▶ app/views/static_pages/performance_sample.html.slim

```
- numbers = (1..1000)
= render partial: 'num', collection: numbers, as: :num

- numbers.each do |num|
  = render 'num', num: num
- numbers = (1..1000)
```

在上方视图中调用的partial也是新制作的，是一个只显示接收数值的partial。

▶ app/views/static_pages/_num.html.slim

```
= num
```

通过bin/rails s启动Rails Server，访问http://localhost:3000/static_pages/performance_sample?lineprof=app/views。rack-lineprof通过在URL添加?lineprof=<想测量的路径>这个字符串并访问，就可以在控制台输出结果。

输出结果如下所示。

```
app/views/static_pages/performance_sample.html.slim
            |  1  - numbers = (1..1000)
   64.4ms  4 |  2  = render partial: 'num', collection: numbers, as: :num
            |  3
 1331.1ms  1 |  4  - numbers.each do |num|
 1322.4ms 4000 |  5    = render 'num', num: num
```

在控制台上，是用彩色输出处理时间，所以一眼就可以看出瓶颈。

我们观察输出内容，会发现4~5行的处理非常花费时间。这是因为在重复渲染partial时，使用了each。我们需要像第2行那样修正，使用collection:选项。

接下来确认一下刚才说的，在production环境中config.cache_classes=true时，性能会不同。我们在相同条件下只改变cache_classes的设定进行测量。

config.cache_classes = true的场合

```
app/views/static_pages/performance_sample.html.slim
            |  1  - numbers = (1..1000)
   62.1ms  4 |  2  = render partial: 'num', collection: numbers, as: :num
            |  3
  365.4ms  1 |  4  - numbers.each do |num|
  357.5ms 4000 |  5    = render 'num', num: num
```

使用each时性能会有些许程度的改善，但还是使用collection时性能更好。

rack-mini-profiler

rack-mini-profiler也是可以测量应用处理时间的gem，它的特征是可以在浏览器上确认处理时间。为了使用rack-mini-profiler，我们需要制作下方的设定文件。

▶ config/initializers/rack_profiler.rb

```
if Rails.env == 'development'
  require 'rack-mini-profiler'
  # initialization is skipped so trigger it
  Rack::MiniProfilerRails.initialize!(Rails.application)
end
```

在这种状态下启动应用的话，界面的左上角会出现rack-mini-profiler像徽章一样的对话框，从这里我们可以查看处理时间的详细情况。

图4-1 mini-profiler

4.7.2 使用片段缓存

　　Rails把Slim、ERB等模板引擎转换为HTML并返回给浏览器。像header、footer等几乎是静态的模板文件，如果每次请求时都需要把它们换成HTML，那么就会有很多不必要的处理。

　　把从模板引擎转化为HTML后的内容缓存，并再次使用的功能视为片段缓存。在视图中，把需要缓存的部分用cache<key>do…end围起来，就可以使用片段缓存了。

```
- cache 'header' do
  = render 'layouts/header'
```

　　片段缓存默认只在production环境中有效。如果想在development环境中确认片段缓存的行为，在Rails 5中输入以下命令就可以更换。

　　在development环境中将片段缓存有效化。

```
$ bin/rails dev:cache
Development mode is now being cached.
```

　　再运行一次就无效化了。

```
$ bin/rails dev:cache
Development mode is no longer being cached.
```

在Rails 4以前，也可以通过修正development.rb文件将缓存有效化。

▶ config/environments/development.rb

```
Rails.application.configure do
  # default: false
  config.action_controller.perform_caching = true
end
```

必须要注意，当像下方这样制作输出随机数的视图时，浏览器不管更新多少次输出的数值都是相同的。这是由于片段缓存将初次访问时的视图缓存了，之后使用的都是缓存的信息。

```
= cache 'random' do
  / 0 - 2之间的随机数
  p = rand(3)
```

为了防止这种情况，我们需要从外部对cache方法动态传入key。

```
- num = rand(3)
= cache "random-#{num}" do
  / 0 - 2之间的随机数
  p = num
```

片段缓存最常使用的情况是，将ActiveRecord的对象传递给偏模板来表示。即使不设定cache的key，通过把ActiveRecord的对象传递为cache的key也可以顺利进行。虽然不太可能发生这种情况，但我们没有办法处理刚才说的在偏函数内产生随机数的情况，所以要注意。

```
/ @user 是 ActiveRecord 的对象
= cache @user do
  = render 'user', user: @user
```

正确理解并设定片段缓存的行为不是一件简单的事情。因此，开始时不要使用片段缓存来调优，建议如果不是必要情况，最好不要使用片段缓存。

CHAPTER 5　数据库 / 模型

5.1 理解Rails中的模型

5.1.1 ApplicationRecord和ActiveRecord

Rails中的模块承担数据库访问、数据处理、加工等业务逻辑。通常的应用，使用的是MySQL、PostgreSQL等关系型数据库管理系统（以下称RDBMS），将数据永久化。处理RDBMS，通常需要使用SQL这个专门的语言。比如，"id:获取一个用户"这个SQL应该像下面这样写。

```
SELECT * FROM users WHERE id = 1;
```

那么，在应用中应该怎么使用呢？用Rails实现上述例子的话应该像下面这样写，那么就可以作为Ruby的对象很简单地处理了。

```
user = User.where(id: 1)
```

在Rails中，通过使用继承了ActiveRecord的模型，不用直接写SQL也可以轻松地访问数据库。通常，为了消除应用上的对象和数据库在表现上的差异（impedance mismatch），可以互换数据的结构叫O/R Map(Object-Relational Mapping)。ActiveRecord是一种Ruby库（gem），同时也是一种设计模式。ActiveRecord是让一个模型同时拥有O/R Map功能和其他业务逻辑（利用数据的演算）的模式。

处理ActiveRecord的模型，需要和模型对应的数据库的数据表。数据表的制作和更改需要用到下节中将要讲到的迁移功能。此外，模型本身的生成需要使用Rails的generator。

在Rails 4之前，利用继承了ActiveRecord::Base的模型，可以使用ActiveRecord的功能。模型的类定义如下所示。

▶ app/models/user.rb

```
class User < ActiveRecord::Base
  # do something
end
```

从Rails 5开始，各模型变为继承ApplicationRecord。下面是自动生成的ApplicationRecord类。

▶ app/models/application_record.rb

```
class ApplicationRecord < ActiveRecord::Base
  self.abstract_class = true
end
```

在ApplicationRecord中编写单独的实现代码，可以扩展通用的模型功能。但是，要注意在ApplicationRecord进行单独的扩展，可能造成过度的通用化，从而使代码的可维护性降低。和ApplicationHelper一样，需要避免滥用。

> **COLUMN**
>
> 这里对ApplicationRecord类的self.abstract_class=true这行代码进行补充说明。ActiveRecord想让类名和数据表名自动相连，所以ApplicationRecord类希望定义application_records。但是，实际中并没有application_records，所以没有指定abstract_class时，Rails会发生错误。通过self.abstract_class=true这行代码，可以声明作为和数据表没有连接的基类使用。请注意这里说的abstract_class和面向对象编程中的抽象类（abstract class）含义不同。

5.1.2　数据表名、模型的命名规则

数据库的数据表名是snake_case的复数形式，模型名是单数形式。比如，class User对应的数据表是users。

用generator指定模型名时，我们像下方这样用单数形式指定。

```
$ bin/rails g model user name:string email:string
```

5.1.3　ActiveRecord的基本方法

ActiveRecord的基本功能是数据库的CRUD（Create、Read、Update、Delete）和验证（Validate）。首先我们来看一下基本的CRUD。在实际运行命令之前，需要运行以下命令来制作user模型和数据表。

此外，以下说明的前提是按照第2章的顺序进行了Rails设定。

```
$ bin/rails g model user name:string:index email:string
$ bin/rails db:migrate
```

在尝试使用ActiveRecord方法之前，我们先启动rails console。

```
$ bin/rails c --sandbox
```

这里，我们加上--sandbox选项启动rails console。指定--ssandbox选项后，控制台结束时，改变的

数据库会恢复为原来的状态，所以当我们想用ActiveRecord进行各种尝试时，最好指定--ssandbox选项启动控制台。

Create

Create处理相当于SQL的INSERT语句。用ActiveRecord制作模型，需要在new后调用save。在new这个节点时，还是一个Rails上的对象，调用save方法后，就保存（commit）在数据库中了。此外，我们可以使用将两者结合起来的create方法。

使用new+save，如下所示。

```
pry(main)> user = User.new(name: 'foo')
pry(main)> user.save
(0.2ms)   SAVEPOINT active_record_1
SQL (0.3ms)  INSERT INTO `users` (`name`, `created_at`, `updated_at`) VALUES ('foo', '2017-06-19 11:59:49', '2017-06-19 11:59:49')
(0.1ms)   RELEASE SAVEPOINT active_record_1
=> true
```

使用create，如下所示。

```
pry(main)> User.create(name: 'bar')
(0.3ms)   SAVEPOINT active_record_1
SQL (0.3ms)  INSERT INTO `users` (`name`, `created_at`, `updated_at`) VALUES ('bar', '2017-06-19 12:01:41', '2017-06-19 12:01:41')
(0.4ms)   RELEASE SAVEPOINT active_record_1
=> #<User:0x007fe683c91618
 id: 2,
 name: "bar",
 email: nil,
 created_at: Mon, 19 Jun 2017 12:01:41 UTC +00:00,
 updated_at: Mon, 19 Jun 2017 12:01:41 UTC +00:00>
```

save和create的返回值有很大差异。在save中，只有在验证成功时才返回true，验证失败时，不保存进数据库，并返回false。另一方面，create也进行验证，但无论成功与否都返回模型的实例。因此，基本上当我们想根据验证的成功与否分类处理时，使用new+save方法可以顺利地实现这个处理。而create方法在API的响应构建等场合更有用处。用create方法验证失败的话，会返回包含错误信息（errors）的对象。因此，不用编写条件分支，也可以向客户端返回含有错误信息的JSON。

此外，还存在带有！的save!、create!方法。验证成功时的行为和不带！的方法相同，但是在验证失败时，会发生ActiveRecord::RecordInvalid异常。这个用于希望在失败时中断处理的场合，验证失败时的行为如下所示。

```
pry(main)> User.create!(name: 'a')
(0.2ms)   SAVEPOINT active_record_1
(0.2ms)   ROLLBACK TO SAVEPOINT active_record_1
ActiveRecord::RecordInvalid: Validation failed: ...
```

Read

Read处理相当于SQL的SELECT语句。SELECT的方法有数十种,实际经常用到的有all、first、find、find_by、where。

all

all是获取全部记录,在SQL中相当于SELECT*FROM<table>。

```
pry(main)> User.all
User Load (0.3ms)  SELECT `users`.* FROM `users`
=> [#<User:0x007f997061a880>, #<User:0x007f997061a740>,
#<User:0x007f997061a600>]
```

first

first是获取开头(id最小)记录的方法,没有记录时返回nil。

```
pry(main)> User.first
User Load (0.4ms)  SELECT `users`.* FROM `users` ORDER BY `users`.`id` ASC LIMIT 1
=> #<User:0x007f996cff02a0>
pry(main)> Article.first
Article Load (0.3ms)  SELECT `articles`.* FROM `articles` ORDER BY `articles`.`id` ASC LIMIT 1
=> nil
```

find

find可以获取指定的id的记录,可以传递多个id。如果没有相应的记录,就会发生异常(ActiveRecord::RecordNotFound)。

```
pry(main)> User.find(0)
User Load (0.4ms)  SELECT `users`.* FROM `users` WHERE `users`.`id` = 0 LIMIT 1
=> #<User:0x007f99704b0a58>
pry(main)> User.find(0,1,2) # 多条指定
User Load (0.4ms)  SELECT `users`.* FROM `users` WHERE `users`.`id` IN (0, 1, 2)
=> [#<User:0x007f997048c680>, <User:0x007f997048c540>, <User:0x007f997048c400>]
pry(main)> User.find(100) # 如果没有记录,就会发生异常
User Load (0.4ms)  SELECT `users`.* FROM `users` WHERE `users`.`id` = 100 LIMIT 1
ActiveRecord::RecordNotFound: Couldn't find User with `id'=100
```

find_by

find_by方法当存在符合指定条件的记录时,只获取其中一条,当记录不存在时则返回

nil。此外，还有带！版本的find_by!方法，和你想的一样，这个方法在没有记录时会发生异常（ActiveRecord::RecordNotFound）。

```
pry(main)> User.find_by(name: 'bob')
User Load (0.3ms)  SELECT `users`.* FROM `users` WHERE `users`.`name` = 'bob' LIMIT 1
=> #<User:0x007f997079c960
 id: 9,
 name: "bob",
 email: "hoge@example.com",
 created_at: Tue, 20 Jun 2017 01:20:17 UTC +00:00,
 updated_at: Tue, 20 Jun 2017 01:20:17 UTC +00:00>

pry(main)> User.find_by(name: 'foo') # 不存在的记录
User Load (0.3ms)  SELECT `users`.* FROM `users` WHERE `users`.`name` = 'foo' LIMIT 1
=> nil

pry(main)> User.find_by!(name: 'foo')
User Load (0.4ms)  SELECT `users`.* FROM `users` WHERE `users`.`name` = 'foo' LIMIT 1
ActiveRecord::RecordNotFound: Couldn't find User
```

where

where相当于SQL的WHERE语句，是一种获取所有符合指定条件记录的查询法（Query Methods）。查询法是一种向运行的SQL中添加检索条件的方法，除了where，还有order、limit、joins等。

下方是一个使用where的简单例子。

```
pry(main)> Article.where(name: 'foo')
Article Load (0.8ms)  SELECT `articles`.* FROM `articles` WHERE `articles`.`name` = 'foo'
=> #<Article::ActiveRecord_Relation:0x3fd1b8f0340c>
pry(main)> Article.where(created_at: Time.current.all_day)
Article Load (2.0ms)  SELECT `articles`.* FROM `articles` WHERE (`articles`.`created_at` BETWEEN '2017-06-24 00:00:00' AND '2017-06-24 23:59:59')
```

在SQL中，除了WHERE语句，还有限制获取条数的LIMIT语句、指定结果顺序的ORDERBY语句。在ActiveRecord中相当于limit、order方法。在ActiveRecord中，这些检索条件可以用作方法链。所谓的方法链，是像some_object.method1.method2.method3这样使用调用方法的.连接起来的代码。

以下是使用方法链的一个例子。指定多个WHERE语句时，用AND连接条件。

```
pry(main)> User.where(created_at: Time.zone.now.all_month).where(name: 'a').order(:name).limit(3)
User Load (0.4ms)  SELECT `users`.* FROM `users` WHERE (`users`.`created_at` BETWEEN '2017-06-01 00:00:00' AND '2017-06-30 23:59:59') AND `users`.`name` = 'a' ORDER BY `users`.`name` ASC LIMIT 3
```

数据表的连接（JOIN）等更高级的使用方法将在后面的小节中介绍。

Update

Update处理相当于SQL的UPDATE，进行记录的更新。把想要更新的列的名称和值以哈希形式传递给update方法。下方是以1条记录为单位进行更新处理。

```
user = User.first
# 基本的update
user.update(name: 'foo')
# update的alias（别名）方法
user.update_attributes(name: 'foo')
# 验证失败时发生异常的版本
user.update!(name: 'foo')
# 跳过验证进行更新（基本上不使用）
user.update_attribute(:name, 'foo')
```

想把记录全部更新时，使用update或update_all。

```
# name 将name全部设为'foo'
User.update(name: 'foo')
# 将name为'bar'的记录改为'foo'
User.where(name: 'bar').update(name: 'foo')
# 跳过验证进行更新
User.update_all(name: 'foo')
```

将所有模型作为接收方运行update的话，可以更新所有记录。而且和where等查询法组合，可以锁定对象的记录进行更新。

update方法在更新前进行验证，而update_all不经过验证就进行更新。以SQL的角度看，update是按照对象的数量进行UPDATE的查询。与之相对，update_all是用一个UPDATE查询更新全体。因此，update有风险，但在性能方面非常有利。

Delete

Delete处理相当于SQL的DELETE。对应的方法有delete系列和destroy系列，通常使用的是destroy系列。delete是一个只运行SQL的DELETE的低级方法。与之相对，destroy在运行delete前后，会执行各种回调。这些回调进行同时删除关联数据表的对象、根据对象状态中断删除操作等处理。

```
# 带回调的删除
user.destroy
# 由于回调造成删除中断时，发生异常的版本
user.destroy!
# 不运行回调的删除处理
user.delete
```

同时删除多条记录时使用destroy_all和delete_all。

```
# 调用回调删除
User.destroy_all
# 不调用回调删除
User.delete_all
```

destroy_all在运行回调的同时，会一行行地进行DELETE。delete_all不运行回调，使用一个SQL就可以全部删除，非常快速。和更新处理相同，与where等查询法组合起来，可以锁定对象的记录后删除。

运行DELETE的SQL后，对应的记录会从数据库中彻底删除。这种用DELETE进行的删除，和后面将要讲到的逻辑删除相对，称为物理删除。运行物理删除之后，被删除的内容不能简单地复原。因此，在进行物理删除之前，最好先将数据保存在别的地方以便之后作为参考。

与之相对，逻辑删除是像deleted_at这样，将删除flag（时间戳）保存为列，用UPDATE代替删除处理。可以像is_delete这样使用真伪值，但在delete_at保存好删除时间的话，信息量会更多。在未删除的记录中，deleted_at为null。

逻辑删除的例子

```
# 假设预先已经制作好deleted_at列
user = User.first
# 用户的删除
user.update!(deleted_at: Time.current)
# 获取用户一览表
User.where(deleted_at: nil)
```

通过上述例子，我们会发现逻辑删除存在明显缺点。在检索记录时，每次都要指定.where(deleted_at:nil)这样的条件，SQL会变复杂。想要实现逻辑删除，使用paranoia这个gem会非常简单。详细的使用方法请参考官网README。

- rubysherpas/paranoia
  https://github.com/rubysherpas/paranoia

验证

验证（validation）是将模型对象保存在数据库之前，检验对象是否有效的一种功能。比如，可以验证"email不为空""用户名和其他用户不重复"等。我们可以在模型内调用validates方法来定义验证。

▶ user.rb

```ruby
class User < ApplicationRecord
  validates :name, uniqueness: true
  validates :email, presence: true
end
```

在将模型对象保存到数据库之前，验证自动被运行。运行update、save等后，会触发验证，验证失败时返回false。update!、save!等验证失败后会发生异常。此外，就像我们刚才提到的update_all等，一部分方法不会执行验证。

实际中用到的不多，不过如果我们只想进行验证，可以使用valid?等方法。

```
# 验证成功的记录
valid_user = User.new(name: 'hoge', email: 'foo@example.com')
valid_user.save!
#=> true
valid_user.valid?
#=> true

# 验证失败的记录
invalid_user = User.new(name: 'hoge', email: nil)
invalid_user.save!
#=> ActiveRecord::RecordInvalid: Validation failed: Name has already been taken, Email can't be blank

# 只进行验证
valid_user.valid?
#=> false

# valid?的alias方法
valid_user.validate
#=> false

# 验证失败时发生异常
valid_user.validate!
#=> ActiveRecord::RecordInvalid: Validation failed: Name has already been taken, Email can't be blank
```

5.1.4　理解错误信息对象

模型的验证失败时，在模型的errors中收纳错误。模型的验证是通过调用save、valid?方法进行的。使用errors的内容通常用到的方法有details、messages、full_messages。其中，messages和full_messages方法用来在视图中向用户显示错误信息。

```
valid_user.errors.any?
#=> false
invalid_user.errors.size
#=> 2
invalid_user.errors.details
=> {:name=>[{:error=>:taken, :value=>"hoge"}], :email=>[{:error=>:blank}]}

invalid_user.errors.messages
=> {:name=>["has already been taken"], :email=>["can't be blank"]}
```

```
invalid_user.errors.full_messages
=> ["Name has already been taken", "Email can't be blank"]
```

请注意，如果errors不在运行验证后被调用的话，就没有意义。即使是无效的模型对象，new之后的errors也不会返回合适的错误信息。

5.1.5 对象的生命周期和回调

下面我们对ActiveRecord中的模型对象的生命周期和回调方法进行说明。模型对象可以用new生成，也可以从数据库读取，或者在Rails(Ruby)的内存中作为模型对象生成，当不需要时就会被销毁。在内存中生成的模型对象，接下来在数据库中进行的操作是"插入（INSERT）""更新（UPDATE）""删除（DELETE）"其中之一。在执行这3种操作时，可以执行各种各样的回调方法。回调方法是通过提前登录，在特定的时间点可以被调用的方法。

以下是通过各种操作进行处理的流程。before_xxx、after_xxx、aroud_xxx是登录回调方法的Active Record的类方法。

CREATE	UPDATE	DELETE
before_validation	before_validation	before_destroy
VALIDATION	*VALIDATION*	around_destroy
after_validation	after_validation	*DELETE*
before_save	before_save	after_destroy
around_save	around_save	
before_create	before_update	
around_create	around_update	
INSERT	*UPDATE*	
after_create	after_update	
after_save	after_save	

回调方法的数量很多，但不会全都用到。尤其是使用around_xxx系列的回调方法会使处理的流程变复杂，所以请避免多用。

例如，下方的处理是利用回调方法在建立新用户后发送邮件。

```
class User < ApplicationRecord
  after_create :send_email #————————————————————①回调的登录

  private

  def send_email #——————————————————————————————②回调方法
    # do somothing
```

```
      end
    end
```

回调像①一样,将方法名作为符号指定后登录。而回调方法像②一样,一般是在同一个模型内定义为私有方法。

callback中处理的中断

before_xxx系列的回调,根据条件可以中断处理。中断处理后,验证失败时和save、update一样返回false。如果中途处理中断的话,数据库的更改会被回调。在Rails 5中,可以通过调用throw(:abort)中断处理。下方是有50%的概率中断保存回调方法的样例。

```
class User < ApplicationRecord
  before_save do
    # rails 5的情况
    throw(:abort) if rand(2) == 0
    # rails 4之前的情况如下
    # return false
  end
end
```

> **COLUMN**
>
> 如果回调方法很复杂,或者想在多个类中共用的话,我们可以定义一个专门的回调方法类。因为需要用到的情况不多,所以本书不再介绍,有兴趣的读者请参考官方文档。
>
> - Active Record回调方法
>   https://railsguides.jp/active_record_callbacks.html

5.1.6 save和save!的使用区别

之前我们介绍过,ActiveRecord中有save和save!、update和update!这种带!的方法和普通方法。接下来,会对这些方法的使用区别做简单的说明。以下是以save方法为例,但update、create也是同样的道理。

不带!的save方法请一定使用其返回值,要分别定义成功、失败时的处理。如果失败时的后续处理很难定义,或者原本没有预想失败时的情况,请使用save!来发出异常并中断处理。单独使用save的话,不论成功失败都会进行后续处理,所以很可能会发生意想不到的行为。

比如，save方法成功或失败时会返回true或false，编写代码如下。

```
# good 分别编写成功或失败时的处理
if user.save
  # 成功时的处理
else
  # 失败时的处理
end
```

当不使用返回值时，使用带！的方法。

```
# bad 不知道结果是成功或失败
user.save
# good 失败之后用异常中断处理
user.save!
```

CHAPTER 5 数据库/模型

5.2 理解迁移

5.2.1 什么是迁移

迁移的概要

应用程序代码的版本管理可以使用Git等VCS（version control system），那么数据库的版本管理应该怎么办呢？答案之一就是数据库模式的代码化，即本节中要学习的迁移。迁移原本指的是把数据库的模式（schema）或数据本身映射到一个新的数据库的操作，在Rails中，我们可以把各种更改定义为迁移文件，从而可以不间断地进行数据库的修改。而且，通过恰当地定义迁移文件，我们可以使模式恢复到以前的状态（rollback）。

用Rails应用处理的数据库模式定义，全部来自迁移文件的积累。在db/migrate下，保存着过去创建的迁移文件组，在控制台执行命令（bin/rails db:migrate）就可以进行迁移了。进行迁移后的结果映射为db/schema.rb，我们可以确认现阶段数据库的全体定义。

在哪个数据库都同样可以工作

RDBMS中有MySQL、PostgreSQL、SQLite3等各种产品，这些产品各有其不同之处。利用Rails的迁移功能，我们可以消化各个RDBMS之间的差异。因此，开发者不用留意RDBMS的差异，就可以用Ruby的DSL简单地编写table的定义。

过去的迁移文件不能改写

当大家想修改模式时，请一定创建一个新的迁移文件。虽然通过改写过去的迁移文件来修改数据库模式在技术上是可行的，但请大家一定不要这样做。

因为如果改写过去的迁移文件，通常我们会删除数据库后再重建，这样就不是不间断的迁移了。

在团队开发中，如果破坏数据库的话，会被其他成员责怪。而且，如果已经正式发布了应用，还会引起更加严重的问题。

5.2.2 迁移的命令

迁移命令的形式如下。

```
$ bin/rails g migration <迁移名> <字段名:数据类型(:index)> ...
```

比如，下方是给用户增加年龄age属性的命令。

```
$ bin/rails g migration add_age_to_users age:integer
      invoke  active_record
      create    db/migrate/20170715020236_add_age_to_users.rb
```

执行上述命令后，会生成含有如下内容的文件。

▶ db/migrate/20170715020236_add_age_to_users.rb

```
class AddAgeToUsers < ActiveRecord::Migration[5.1]
  def change
    add_column :users, :age, :integer
  end
end
```

在执行创建迁移文件的命令时，传递的迁移名是什么都可以。但是，如果我们指定符合一定模式的名称，就可以从模板生成迁移文档的内容。在上文的例子中，add_column这一行就是自动生成的。

模式一共有4种，我们经常使用的是add…to/remove…from这个模式。通常，在生成模型时，会附带地生成数据表，所以我们不需要关注creat…、join_table等。

表 5-1 迁移的模式

迁移名称的模式	生成的迁移文档
add_<*>_to_<TABLENAME>	add_column
remove_<*>_from_<TABLENAME>	remove_column
create_<TABLENAME>	create_table
<*>join_table<*>	create_join_table（只用于把参数指定为数据表的场合）

当以上这些模式都不符合需求时，我们就需要自己编写迁移文件的内容了。在这种情况下，我们最好按照便于理解修改内容的原则设置迁移文件名，比如change_user_status_from_string_to_integer。

数据类型

ActiveRecord的数据类型决定了我们以哪种类型保存到数据库中。在迁移文件中像:integer、:string这样来指定。ActiveRecord的数据类型和MySQL的类型有如下关系，我们在生成数据表时可以参考。

表 5-2 ActiveRecord的数据类型和MySQL的类型

数据类型	MySQL类型	说明
:binary	blob	图像、动画等的二进制
:boolean	tinyint(1)	true/false的真伪值
:date	date	日期
:datetime	datetime	日期时间
:decimal	decimal	小数
:float	float	小数
:integer	int(11)	整数
:json	json	JSON
:string	varchar(255)	字符串
:text	text	大号的字符串
:time	time	时间
:timestamp	datetime	日期时间

迁移的执行命令

db:migrate

db:migrate是执行迁移的命令，用generate migration命令创建迁移文件。如果迁移文件的内容没有问题的话，就可以进行迁移了。

```
$ bin/rails db:migrate
== 20170715020236 AddAgeToUsers: migrating ===================================
-- add_column(:users, :age, :integer)
   -> 0.0705s
== 20170715020236 AddAgeToUsers: migrated (0.0706s) ==========================
```

这样，我们就可以更新不间断的数据库模式以及db/schema.rb了。

db:migrate:status

db:migrate:status是确认迁移进行到什么程度的命令。

```
$ bin/rails db:migrate:status

database: rails_app_development

 Status   Migration ID    Migration Name
--------------------------------------------------
   up     20170504130725  Create articles
  # ... 省略
   up     20170702064108  Create article tags
   up     20170715020236  Add age to users
```

当Status是up时，说明迁移已经应用了，而down说明迁移还未应用。最后一行Add age to users显示的是up，说明刚才的迁移已经运行了。

db:rollback

db:rollback是使迁移的运行状态返回上一步的命令（rollback）。

```
$ bin/rails db:rollback
== 20170715020236 AddAgeToUsers: reverting ===============================
-- remove_column(:users, :age, :integer)
   -> 0.0452s
== 20170715020236 AddAgeToUsers: reverted (0.0504s) ======================
```

运行rollback后，再次确认status，我们就能看到刚才的迁移显示的是down。

```
$ bin/rails db:migrate:status

database: rails_app_development

 Status   Migration ID    Migration Name
--------------------------------------------------
  up      20170504130725  Create articles
  # ... 省略
  up      20170702064108  Create article tags
  down    20170715020236  Add age to users
```

需要注意的是，进行不可逆的迁移后，rollback的命令会失败。详细原因我会在后文向大家解释。

5.2.3 迁移的基本方法

迁移的方法

下方的表格总结了在迁移文件内经常会用到的方法。

表 5-3 在迁移文件内经常使用的方法

方法	说明
add_column	列的增加
remove_column	列的删除
change_column	列的数据类型、更改选项
change_column_null	改变列的null许可设定
change_column_default	改变列的默认值
rename_column	改变列的名称
add_index	增加索引

remove_index	删除索引
create_table	创建table
drop_table	删除table
rename_table	改变table名

```
$ bin/rails g migration AddNameToUsers name:string
      invoke  active_record
      create    db/migrate/20170507143520_add_name_to_users.rb
```

```ruby
class AddNameToUsers < ActiveRecord::Migration[5.1]
  def change
    add_column :users, :name, :string
  end
end
```

这里不再详细说明所有方法的使用规则,但这些内容可以从Active Record::Base.connection中了解。参数的赋值方法等问题请用pry的？命令来查找相关的文件。

pry

```
pry(main)> cd ActiveRecord::Base.connection
pry(ActiveRecord::ConnectionAdapters::Mysql2Adapter):1> ls
ActiveRecord::ConnectionAdapters::SchemaStatements#methods:
    add_belongs_to              data_sources                      remove_column
    add_column                  drop_join_table                   remove_columns
    # 部分省略
    change_column_null          index_name                        table_exists?
pry(ActiveRecord::ConnectionAdapters::Mysql2Adapter):1> ? change_column_null

Sets or removes a <tt>NOT NULL</tt> constraint on a column. The null flag
indicates whether the value can be NULL. For example

  change_column_null(:users, :nickname, false)

says nicknames cannot be NULL (adds the constraint), whereas

  change_column_null(:users, :nickname, true)

allows them to be NULL (drops the constraint).

The method accepts an optional fourth argument to replace existing
```

```
<tt>NULL</tt>s with some other value. Use that one when enabling the
constraint if needed, since otherwise those rows would not be valid.

Please note the fourth argument does not set a column's default.
```

5.2.4 理解回滚

回滚（rollback）的含义是通过取消某些操作返回原来的状态。在迁移中，指的是进行迁移改变了数据库模式后，进行相反的操作使数据库回到迁移前的状态。顺便提一句，在SQL中，INSERT、UPDATE失败时，取消操作返回原来的状态也叫回滚，注意不要将二者混淆。

■ 制作可逆的迁移

如果迁移是不可逆的，回滚会运行失败。比如，我们运行以下迁移，然后再进行回滚。

```ruby
class ChangeArticlesTitle < ActiveRecord::Migration[5.1]
  def change
    # 更改数据类型 string -> text
    change_column :articles, :title, :text
  end
end
```

```
$ bin/rails db:migrate
== 20170715150328 ChangeArticlesTitle: migrating ==============================
-- change_column(:articles, :title, :text)
   -> 0.0346s
== 20170715150328 ChangeArticlesTitle: migrated (0.0346s) =====================

$ bin/rails db:rollback
== 20170715150328 ChangeArticlesTitle: reverting ==============================
rails aborted!
StandardError: An error has occurred, all later migrations canceled:

This migration uses change_column, which is not automatically reversible.
To make the migration reversible you can either:
1. Define #up and #down methods in place of the #change method.
2. Use the #reversible method to define reversible behavior.
```

在回滚处发生错误的原因是迁移不可逆。所谓的不可逆，就是Rails不知道逆向返回迁移的办法。change_column:articles,:title,:text这些代码中，没有信息表明迁移前是string类型，因此，Rails不能判断用回滚恢复到哪种状态，于是就产生了错误。

在迁移文件中用up和down方法进行适当地定义，这个问题就解决了。up通常记录迁移时运行的更改内容。down记录回滚时运行的更改内容，即运行迁移之前的状态。使用up和down改写刚才的迁移，如下所示。

```ruby
class ChangeArticlesTitle < ActiveRecord::Migration[5.1]
  def up
    change_column :articles, :title, :text
  end

  def down
    change_column :articles, :title, :string
  end
end
```

这样迁移就是可逆的了，所以我们可以进行回滚。刚才运行迁移之后，接着我们再运行一次回滚，再次确认迁移能够运行。

```
$ bin/rails db:rollback
== 20170715150328 ChangeArticlesTitle: reverting ===============================
-- change_column(:articles, :title, :string)
   -> 0.0238s
== 20170715150328 ChangeArticlesTitle: reverted (0.0239s) ======================

$ bin/rails db:migrate
== 20170715150328 ChangeArticlesTitle: migrating ===============================
-- change_column(:articles, :title, :text)
   -> 0.0250s
== 20170715150328 ChangeArticlesTitle: migrated (0.0250s) ======================
```

5.2.5 理解模式文件的作用

迁移文件只记录每次的变更，所以不适合用于确认当前数据库的模式。作为代替，我们可以使用统合了所有过去运行迁移结果的模式文件。模式文件保存在db/schema.rb中，是一个保存了当前模式定义的单独迁移文件。而且，还含有当前数据库的版本信息（迁移文件的时间戳），所以我们可以知道迁移应用到了哪一步。此外，要注意schema.rb是自动生成的，请不要手动进行编辑。

schema.rb虽然是一个Ruby的DSL，但可以作为一个不成熟的SQL保存模式信息。在config/application.rb中指定config.active_record.schema_format=:sql，可以把模式信息更改为SQL。

▶ config/application.rb

```ruby
module RailsApp
  class Application < Rails::Application
    # Initialize configuration defaults for originally generated Rails version.
    config.load_defaults 5.1
```

```
    # 增添
    config.active_record.schema_format = :sql
    # 以下省略
  end
end
```

在这种状态下运行bin.rails db:migrate，就会生成db/structure.sql文件。

▶ db/structure.sql

```
CREATE TABLE `ar_internal_metadata` (
  `key` varchar(255) NOT NULL,
  `value` varchar(255) DEFAULT NULL,
  `created_at` datetime NOT NULL,
  `updated_at` datetime NOT NULL,
  PRIMARY KEY (`key`)
) ENGINE=InnoDB DEFAULT CHARSET=utf8;
-- 以下省略
```

CHAPTER 5 数据库／模型

5.3 制作模型

5.3.1 使用Sequel Pro

想要查看Rails应用操作的数据库定义和数据时，可以使用bin/rails dbconsole（或bin/rails db）命令连接数据库。但是这对于不习惯在使用dbconsole的CLI（Command Line Interface）上进行数据库操作的开发者来说很困难，所以推荐导入GUI的客户端。根据使用的RDBMS种类不同，对应的GUI客户端也不同。对于MySQL，常用的是Sequel Pro、MySQL Workbench等。

Sequel Pro的安装

Mac的用户推荐Sequel Pro，在Windows、Linux上不可以使用Sequel Pro，所以请使用后面介绍的MySQL Workbench等。可以用Homebrew进行Sequel Pro的安装。

```
$ brew cask install sequel-pro
```

启动Sequel Pro，连接数据库。想要连接本地MySQL的话，选择socket标签输入必要的信息。数据库的连接信息写在config/database.yml中，如果不进行特殊的设定，在"用户名"字段输入root就可以连接了。输入完必要的信息后，请单击"连接"按钮。

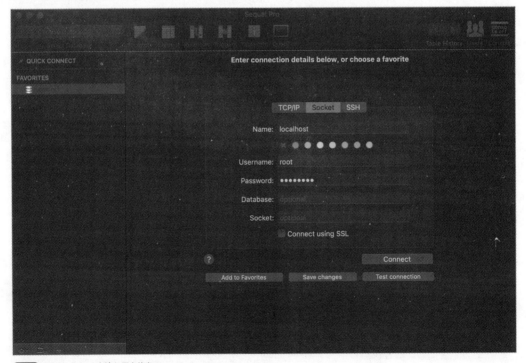

图5-1 在Sequel-Pro1中输入用户信息

顺利连接后，从左上角的Choose Database选择development环境的数据库。默认的设置是<app名>_development。接着从左侧的table一览表选择table，就可以确认table的构造、数据内容，或直接编辑模式和数据，但是这样会与Rails迁移的定义产生冲突，所以请不要从Sequel-Pro中改变模式。

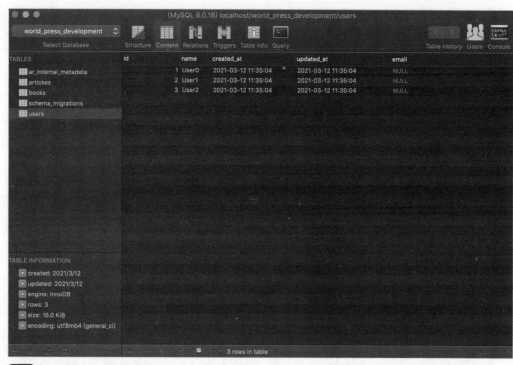

图5-2 在Sequel-Pro1中查看table数据

MySQL Workbench的安装

MySQL Workbench是MySQL官方高性能的GUI客户端，可以在Mac、Windows、Linux所有环境中使用。我们可以在下面的地址中下载并安装。

- https://dev.mysql.com/downloads/workbench/

安装完成后，启动MySQL Workbench。启动界面中间附近的MySQL Connections右边有个加号，单击该按钮之后就可以设定数据库连接。

输入以下的设置内容，单击OK按钮就能连接到数据库中。

- Connection Name: rails_app。
- Connection Method: Local Socket/Pipe。
- Username: root。

5.3.2 用generate命令生成文件组

生成模型时，以下方形式运行rails generate命令。

```
$ bin/rails g model 模型名（单数）（列名：数据类型[:index] 列名：数据类型
[:index] ...）
```

在列名：数据类型[:index]的地方，用name:string:index、title:string这种形式指定。指定:index的话，就可以给指定的列加上索引。数据库的索引是制作一个像书本目录一样的内容，使检索高速化。制作合适的索引，可以发挥数据库的检索性能，但是写入速度会降低，所以需要权衡。比如，在判断特定的列是否要制作目录时，如果某列经常进行排序、检索，那么制作索引就能大大提高性能。但是，要注意随意定义索引会造成性能低下。

5.3.3 制作模型

我们来制作一个User模型。User模型包含name（姓名）和email。下方命令和5.1节介绍的内容相同，如果已经运行过就不用再运行了。

```
$ bin/rails g model user name:string:index email:string
      invoke  active_record
      create    db/migrate/20170702054957_create_users.rb
      create    app/models/user.rb
```

通过上面的操作，这两个文件就制作好了。db/migrate/2017…_create_users.rb是迁移文件，app/models/user.rb是定义模型的文件。模型的定义文件中只定义了类，几乎是空的。迁移文件中，像name:string:index email:string这样，定义了用命令指定的字段。

▶ db/migrate/20170702054957_create_users.rb

```ruby
class CreateUsers < ActiveRecord::Migration[5.1]
  def change
    create_table :users do |t|
      t.string :name
      t.string :email

      t.timestamps
    end
    add_index :users, :name
  end
end
```

t.timestamps是自动生成的，这是自动生成用于生成记录、时间更新的列（created_at和updated_at）的声明。

5.3.4 迁移

应用了以rails generate model生成的迁移文件后，会生成数据表。下面我们来应用一下刚才制作的迁移文件。

```
$ bin/rails db:migrate
== 20170702054957 CreateUsers: migrating ======================================
-- create_table(:users)
   -> 0.0145s
-- add_index(:users, :name)
   -> 0.0157s
== 20170702054957 CreateUsers: migrated (0.0303s) =============================
```

这样就完成了迁移，更新了数据库的模式然后使用Sequel Pro进行确认。

5.3.5 使用Seed放入初始数据

放入初始数据

虚拟用户、省市县镇信息等master date（基本上只用于参考的信息），如果最初就把这些数据放进数据库的话会很方便。在Rails中，我们可以在db/seeds.rb文件中编写定义，向数据库放入初始数据。

▶ db/seeds.rb

```
3.times do |idx|
  User.create!(name: "User-#{idx}")
end
```

在上面的例子中，name放入了User-0、User-1、User-2这3个User。在这种状态下运行bin/rails db:seed，就可以显示db/seeds.rb的内容了。

```
$ bin/rails db:seed
```

请使用Sequel Pro，确认数据库中的用户增加了3条记录。

此外，bin/rails db:seed可以运行多次，要注意每次都会增加数据投入。

5.4 表示关联模型

Rails操作的数据库通常是MySQL、PostgreSQL等RDBMS。在RDBMS中，各个table可以表示关联、进行数据表间的结合等操作。

在本节中，我们设想一个简单的日志服务，制作带有关联的模型。制作的模型（资源）可以考虑以下4种。

表 5-4 制作模型（资源）

模型	说明
user	用户：进行文章的发送和对文章的评论
article	文章：设定多个标签
comment	对文章进行评论
tag	标签：用于文章分类的标签（category）

最终的ER图如下所示。

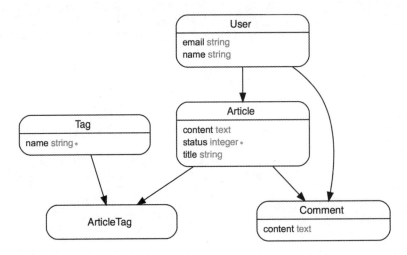

图5-3 ERD

ER（Entity-Relationship）图，是用RDBMS实现的模式设计图。上图是使用rails-erd gem生成的。

首先，我们先不考虑关系，实际制作出这4个模型。为了让环境美观，我们制作一个新的rails_app5项目。请参考第2章用合适的目录运行以下命令，制作Rails应用。

```
$ mkdir rails_app5
$ cd rails_app5
$ bundle init
```

编写Gemfile文件内容如下。

▶ Gemfile

```
# frozen_string_literal: true
source "https://rubygems.org"

gem "rails"
```

然后运行以下命令。

```
$ bundle install --path vendor/bundle --jobs=4
$ bin/rails new -B -d mysql --skip-turbolinks --skip-test .
$ bundle install
$ bin/rails db:create
```

接着，为了能使用pry，需要导入第2章介绍的pry-rails。请增加以下设定运行bundle install。

▶ Gemfile

```
group :development do
  # 增添
  gem 'pry-rails'
  # ...以下省略
end
```

最后制作user、article、comment、tag模型。

```
$ bin/rails g model user name:string email:string
$ bin/rails g model article content:text status:integer title:string
$ bin/rails g model comment content:text
$ bin/rails g model tag name:string
$ bin/rails db:migrate
```

这样就制作了4个独立的模型。接下来，我们构建这些模型之间的关联。

5.4.1 表现关联

ActiveRecord上模型间的关系叫关联（association），模型的关联可以分为以下3种。

- 一对多。
- 多对多。
- 一对一。

我们对其中频繁使用的"一对多""多对多"的使用场合，以及怎么用Rails实现进行介绍。"一对一"的关联使用频率低，而且很简单，这里略过。

一对多的关联

在最常见的关联中，这个是基本形式。我们需要抓住父（一）和子（多）的关系。比如，思考一下与文章投稿相关的服务，有以下这些一对多关联。

- 用户A：用户A发布的文章一览表。
- 文章X：日志X的评论一览表。

这就是一对多的关联。

首先，我们来制作用户和文章模型之间的关系。为了定义一个article和user连接的关系，我们用以下命令生成迁移文件。下面使用references类型表现关系。

```
$ bin/rails g migration add_user_ref_to_articles user:references
```

我们来查看一下生成的迁移文件的内容。

▶ db/migrate/(日期时间)_add_user_ref_to_articles.rb

```ruby
class AddUserRefToArticles < ActiveRecord::Migration[5.1]
  def change
    add_reference :articles, :user, foreign_key: true
  end
end
```

迁移文件的内容没有问题的话，就可以进行迁移了。

```
$ bin/rails db:migrate
```

这里我们再看一下db/schema.rb的内容，其中和articles table有关的内容如下所示。

▶ db/schema.rb

```ruby
ActiveRecord::Schema.define(version: 20171025124200) do

  create_table "articles", force: :cascade, options: "ENGINE=InnoDB DEFAULT CHARSET=utf8" do |t|
    t.text "content"
    t.integer "status"
    t.string "title"
    t.datetime "created_at", null: false
    t.datetime "updated_at", null: false
```

```
    t.bigint "user_id"
    t.index ["user_id"], name: "index_articles_on_user_id"
  end

  # ...中间省略

  add_foreign_key "articles", "users"
end
```

看到add_foreign_key，我们可以知道从articles对users生成了外键。同时，也可以看到articles的user_id这一列定义了index。

在表现关系时，使用像user_id:integer的方法可以直接制作<模型_id>列，也可以使用指定id的方法实现。但是使用references类型的话，有以下优点。

- 在开始指定foreign_key的选项。
- 可以自动生成索引。
- Rails推荐user_id类型（在Rails 5.1是integer而不是bigint）。

在进行关联的列中，指定外键、索引等可以说是必需的，所以如果没有特殊理由，最好使用references。

这时，虽然已经在数据库中做好关联了，但是使用Ruby代码来处理的话还是不方便。比如，想获取和article对象相连的user时，我们需要以下代码。

```
# 从article获取user
user = User.find(article.user_id)
# 从user获取article
articles = Article.find_by_user_id(user.id)
```

这些代码冗长，而且也不能使用后面要讲的eager_load，在性能上也会出现问题。为了解决这个问题，我们要在模型中定义关联（association）。

定义article属于user时，需要使用belongs_to。

▶ models/article.rb

```
class Article < ApplicationRecord
  belongs_to :user
end
```

反之，定义user拥有多个article时，使用has_many。

▶ models/user.rb

```ruby
class User < ApplicationRecord
  # dependent: :destroy是删除user时,同时将articles删除的选项
  has_many :articles, dependent: :destroy
end
```

通过以上定义,应用代码只需编写下方这样简洁的内容。此外,dependent::destroy选项在父子关系中,删除父亲时也删除所有子内容。通常,大多数情况会写上dependent::destroy,所以上述例子中也指定了,当然如果不必要的话就不用写了。

```
$ bin/rails c --sandbox
# user的制作
pry(main)> user = User.create!(name: 'alice')
=> #<User:0x007f8d8e0c7060>

# 和user相连的article的制作和保存
pry(main)> user.articles.create!(title: 'hoge')
=> [#<Article:0x007f8d8cfa3e78>]

# 和user相连的article的制作(不保存)
pry(main)> user.articles.build(title: 'foo')
=> #<Article:0x007f8d91239620>

# 与build相同
pry(main)> user.articles.new(title: 'foo')
=> #<Article:0x007f8d902c6da0>

# 获取user持有的article一览表
pry(main)> user.articles
=> [#<Article:0x007f8d8cfa3e78>, #<Article:0x007f8d91239620>,
#<Article:0x007f8d902c6da0>]

# 获取和article相连的user
pry(main)> Article.first.user
=> #<User:0x007f8d9102e470>
```

在制作子模型时,需要像user.articles.create、user.articles.bulid这样,从父模型调用方法。然后制作的article模型中就会自动设定父模型对象的id(此时是user_id)了。

剩下的一对多关联是"用户和评论"、"文章和评论"。

和刚才的"用户和文章"一样,按照以下顺序制作。

```
$ bin/rails g migration add_user_ref_to_comments user:references
$ bin/rails g migration add_article_ref_to_comments article:references
$ bin/rails db:migrate
```

在模型中定义关联的话,如下所示。

▶ models/user.rb

```ruby
class User < ApplicationRecord
  has_many :articles, dependent: :destroy
  has_many :comments, dependent: :destroy
end
```

▶ models/article.rb

```ruby
class Article < ApplicationRecord
  has_many :comments, dependent: :destroy
  belongs_to :user
end
```

▶ models/comment.rb

```ruby
class Comment < ApplicationRecord
  belongs_to :user
  belongs_to :article
end
```

> **COLUMN**
>
> 在Rails 4之前的版本是以belongs_to:user,required:true这样的形式进行编写。
> required:true是"关联的user必须存在（如果不存在的话会发生错误）"，从Rails 5开始，这种限制成为默认，所以不需要特意编写。这种限制的理由是，允许作为外键的关联资源不存在的情况是很少的。但是如果想要实现Rails 4之前的行为，像belongs_to:user、optional:true这样指定选项的话，就允许belongs_to设定的资源不存在。

多对多的关联

多对多的关系表现了模型间的各种组合。在日志服务的例子中，有如下多对多的关联。

- 日志：category tag。

为了在RDBMS表现多对多关系，我们需要制作一个"中间表"，含有指向各个table的外键，将多对多分解为一对多。下面制作中间表用的模型，并运行迁移。

```
$ bin/rails g model article_tag article:references tag:references
```

```
$ bin/rails db:migrate
```

制作的迁移文件内容如下所示。

▶ db/migrate/(日期时间)_create_article_tags.rb

```ruby
class CreateArticleTags < ActiveRecord::Migration[5.1]
  def change
    create_table :article_tags do |t|
      t.references :article, foreign_key: true
      t.references :tag, foreign_key: true
      t.timestamps
    end
  end
end
```

接着，在各个模型中通过has_many方法的:through选项指定中间表，并且需要像has_many:article_tags这样同时指定中间表。一开始可能有点难以理解，不过我们可以按照Article has many tags through article_tags这样来阅读。

▶ models/article.rb

```ruby
class Article < ApplicationRecord
  has_many :article_tags
  has_many :tags, through: :article_tags
  has_many :comments, dependent: :destroy
  belongs_to :user
end
```

▶ models/tag.rb

```ruby
class Tag < ApplicationRecord
  has_many :article_tags
  has_many :articles, through: :article_tags
end
```

▶ models/article_tag.rb

```ruby
class ArticleTag < ApplicationRecord
  belongs_to :tag
  belongs_to :article
end
```

通过以上设定，Article和Tag的多对多关联就完成了。

```
$ bin/rails c --sandbox
```

拥有文章用户的生成

```
pry(main)> user = User.create!(name: 'alice')
=> #<User:0x007ff86d9af890>
```

文章的生成

```
pry(main)> article = user.articles.create!(title: 'Learning programming!')
=> #<Article:0x007ff86e491538>
```

标签的生成

```
pry(main)> tag1 = Tag.create!(name: 'Ruby')
=> #<Tag:0x007ff86ce67550>
pry(main)> tag2 = Tag.create!(name: 'JavaScript')
=> #<Tag:0x007ff86e1d5560>
```

给文章加标签

```
pry(main)> article.tags << tag1
=> [#<Tag:0x007ff8703cfc88>]
pry(main)> article.tags << tag2
=> [#<Tag:0x007ff8703cfc88>, #<Tag:0x007ff870197718>]
```

获取article相连的tags一览表

```
pry(main)> article.tags
=> [#<Tag:0x007ff8703cfc88>, #<Tag:0x007ff870197718>]
```

获取tag含有的articles一览表

```
pry(main)> tag1.articles
=>[#<Article:0x007ff86d9bf7e0]
```

作为参考，存在将多对多的关联进一步抽象化的has_and_belongs_to_many(HABTM)。使用HABTM的话，代码量会减少，但另一方面，会产生过度抽象化、扩展性低等问题，所以很少会用到。

5.4.2 定义高效率的关系

■ N+1问题

N+1问题是一个著名的模式，它是性能恶化的典型原因。比如，某篇文章下有10个评论，我们思考一下如何显示出所有的评论以及每个评论的用户。实现这个功能的Ruby代码如下所示。

```
comments = article.comments  # 运行SQL
comments.each do |comment|
  puts comment.user.name      # 运行SQL
  puts comment.contents
end
```

在上述例子中，一共运行了11次SQL。为了获取相关的N条信息，我们运行了整体（1次）+个别（10次），合计为N+1次的SQL，因此称为N+1问题。随着SQL运行次数的增多，应用的性能会下降，所有我们需要使用下面要介绍的includes方法。

■ includes

includes是提前获取关联对象的方法。

```
pry(main)> User.all
  SELECT `users`.* FROM `users`
pry(main)> User.includes(:articles)
  User Load (0.4ms)   SELECT `users`.* FROM `users`
  Article Load (0.6ms)  SELECT `articles`.* FROM `articles` WHERE
`articles`.`user_id` IN (1, 2, 3, 4, 5, 6)
```

此外，还有和includes相近的、抽象程度低的preload和eager_load方法。它们都和includes相同，为了避免N+1问题，需要提前获取关联记录并缓存。区别在于，preload是运行两次SQL获取记录，而eager_load是和数据表结合获取记录。根据数据表结构以及代码量的不同，最佳方法也会不同，所以如果不需要复杂的调优，选择includes就可以了。

CHAPTER 5 数据库 / 模型

5.5 熟练使用验证

5.5.1 ActiveRecord的验证功能

验证的概要

验证，是检验对象的属性是否持有正确值的一种处理方式。在ActiveRecord中，将对象保存到数据库之前要进行对象的验证。验证失败时，会将处理进行分支或中断，并向用户返回相应的错误信息等，来防止向数据库存入错误的数据。我们举几个具体的例子来了解验证的内容。

- 用户名没有其他用户重复使用。
- 电话号码不为空。
- 密码在8位数以上。

通过恰当地设定验证，可以防止由于处理预想外的nil值产生的bug，从而保证数据的整合性。而且，因为不会接收错误的数据，应用的安全性也提高了。虽然密码、用户名等简单的验证也可以通过JavaScript实现，但是这样的话，客户端的处理很容易被恶意用户篡改，所以我们必须要用服务器站点（Rails）的功能来实现验证。

经常使用的验证助手

我们把刚才的例子通过验证功能来实现，如下所示。

```ruby
class SomeModel < ApplicationRecord
  validates :user_name, uniqueness: true
  validates :phone_number, presence: true
  validates :password, length: { minimum: 8 }
end
```

这样，我们就以validates<attribute><validation的选项>的形式进行了声明。

presence

presence验证值的存在，设定在必须输入的项目中。

uniqueness

uniqueness检查记录有没有重复。

length

length检查字符串的长度。

此外还有以下助手信息。

- format…用正则表达式验证字符串。
- numericality…检查数值的限制。
- confirmation…验证两个数值相等（用于表单登录界面确认输入的字段）。

此外，还可以定义单独的验证逻辑。作为单独验证处理的示例，我们来尝试实现将一部分email列入黑名单的处理。首先，我们先在app下制作validators目录，如下所示。

```
$ mkdir app/validators
```

我们在制作好的validators目录中放入进行验证处理的类。类名的形式为XxxValidator。作为示例，我们制作一个将一部分email列入黑名单的类。

▶ app/validators/blacklisted_email_validator.rb

```ruby
class BlacklistedEmailValidator < ActiveModel::EachValidator  # ①继承Active Model::Each Validator类

  FORBIDDEN_EMAILS = ['nguser@example.com']

  def validate_each(record, attribute, value)  # ②实现validate each方法
    record.errors[attribute] << 'is forbidden' if forbidden?(value)  # ③验证失败时，在errors中存储信息
  end

  private

  def forbidden?(email)
    FORBIDDEN_EMAILS.include?(email)
  end
end
```

实现Validator类，需要像①一样继承ActiveModel::EachValidator类，像②一样实现def validate_each(record,attribute,value)…方法。参数value是需要验证的值，验证失败时，像③一样在errors中存放错误信息。这样我们就定义了Validator类。

想要使用Validator类时，在模型中需要像下方这样用validates方法指定。指定的Validator名称从类名删除Validator，改为snake_case即可。

```ruby
class User < ApplicationRecord
  validates :email, blacklisted_email: true
  # … 省略
```

end

像上述例子一样，使用ActiveModel::EachValidator可以在每个字段定义单独的验证逻辑。如果想定义模型整体的验证，而非单独的字段，可以使用ActiveModel::Validator。

验证的执行时间

调用以下方法后，会进行验证。

- create/create!
- save/save!
- update/update!
- valid?/invalid?
- validate/validate!

此外，注意以下的方法没有运行验证。

- decrement!/decrement_counter
- increment!/increment_counter
- toggle!
- touch
- update_all
- update_attribute
- update_column
- update_columns
- update_counters

执行验证之后，错误信息才会存放在errors中。关于在模型的生命周期内，验证的运行时间请参考5.1节。

5.5.2 对数据库加以约束

验证在一定程度上可以保证数据的整合性，但是如果在应用的实现上有bug的话，那么数据库中就会存入损坏的数据。为了避免这种情况，我们对数据库本身也加上约束。数据库的约束可以用迁移定义，我们需要记住的有NOT NULL约束、唯一性约束、外键约束。

NOT NULL约束

NOT NULL约束是指数据库中不能保存null的值。null（Ruby中是nil）很容易产生意想不到的bug，所以我们应当在值不能为null的列中积极应用NOT NULL约束。

在制作新表时，我们将字段设定为null:false。如果中途想改变定义的话，请使用change_column_null方法。

```
def change
  create_table :users do |t|
    t.string :name, null: false
    t.timestamps
  end
end
```

唯一性约束

唯一性约束是指，某列中（或多列的组合）所有行都应该是唯一的。用户名需要在用户之间不能重复的情况下使用。设置唯一性约束，我们需要对索引指定unique:true。

```
def change
  create_table :users do |t|
    t.string :name
    t.timestamps
  end
  add_index :users, :name, unique: true
end
```

外键约束

外键约束，是保证某列的值在其参照的表中也存在的一种约束。简单地说，在articles表中，设置表示作者的user_id值，也必须存在于users表的id中。外键约束可以用来保证下节中将要介绍的关系。

设定外键有几种方法，其中设定为参照类型的选项最简单。

```
def change
  add_reference :articles, :user, foreign_key: true
end
```

用reference类型制作迁移时，要注意不是用user_id，而是像user这样指定模型名。作为参考，生成的schema.rb摘要如下所示。可以确认生成了user_id列。

```
def change
  create_table "articles" do |t|
    t.bigint "user_id"
    t.index ["user_id"], name: "index_articles_on_user_id"
  end
  add_foreign_key "articles", "users"
end
```

5.6 用复杂的条件获取数据

5.6.1 ActiveRecord的数据获取

在本节中，我们将介绍ActiveRecord中可以使用的稍微高级的方法。想要构建进行复杂处理的查询时，需要一定的SQL基础知识，如果你对表结合、统计函数的理解不够的话，推荐你学习一下SQL和RDBMS的知识。

joins

joins是进行内部连接（INNER JOIN）的方法，用于想要以JION目标数据表的条件进行检索等场合。注意返回值是JION原始数据表的模型。

```
$ bin/rails c --sandbox
pry(main)> User.joins(:articles).where('articles.created_at > ?', Time.current.ago(3.days)).uniq
  User Load (0.4ms)  SELECT `users`.* FROM `users` INNER JOIN `articles` ON `articles`.`user_id` = `users`.`id` WHERE (articles.created_at > '2017-07-05 14:08:56.882242')
```

left_joins

left_joins是进行左连接（LEFT OUTER JOIN）的方法。在左连接中，即使目标连接的数据表中没有对象记录，也会获取原始连接记录，这一点和内部连接不同。left_joins是left_outer_joins的别名，使用哪个都可以。

or

or是实现SQL的OR方法。在旧版本的Rails中，需要直接编写SQL，从Rails 5开始，增加了or方法，因此可以简单地编写代码了。

```
# 使用or的场合
> User.where(name: 'foo').or(User.where('id < 3'))
  User Load (0.3ms)  SELECT `users`.* FROM `users` WHERE (`users`.`name` = 'foo' OR (id < 3))
# 如果没有指定or，就是AND
> User.where(name: 'foo').where('id < 3')
  User Load (0.4ms)  SELECT `users`.* FROM `users` WHERE `users`.`name` = 'foo' AND (id < 3)
```

merge

merge是将多个条件合并的方法，用于想要以JION目标数据表为条件进行检索的场合。在JION目标的模型中定义scope，在merge方法内调用的话可读性会提高。关于scope，我们将在下节介绍。

▶ app/models/article.rb

```
class Article < ApplicationRecord
  scope :recent, ->(count = 5) { order(id: :desc).limit(count) }
  # … 以下省略
end
```

```
> User.joins(:articles).where(id: 1).merge(Article.recent)
User Load (1.1ms) SELECT `users`.* FROM `users` INNER JOIN `articles`
ON `articles`.`user_id` = `users`.`id` WHERE `users`.`id` = 1 ORDER BY
`articles`.`id` DESC LIMIT 5
```

5.6.2 统计

从ActiveRecord中，我们可以直接使用在SQL中会用到的COUNT、SUM等部分统计函数。

```
> User.count
   (0.3ms)  SELECT COUNT(*) FROM `users`
=> 6
> User.minimum(:id)
   (0.3ms)  SELECT MIN(`users`.`id`) FROM `users`
=> 1
```

我们把可以使用的统计函数总结在下表中，供大家参考。

表 5-5 可以使用的统计函数

函数	对应的SQL	用途
count	COUNT	件数
sum	SUM	合计值
average	AVG	平均值
maximum	MAX	最小值
minimum	MIN	最大值

5.6.3 分组

在SQL中，统计函数经常和GROUP BY语句一起使用。这个功能在ActiveRecord中也可以使用，不过我们需要利用group方法。

举个例子，根据用户注册年份分类统计用户数量时，代码如下所示。用group指定GROUP BY语句的条件之后，再使用统计函数。

```
> User.group('YEAR(created_at)').count
   (0.4ms)  SELECT COUNT(*) AS count_all, YEAR(created_at) AS year_created_at
FROM `users` GROUP BY YEAR(created_at)
=> {2015=>1, 2016=>2, 2017=>3}
```

having

使用GROUP BY进行分类之后，用HAVING语句指定检索，HAVING语句可以用having方法实现。

```
> User.group('YEAR(created_at)').having('COUNT(*) > ?', 1).count
   (0.4ms)  SELECT COUNT(*) AS count_all, YEAR(created_at) AS year_created_at
FROM `users` GROUP BY YEAR(created_at) HAVING (COUNT(*) > 1)
=> {2016=>2, 2017=>3}
```

5.6.4 Arel

Arel是ActiveRecord的安装中使用的SQL生成框架，可以进行比ActiveRecord更细微的SQL操作。Arel的定位是"用于框架的框架"，原本是不推荐在应用代码中直接调用Arel的。因此，直接使用的机会很小，不过为了便于读懂使用了Arel的代码，我们最好了解一些相关的知识。

以下是使用Arel的例子。需要检索条件时，以Model.arel_table的形式使用。

```
> User.arel_table[:name].eq('foo').to_sql
=> "`users`.`name` = 'foo'"
# .lt => 更小(less than)
> User.where(User.arel_table[:created_at].lt(Time.current))
  User Load (0.3ms)  SELECT `users`.* FROM `users` WHERE (`users`.`created_at` < '2017-07-08 13:27:56')
# 不使用Arel的普通情况
> User.where('created_at < ?', Time.current)
  User Load (0.4ms)  SELECT `users`.* FROM `users` WHERE (created_at < '2017-07-08 13:30:32.078478')
```

通常情况下，像'created_at<?',Time.current这样直接定义SQL更加简单明了。

5.6.5 视图

RDBMS中的视图指的是，将对一个或多个表的SELECT条件存入数据库中。它的优点是，通过把重复使用的SQL检索条件提前做成视图，应用中使用的查询就简单了。在Rails标准中，不支持数据库视图的制作，但我们可以使用scenic gem来制作视图。

- thoughtbot/scenic
  https://github.com/thoughtbot/scenic

但是另一方面，视图的依存关系复杂，因此在性能上可能会存在问题，请避免过多使用。尤其是使用Rails开发中小规模的应用时，没有什么积极的使用价值。

> **COLUMN**
>
> 本节介绍了对应于SQL的内部连接和外部连接的Rails方法。即使不知道SQL的详细知识也可以应用，这是Rails的强项之一，但是全面掌握SQL、RDBMS知识的人，可以用更高的效率进行应用开发。
> 如果你觉得自己对SQL还不够了解，下面列举了几本书籍，可以作为参考。
>
> - 《SQL第2版 从零开始的数据库操作》
>   http://www.shoeisha.co.jp/book/detail/9784798144450
>
> - 《跟达人学习 SQL 完全指南书》
>   http://www.shoeisha.co.jp/book/detail/9784798115160
>
> - 《跟达人学习 DB设计 完全指南书 ~给不想停留在初学者的你》
>   http://www.shoeisha.co.jp/book/detail/9784798124704

5.7 使用scope、enum保持可读性

5.7.1 scope

使用ActiveRecord的where、order时，有时会多次编写同一个条件。对于重复出现的检索条件，我们可以使用scope提高再利用性和可读性。

我们来思考一下，如何显示新文章的篇数。不使用scope时，代码如下。

▶ 不使用scope的情况

```
# model
class Article < ApplicationRecord
  # scope 未定义
end

# controller
class ArticlesController < ApplicationController
  def index
    @recent_articles = Article.order(id: :desc).limit(5)
  end
end
```

控制台将order、limit查询组合起来。当查询变复杂后，就会对在执行什么感到迷惑。

利用scope重写上述例子，如下所示。

▶ 使用scope的场合

```
# model
class Article < ApplicationRecord
  scope :recent, ->(count = 5) { order(id: :desc).limit(count) }
end

# controller
class ArticlesController < ApplicationController
  def index
    @recent_articles = Article.recent # 获取最近的5篇
    # 也可以指定参数
    # @recent_articles = Article.recent(10)
  end
end
```

scope在模型内定义为scope<scope名><scope定义(lambda)>。lambda的形式是->（参数）{where、order等方法}（参数可以省略）。我们以:recent这样的形式定义scope名，因此可以直观地理解

167

default_scope

default_scope用于定义模型通用的scope。第一印象是很便利，但是因为影响范围过大，有时会发生意外的行为。因此，请不要轻易使用default_scope。

```
class Article < ApplicationRecord
  default_scope -> { order(id: :desc) }
end
```

```
> Article.all
Article Load (0.4ms)  SELECT `articles`.* FROM `articles` ORDER BY
 `articles`.`id` DESC
```

5.7.2　enum

什么是enum

一般意义上，enum表示有限选项的类似常数的东西。比如，我们对文章的公布状态进行分类，可以分为draft、published、archived，它们分别表示草稿、公开、存档。

enum将有限的状态在内部表现为整数的形式，同时在源代码上处理为有意义的标识符（字符串）。因此，应用的效率和代码的可读性都能实现。Ruby在语言上不支持enum功能，但是我们可以像下方这样，定义常数模块来代替enum。

```
module ArticleStatus
  DRAFT     = 0
  PUBLISHED = 1
  ARCHIVED  = 2
end
ArticleStatus::PUBLISHED
#=> 1
```

但是实际上，我们几乎不会像上方这样单独实现，而是利用ActiveRecord的enum功能。

ActiveRecord::Enum

使用ActiveRecord的enum功能的话，在Ruby的源代码中会作为字符串来处理，而在数据库中会作为整数来处理。此外，提前规定好enum可以获取的值，可以防止因typo（输入错误）而造成的问题。

我们用status这个字段名操作enum，迁移文件的制作如下所示。惯例是将数据类型设为integer、default:0、null:false。

```
# bin/rails g migration add_status_to_articles status:integer
class AddStatusToArticles < ActiveRecord::Migration[5.1]
  def change
    add_column :articles, :status, :integer, default: 0, null: false
  end
end
```

在模型中，用enum方法将数值和符号相对应。

```
class Article < ApplicationRecord
  enum status: { draft: 0, published: 1, archived: 2 }
end
```

在迁移中，指定的是default:0，所以我们将默认的enum值设为0。在上个例子中，默认是draft。

通过定义enum，我们可以使用以下方法。

```
# 获取status == :draft的内容
Article.draft
#=> [articles...]

a = Article.new
# 判断status是否为draft
a.draft?
#=> true

# status的更新
a.status = :published
#=> :published

# 不存在的status无法更新
a.status = :foo
#=> ArgumentError: 'foo' is not a valid status

# status的更新和保存（UPDATE）
a.published!
#=> true
```

5.8 制作不依赖RDB的模型

Rails制作的模型，通常继承自ApplicationRecord或ActiveRecord::Base，具备访问数据库的功能。因此，初学者很容易有"模型=和数据库对话的东西"这种印象，但这是不正确的。模型的本质是应用的逻辑，不一定必须和数据库连接。

5.8.1 ActiveModel

和RDB（关系数据库）无关的模型，我们可以利用ActiveModel轻松地实现。ActiveModel虽然没有访问数据库的功能，但是有Validation、MassAssignment等和ActiveRecord相似的功能。

作为使用ActiveModel的一个简单例子，我们来制作一个查询表单。下方是查询用的模型，带有[:name,:email,:message]的属性。

```ruby
class Contact
  include ActiveModel::Model

  attr_accessor :name, :email, :message
  validates :name, presence: true
  validates :email, presence: true
  validates :message, presence: true
end
```

上面这个例子的重点是没有继承ApplicationRecord，而是使用include ActiveModel::Model。这样，就和没有使用ActiveRecord的其他模型一样，可以利用validates等。

接下来制作查询表单的路由。下方的例子很简单，我们用:new、:create来制作。

▶ routes.rb

```ruby
Rails.application.routes.draw do
  resources :contacts, only: [:new, :create]
end
```

在控制器与视图中，会像普通的模型一样来处理。即使模型的实现细节改变了，但控制器和视图基本不受影响。

▶ app/controllers/contacts_controller.rb

```ruby
class ContactsController < ApplicationController
  def new
    @contact = Contact.new
```

```ruby
  end

  def create
    @contact = Contact.new(contact_params)
    if @contact.valid?
      # 邮件发送处理（省略）
    else
      flash.now[:warning] = '查询发送失败'
      render 'contacts/new'
    end
  end

  private

  def contact_params
    params.require(:contact).permit(:name, :email, :message)
  end
end
```

▶ app/views/contacts/new.html.slim

```
h1 contact
= form_with(model: @contact, local: true) do |f|
  - @contact.errors.full_messages.each do |message|
    li = message
  = f.label :name
  = f.text_field :name
  = f.label :email
  = f.email_field :email
  = f.label :message
  = f.text_area :message
  = f.submit
```

▶ app/views/contacts/create.html.slim

```
h1 Thanks!
```

5.8.2 Virtus

在ActiveModel之外，还有可以方便用于模型定义的gem，其中Virtus非常有名。

- solnic/virtus

  https://github.com/solnic/virtus

Virtus可以定义各个attribute类型（class）等，能够实现ActiveModel不足的功能。而且，还可以和

ActiveModel同时使用。

这里省略详细的介绍,它可以像下面这样使用,通过attribute定义各种类。

▶ 使用virtus的例子

```
class User
  include Virtus.model

  attribute :name, String
  attribute :age, Integer
end
```

```
# 向age传递String
> u = User.new(name: 'inu', age: '100')
=> #<User:0x007fcd9b95e190 @age=100, @birthday=nil, @name="inu">
# 返回Integer
> u.age
=> 100
```

5.9 理解并正确操作ActiveRecord的行为

5.9.1 测量性能，发现有问题的SQL

在测量Rails应用的性能方面，第4章介绍的rack-lineprof、rack-mini-profiler等gem是有效的。此外，第10章中将要介绍的监控工具对性能分析也有作用。

当ActiveRecord的处理需要花费过多时间时，可能是因为运行的SQL有问题，或者不能设置合适的索引等。如果你具备数据库方面深度的专业知识，可以运行explain方法，确认详细的SQL运行计划，但通常我们没有必要做到这种地步。只要能够解决N+1问题、制作外键的索引就可以了。

检测N+1问题（bullet）

如果我们没有恰当地使用includes等方法，就有可能意料之外地发生N+1问题。关于N+1问题，请参考5.4节。因为N+1问题是一个典型的问题，所以可以使用bullet这个有名的gem来检查。

- flyerhzm/bullet
  https://github.com/flyerhzm/bullet

以导入、设置bullet后的状态启动应用的话，开发者会从由JavaScript实现的弹出、日志输出等看到N+1问题的有无。详细的设置方法请参考官方仓库。

制作索引

通过制作合适的索引，表的读取速度可以大幅改善。测量性能时，如果有读取速度异常慢的表，就需要考虑索引的使用了。索引的一般注意事项以及制作方法请参考5.3节。

尤其是作为外键使用的列，索引的制作是必须的。如果外键没有索引的话，用rails_best_practices gem可以自动检索出来。

- flyerhzm/rails_best_practices
  https://github.com/flyerhzm/rails_best_practices

5.9.2 进行大量记录的处理

如果实现方法不恰当，需要处理的代码增多时，有可能蚕食内存。比如，一个大小为1KB的对象，同时在内存上处理10,000,000条记录的话，就需要10GB的空间。为了避免这样的情况，ActiveRecord中有将记录分批读入的方法。

find_each

find_each可以将大量记录分批读入，默认每次加载1000条对象到内存中。在find_each代码块中，不用刻意分割记录就能编写处理。

```
# 将所有user读入内存
# 如果user数量过多，有存储空间不足的风险
User.all.each do |user|
  p user.name
end

# 默认每次处理1000条
User.all.find_each do |user|
  p user.name
end
```

find_in_batches

find_in_batches和find_each一样，可以将记录批量（默认每次1000条）地取出。和find_each的不同之处在于，find_in_batches用数组（Array）存储代码块参数。

```
User.find_in_batches do |users|
  p users.pluck(:name)
end
#=> ["User0", "User1", "User2"]
```

in_batches

#in_batches是Rails 5增加的方法，和find_in_batches相似，但这个返回的不是Array，而是ActiveRecord::Relation。因此，在代码块中可以直接调用where等查询方法，以及update_all、delete_all等。

```
User.in_batches do |users|
  users.delete_all
end

# 相同的处理
User.in_batches.delete_all
```

update_all

update_all方法发行一个UPDATE的SQL后，记录会一次性完成更新。

```
User.where(name: nil).update_all(name: 'No name')
```

使用update方法的话，只运行记录数量的UPDATE。与之相比，update_all在性能方面非常有利。但是，正如刚才所说，update_all方法跳过了回调、验证，可能有数据不完整的情况，因此需要注意。

delete_all/destroy_all

delete_all方法在发行单一的DELETE SQL时，会删除所有记录，这一点也能够做到快速实现。但是要注意和destroy_all的不同之处在于，这个方法没有执行删除关联等回调。而destroy_all执行了回调，所以处理会变慢。

```
# 没有执行回调
User.suspended.delete_all
# 执行回调
User.suspended.destroy_all
```

COLUMN

要理解，ActiveRecord的Relation和大多Query方法都是"延迟求值"的。所谓延迟求值是，对象的结果在"必要时才会求值"。

我们来看具体的例子。

```
pry(main)> u = User.where(id: 1);          ①运行查询方法

pry(main)> puts u;                          ②在调用时才发行SQL（延迟求值）
  User Load (0.4ms)  SELECT `users`.* FROM `users` WHERE `users`.`id` = 1
#<User:0x007fdf9ac1c1c8>
                                            ③再次调用SQL也不会再次发行（结果被缓存）
pry(main)> puts u;
#<User:0x007fdf9ac1c1c8>
```

我们注意SQL的发行时间，不是在u=…的时候，而是在puts u时才开始发行的。通常在开发时不怎么需要注意，但是为了更好地修正问题、进行性能调优，最好还是要记住这个知识。

此外，在上例中，像u=User.where(id:1);这样，在末尾加上分号，rails console会确保强制进行即时求值。注意，如果不加分号的话，在控制台的功能中会进行即时求值。

CHAPTER 6 测试

6.1 为什么要写测试

测试的内容非常深奥，正因如此，关于测试的书有很多。提倡的开发方法有测试驱动开发、行为驱动开发等。要把这些全部解释清楚是很难的，本章将简单地介绍测试及其种类，说明导入理由。

6.1.1 测试到底是什么

测试到底是什么？人通过浏览器确认应用的行为、设计，利用专门的程序验证开发的应用程序行为是否正确，这些都叫测试。如此看来，所谓的测试就是不问手段，"验证开发的程序是否能够按照预想的效果运行"。本章，我们把"用专门的程序（测试框架）来验证开发的程序"作为测试进行说明。

6.1.2 测试的种类

下面，我们对在开发Rails应用上非常重要的测试种类进行介绍。此外，除了这里介绍的测试种类，还有"负载测试""验收测试"等，有兴趣的朋友可以去查询相关资料。

单元测试

单元测试是以方法单位进行处理，验证返回值是否符合规定。如果有参数的话，将参数与返回值一起验证。

集成测试

集成测试是在单元测试完成后，将验证后的各个动作组合在一起进行测试，也叫组装测试。可以验证在单元测试中测试不到的方法和模块联合时的行为。

端到端测试（E2E测试）

这是不考虑程序内部的实现，通过操作实际界面来验证预期行为的测试。单元测试、集成测试是"验证程序的处理"，与之相对，端到端测试是"验证应用的行为"。

6.1.3 编写测试的好处

介绍完测试的功能和种类后，我们进入正题，说明"为什么要写测试"。首先，我们介绍通过正确编写、应用测试可以获得的各种好处。

■ 对代码更安心

编写测试能够使我们对自己写的代码更安心。比如，给自己不确定的地方（复杂的分支、计算等）编写测试，运行测试后就可以得到反馈，所以很安心。通过让机器排除人为错误，就可以把精力集中到其他应该做的事情上。

此外，发现bug后，在修正bug的同时会增添测试，这样可以提前检测bug是否再次出现，因此更加安心。

■ 安全地更改代码

有测试的话，在进行增加新功能、重构等代码变更时会更安全。同时可以验证改变的代码是否符合预期，对改变之外的代码是否有影响等。也可以重构一部分代码就用测试进行确认，按照这种步骤完成重构。

此外，在进行重构之前，可以查看对象各处的测试，确认当前代码的优缺点，从而可以进行精确度更高的重构。

■ 有测试意识，更容易写出可维护性高的代码

比如，一个测试对象的方法承担多个任务的话，任务多，测试用例就会增加。如果我们不把所有处理都放在一个方法中，而是将处理进行划分，制作承担单一任务的方法，那么测试用例也会变得简单。

只用语言描写可能难以理解，下面我们举个具体的例子来进行说明，请看下方代码。这里包含多个任务，需要解析参数部分和输出名称部分的测试。

```ruby
def parse_and_put_name(name)
  # 解析参数名称
  name = name.split(/\s+/)

  # 输出名称
  "FirstName: #{name[0]} LastName: #{name[1]}"
end
```

下方是划分后的方法，方法的任务单一，测试也就变得简单了。

```ruby
def parse(name)
  name.split(/\s+/)
end

def put_name(name)
  "FirstName: #{name[0]} LastName: #{name[1]}"
end
```

而且，单一功能的方法可维护性高，可以多次利用，代码的独立性强。此外，包含访问外部文件、外部资源的方法，可以单独提取出访问外部的部分，在测试时虚拟化，从而使测试变得简单。

这个例子稍微有点复杂，我们在6.5.4小节中会举例说明。

6.1.4 编写测试的缺点

以上说明了测试的优点，但编写测试也存在缺点。

增加开发时间

编写测试需要花费开发时间。刚才介绍的优点，都是在长期中维护应用的优点，但是开发完成后，有时我们很难把投入的时间收回来。

因此，我们需要在短期的速度和中长期的可维护性之间进行权衡。

不是谁都有能力编写测试

要编写出好的测试，不仅需要Ruby的知识，还需要设计、测试等方面的知识。刚才我们介绍了"有测试意识，能够使代码更容易维护"这个优点。但是如果没有设计方面的技能，我们就不知道该如何划分，因此在实践上是很困难的。在划分时，如果没有实现代码的技能，也很难完成。

此外，如果不了解等价类划分、边界值分析等测试方法的话，有可能编写不出合适的测试用例，这样只是徒然增加测试用例，却起不到作用。

必须运用测试，同时维护测试还需要成本

想要体会测试的好处，我们就需要运用测试和维护测试代码。

关于运用，必须要构建自动运行测试的环境。如果忘记运行测试，连续进行开发，隔很久之后再运行测试，那么大部分测试都会失败，而且无法修复。为了避免这种状况，我们必须使用CI工具连续进行测试，这样就可以尽早发现退化、测试失败等情况。此外，为了让测试文化在团队中生根，约定好测试失败时怎么办，以及编写测试时的指标是很重要的。

接下来是关于维护。使用测试时会出现许多问题，所以我们必须去解决。比如，随着测试的增加，出现重复的测试用例时，以DRY（Don't repeat yourself）的原则去重构，如果测试的运行速度慢，就要使其高速化。

此外，测试用例本身也可能包含bug。既然是人为地查找用例编写测试代码，那么就有可能发生bug。含有bug的测试用例不能检查出问题，反而有可能造成故障。

6.1.5 是否应该编写测试

从结论来说，是否编写测试和项目有关。为什么是如此暧昧的结论呢？这是因为判断该不该写测试要基于多个方面，所以很难判断。比如，时间紧迫的话，放弃测试可以节省时间，如果发生故障会对业务造成极大影响，那么就应该用测试防止退化。

但如果是以使用为前提的Web服务，那么编写测试的好处有很多，所以如果掌握了测试技术的话，推荐大家编写测试。在这种情况下，如果对全部内容都编写测试的话非常困难，最好先从模型的测试开始编写。在5.1节中我们介绍过，Rails中的模型承担了访问数据库、处理、加工数据等业务逻辑，所以优先级别很高。

什么样的项目编写测试的好处多呢？这里总结了两点，给大家作为参考。

多次运行测试的项目

需要在中长期使用的Web服务这样的项目，运行测试的次数必然会增加，从而具备对代码更安心、更改代码时更安全的优点。

增加或修改功能时，对测试代码影响小的项目

如果功能的增加、修改通常会对现状造成很大影响，那么测试就会成为一种累赘。因为我们必须判断应该修改、舍弃哪些测试用例，并且需要增加改变了方法的测试用例。

COLUMN

等价类划分和边界值分析

两者都是有效地制作测试用例的方法。比如一家店的营业时间是10点到19点，有一个方法是，判断现在的时间是否是营业时间。

"等价类划分"是把10点~18点59分内的时间看作相同的值，10点、11点、18点都是营业时间，4点、22点都是营业外时间，在这种意义上可以进行等价划分。

"边界值分析"是把等价类划分的边界作为测试用例。在本例中，将9点59分和10点、18点59分和19点作为对象。此外还有各种测试方法，读者可以查询相关资料。

CHAPTER 6　测试

6.2 测试框架（Minitest+RSpec）

接下来，我们介绍在实际编写测试时需要的测试框架。

6.2.1 什么是测试框架

测试框架是用于运行前一节介绍的单元测试、端到端测试等，验证它们是否按照预期运行的框架。使用测试框架还可以在运行测试后，通知、统计哪些测试成功和哪些测试失败的验证结果。

Ruby中主要使用的测试框架是Ruby中默认导入的Minitest和成为事实标准的RSpec。本书采用Ruby的事实标准RSpec来进行说明，但首先我们要对两者之间的差别进行简单介绍。

表 6-1　框架的比较

框架的比较	Minitest	RSpec
语法	纯粹的Ruby	领域特定语言（DSL）
学习难度	因为是用纯粹Ruby实现的，所以难度低	需要掌握DSL
测试的结构化	可以	可以
命名的自由度	必须注意类、方法的名称不能重复	比较自由
可维护性	因为使用的是纯粹的Ruby，如果要写复杂的内容，根据写代码的人的技术，有可能写出其他人读不懂的测试	有DSL这个限制，只要依照DSL，就不会写出维护难度高的代码

▶ Minitest的语法样本

```ruby
# Minitest
class Sum < Test::MinitestCase
  sub_test_case '传递两个整数时' do
    test '返回合计数字' do
      assert_equal 2, sum(1, 1)
    end
  end
end
```

> **COLUMN**
>
> DSL（领域特定语言）是专门用于某个领域的语言，RSpec是描述行为的特定语言。

▶ RSpec的语法样本

```
# RSpec
describe 'sum' do
  context '传递两个整数' do
    it '返回合计数字' do
      expect(sum(1, 1)).to eq(2)
    end
  end
end
```

看完以上比较后感觉如何？在比较语言时，我们很容易发现差别。RSpec的语法是用context说明状况，通过it描述对象如何行动，可以像自然语言一样编写测试。

6.2.2　使用RSpec的理由

6.2.1小节中提到过RSpec的相关说明，采用RSpec的原因有两个。

第一之前说过，RSpec是测试框架中的事实标准，因此用户多，易维护，知识积累深厚，遇到困难时可以很容易地解决。

第二是刚才提到的，可以像自然语言一样编写测试。换而言之，就是可读性高（用DSL描述），可以描述方法的行为。你可能会觉得"就这？"但实际上，这在你自己处理测试时是一个很大的优点。用DSL描述的话，测试代码的可读性自然会提高，对方法要求的行为可以简单地描述出来。而且，调用方法时需要怎样的数据和事先准备，调用时的状态如何，通过把这些组合起来显性化，可以加深我们对方法的理解。这样，用RSpec正确编写测试的话，测试代码就变得像说明书一样。

刚才我们所说的行为是指对程序期望的"行为"，对于下方的sum方法来说，期望行为就是"对传递的参数做加法"。

```
def sum(num1, num2)
  num1 + num2
end
```

为了熟练使用RSpec，我们需要记住RSpec特有的DSL，因为和自然语言接近，所以学习成本并不高。我们要掌握好下节中介绍的功能，写出更好的测试。

CHAPTER 6 测试

6.3 构建测试的运行环境

到上一节为止，我们学习了测试本身、编写测试的理由以及测试框架。接下来，我们应该要开始实际编写测试了。

但是，在这之前，我们要准备好测试框架RSpec等，编写测试必要的gem。在本节，我们将要构建测试的运行环境，同时学习测试的相关设置，以及RSpec之外的gem。

6.3.1 制作样例应用

首先，我们来制作确认测试行为需要的样例应用，参考第2.2节说明的内容。我们把测试用的应用命名为rspec-sample。

```
$ mkdir rspec-sample
$ cd rspec-sample
$ bundle init
```

运行bundle init生成Gemfile后，删除#gem "rails"开头的#，运行bundle install和Rails的相关命令进行安装。本次使用的是RSpec，所以不安装默认的测试框架Minitest，这需要我们在安装Rails时添加测试的skip选项。

```
$ bundle install --path vendor/bundle --jobs=4
$ bundle exec rails new ./ -d mysql --skip-turbolinks --skip-sprockets --skip-test
```

在安装Rails时，会被询问是否进行Gemfile的再储存，输入y表示允许。

```
Overwrite /Users/your_name/rspec-sample/Gemfile? (enter "h" for help) [Ynaqdh] y
```

处理结束后，样例应用的制作就完成了。

6.3.2 准备数据库

在测试时，为了在数据库中生成测试数据或进行参照、更新，需要准备数据库。基本上就是在我们一直使用的命令中，用指定环境的RAILS_ENV选项指定test。

```
$ bin/rake db:create RAILS_ENV=test
```

运行命令后，以防万一，我们需要确认数据库是否生成。

```
$ mysql -u root -p
Enter password:

# MySQL客户端
mysql> show databases;

+--------------------+
| Database           |
+--------------------+
| information_schema |
| hogehoge_development |
| rspec-sample_test  |    <- 这样添加后就可以了
| mysql              |
| performance_schema |
| sys                |
+--------------------+
3 rows in set (0.04 sec)
```

确认之后，数据库的准备就完成了。输入exit命令可以从MySQL客户端退出。

```
mysql> exit
```

COLUMN

在6.3.2小节中，准备数据库时，有可能出现以下错误。多数情况是由于没有启动MySQL，参照2.2节启动MySQL，再试一次。

```
$ bin/rake db:create RAILS_ENV=test
#<Mysql2::Error: Can't connect to local MySQL server through socket '/tmp/mysql.sock' (2)>
Couldn't create database for {"adapter"=>"mysql2", "encoding"=>"utf8",
"pool"=>5, "username"=>"root", "password"=>nil, "socket"=>"/tmp/mysql.sock",
"database"=>"rspec-sample_test"}, {:charset=>"utf8"}
(If you set the charset manually, make sure you have a matching collation)
Created database 'rspec-sample_test'
```

▶ Mac

```
$ mysql.server start
```

▶ Windows

```
sudo /etc/init.d/mysql start
```

6.3.3 安装编写测试时必要的gem

接下来安装gem。在Gemfile的group:development,:test代码块的最后添加以下内容。

▶ Gemfile

```
group :development, :test do
  ...
  gem 'rspec-rails'
  gem 'factory_bot_rails'
  gem 'database_cleaner'
  gem 'faker'
  gem 'pry-rails'
  gem 'pry-coolline'
end
```

除了刚才介绍的RSpec,还添加了FactoryBot和DatabaseCleaner。关于这两个gem是怎样工作的,我们将在后面介绍。编辑好Gemfile后,为了安装,我们需要执行bundle install命令。

```
$ bundle install
```

这样就安装好必要的gem了,接下来我们进入使用Rspec所需的安装阶段。

6.3.4 Rspec的安装和使用准备

运行以下命令,生成Rspec运行所需的文件组。

```
$ bin/rails g rspec:install
    create  .rspec
    create  spec
    create  spec/spec_helper.rb
    create  spec/rails_helper.rb
```

生成helper文件后,只要知道和Rails有关的设置写在rails_helper.rb文件中,和Rspec有关的设置写在spec_helper.rb文件中就可以了。

这时就可以运行Rspec了。运行以下命令,实际尝试Rspec的行为。

```
$ bundle exec rspec
No examples found.


Finished in 0.00048 seconds (files took 0.50296 seconds to load)
0 examples, 0 failures
```

因为没有测试文件，所以输出的是No examples found.字样，但可以确认能够顺利运行。接着，我们进行测试运行时的设置。

设置DataCleaner，保持干净的数据库状态

我们对安装好的DataCleaner进行设置。在编写需要验证用的数据测试时，我们需要将验证用的数据插入数据库后运行测试。但是，只是将数据插入的话，最初运行时和第二次运行时的数据会有差别，这样就不能正确进行测试了。

为了应对这种情况，我们需要使用DatabaseCleaner进行设置，使得在测试运行结束后，数据库能够保持干净。

在rails_helper.rb的RSpec.configure代码块的最后，添加以下内容。

▶ spec/rails_helper.rb

```
RSpec.configure do |config|
  ...
  config.before(:suite) do              ← 在这个代码块中描述开始测试时的处理
    DatabaseCleaner.strategy = :transaction      ← 测试运行中使用transaction
    DatabaseCleaner.clean_with(:truncation)      ← 测试运行前使用truncation进行清洁
  end

  config.around(:each) do |example|     ← 在这个代码块中描述样本运行前后的处理
    DatabaseCleaner.cleaning do         ← 描述的主旨是清洁完成后运行样例
      example.run
    end
  end
end
```

这样，DatabaseCleaner的设置就完成了。在运行测试用例前会进行数据库的清洁。

设置FactoryBot，进行处理测试数据的准备

FactoryBot是让我们可以方便地处理测试数据的gem。我们可以和ActiveRecord一样用create、build方法来处理测试数据，也可以对测试数据进行类似关联的设置，所以能够表现复杂的测试数据。

实际看一下语法应该会更有印象，请看下方。

```
# 有Article和Comment这两个模型
# 前提是设置了Article belongs_to Comment的关系
FactoryBot.define do
  factory :article, class: Article do
    title 'Hello, World.'
    body '<p>Hello, World.</p>'

    comment  <- 调用定义的测试数据
  end

  factory :comment, class: Comment do
    body 'This is comment.'
  end
```

185

```
end

# 用create方法向DB插入数据
article = FactoryBot.create(:article)

# 可以访问在article中生成的comment
article.comment
```

这样使用FactoryBot的话，复杂的数据也可以简单地进行处理了。关于FactoryBot的具体使用方法，会在6.6节中说明。

下面我们来设置通过RSpec操作FactoryBot的方法。首先，我们在rails_helper.rb的RSpec.configure代码块的最后，添加以下描述。

▶ spec/rails_helper.rb

```
RSpec.configure do |config|
  ...
  config.include FactoryBot::Syntax::Methods
end
```

最后，再次确认是否能运行RSpec。

```
$ bundle exec rspec

No examples found.


Finished in 0.00032 seconds (files took 0.31767 seconds to load)
0 examples, 0 failures
```

确认设置后也可以顺利运行，这样Rspec的准备就完成了。

6.4 编写测试

接下来，我们一边实际编写测试，一边学习RSpec。但是，目前我们还没有测试对象，所以为了编写测试，先制作一个简单的模型。虽然在第5章中我们也同样制作了模型，但这次是在安装了RSpec、FactoryBot的状态下，所以在生成模型时，会同时生成用于描述测试的文件和用FactoryBot操作的文件。那么，我们来运行以下命令，制作Article模型吧。

```
$ bin/rails g model Article title:text body:text status:integer published_at:datetime
Running via Spring preloader in process 37650
      invoke  active_record
      create    db/migrate/20171029015828_create_articles.rb
      create    app/models/article.rb
      invoke    rspec
      create      spec/models/article_spec.rb
      invoke    factory_bot
      create      spec/factories/articles.rb
```

除了模型和迁移文件，还会生成spec/models/article_spec.rb和spec/factories/articles.rb文件。因为生成了迁移文件，在忘记之前，我们先进行迁移。

```
$ bundle exec rake db:migrate RAILS_ENV=test
```

spec/models/article_spec.rb

这个是添加Article模型的测试用例文件，一般称为spec。而测试用例叫"样例（example）"，指的是第6.2节中介绍的行为。运行RSpec后，和spec/**/*_spec.rb匹配的文件会作为spec来处理，然后进行测试，确认这里的样例是否按照期望行动。

▶ spec/models/article_spec.rb

```ruby
require 'rails_helper'

RSpec.describe Article, type: :model do
  pending "add some examples to (or delete) #{__FILE__}"
end
```

制作好spec文件后，我们来运行RSpec试试看，应该会返回如下结果。

```
$ bundle exec rspec

*
```

```
Pending: (Failures listed here are expected and do not affect your suite's
status)

  1) Article add some examples to (or delete) /Users/XXXX/XXXX/rspec-sample/
spec/models/article_spec.rb
     # Not yet implemented
     # ./spec/models/article_spec.rb:4

Finished in 0.14536 seconds (files took 2.11 seconds to load)
1 examples, 0 failures, 1 pending
```

因为增加了spec文件,所以运行结果改变了。第一行显示的*是运行样例的结果。如果样例成功,则是.,如果失败则是F,如果是保留或跳过,则输出*。因为这次是在默认状态下运行,所以输出保留状态的*。接着是各个样例的报告,最后输出运行时间和运行样例数量,失败样例数量和保留样例数量。

▶ spec/factories/articles.rb

这个文件是用FactBot来处理的文件。和在6.3节中为了理解FactoryBot时看的样例相同。制作Article模型时增加传递的字段,同时加入虚拟数据。

▶ spec/factories/articles.rb

```
FactoryBot.define do
  factory :article do
    title "MyText"
    body "MyText"
    status 1
    published_at "2017-10-29 10:58:28"
  end
end
```

我们来试一下它实际是怎样运转的。像下方这样启动rails console,用FactoryBot的create方法调用这个测试数据。

```
$ bin/rails c test --sandbox
Loading test environment (Rails 5.1.4)
[1] pry(main)> FactoryBot.create(:article)
...
=> #<Article:0x007fbbe33af4e8
 id: 1,
 title: "MyText",
 body: "MyText",
 status: 1,
 published_at: Mon, 30 Oct 2017 08:35:03 UTC +00:00,
 created_at: Sun, 29 Oct 2017 23:36:20 UTC +00:00,
 updated_at: Sun, 29 Oct 2017 23:36:20 UTC +00:00>
```

生成各种文件后，在Article模型下加入以下更改。这样，测试对象的模型就准备好了。

```ruby
class Article < ApplicationRecord
  # 使用ActiveRecord的enum功能维持现状
  # draft: 文章是草稿状态
  # published: 文章是公开状态
  enum status: { draft: 0, published: 1 }

  # 省略20个字以上的文章标题
  def abbreviated_title
    title.size >= 20 ? "#{title.slice(0, 19)}…" : title
  end

  # 公开文章
  def publish
    return if self.published?
    update({status: Article.statuses['published'], published_at: Time.current})
  end
end
```

6.4.1　学习RSpec基本语法的同时，编写测试

现在已经准备好了，我们开始学习RSpec的基本语法和测试的编写方法。不过，在6.2节中也说过，RSpec是以Ruby为基础的"领域特定语言（DSL）"，所以基本上符合Ruby的语法。

定义样例的it方法

首先介绍的是it方法，这个方法可以定义样例。对实际的代码进行说明的话，应该更容易有印象，所以我们对刚才添加的Article模型的abbreviated_title方法样例进行说明。用第2行的it方法制作的代码块是样例，编写参数行为的说明，以及在代码块中再现行为的处理。比如，重新制作第3行，title中有"这是标题"字符串的Article模型。而第4行，把abbreviated_title方法传递给expect方法的参数，运行结果返回字符串"这是标题"。

```ruby
RSpec.describe Article, type: :model do
  it '原样返回文章标题' do
    article = Article.new(title: '这是标题')
    expect(article.abbreviated_title).to eq '这是标题'
  end
end
```

将上述内容换为app/models/article.rb的RSpec.describe Article代码块后运行，会输出表示成功的.提示字符。

```
$ bundle exec rspec
.

Finished in 3.99 seconds (files took 5.37 seconds to load)
1 example, 0 failures
```

这样，it方法描述了参数的期望行为，在代码块中进行测试数据的制作和再现行为的处理，最后用expect判断行为是否符合预期，以这样的形式定义样例。本次的abbreviated_title方法期望在运行结果返回特定值，而publish方法期望Article对象的状态是published状态。所以应该像下方这样，在第5行调用publish函数，第6行用expect判断Article对象的状态是否为published，然后以这种形式来定义。

```
RSpec.describe Article, type: :model do
  ...
  it '文章变为公开状态' do
    article = Article.new(status: :draft)
    article.publish
    expect(article.published?).to be_truthy
  end
end
```

COLUMN

运行RSpec时，可以指定运行的spec文件、文件以及行数。

```
# 只运行./spec/model下的测试
$ bundle exec rspec ./spec/model

# 只运行./spec/model/article_spec.rb文件
$ bundle exec rspec ./spec/model/article_spec.rb

# 运行./spec/model/article_spec.rb文件的第30行的group、sample
$ bundle exec rspec ./spec/model/article_spec.rb:30
```

用describe方法明确测试对象

刚才我们对publish方法和abbreviated_title方法编写了样例,但各个样例是以哪个方法为对象,我们很难判断。这时可以使用describe方法将有关联的样例组成一组,明确这些样例以什么为对象。

```ruby
RSpec.describe Article, type: :model do
  describe '.abbreviated_title' do
    it '原样返回文章标题' do
      article = Article.new(title: '标题')
      expect(article.abbreviated_title).to eq '标题'
    end
  end

  describe '.publish' do
    it '文章变为公开状态' do
      article = Article.new(status: :draft)
      article.publish
      expect(article.published?).to be_truthy
    end
  end
end
```

做成嵌套结构,可以很容易看懂样例以哪个方法为对象,代码思路清晰。方法前加上了.,这是因为在Ruby的规则中,类方法的名字前会加上.(或::),实例方法的名字前会加上#来使用。

用context方法明确状况

接下来,我们对不足的样例进行添加。先来看下面定义的本次样例方法,会发现目前写的样例不足以涵盖所有情况。比如,abbreviated_title方法,不能定义标题有20个字以上的行为。

```ruby
# 省略20个字以上的文章标题
def abbreviated_title
  title.size >= 20 ? "#{title.slice(0, 19)}…" : title
end

# 公开日志
def publish
  return if self.published?
  update({status: Article.statuses['published'], published_at: Time.current})
end
```

因此,我们要像下面这样对不足的样例进行添加。添加的样例有,abbreviated_title方法是标题为20个字以上的样例,publish方法是文章为公开状态的样例。

```ruby
RSpec.describe Article, type: :model do
  describe '.abbreviated_title' do
    it '原样返回文章标题' do
      article = Article.new(title: '标题')
```

```ruby
      expect(article.abbreviated_title).to eq '标题'
    end

    # 添加的样例
    it '省略文章标题' do
      article = Article.new(title: 'a' * 20)
      expect(article.abbreviated_title).to eq "#{'a' * 19}…"
    end
  end

  describe '.publish' do
    it '文章成为公开状态' do
      article = Article.new(status: :draft)
      article.publish
      expect(article.published?).to be_truthy
    end

    # 添加的样例
    it '文章保持公开状态' do
      article = Article.new(status: :published)
      article.publish
      expect(article.published?).to be_truthy
    end
  end
end
```

我们通过观察添加样例后的spec，并不能一眼看出添加样例的理由，方法的行为也难以理解。这时可以使用context方法，对样例运行情况进行说明。context方法和describe方法相同，我们把相同状况的样例组成一组。

接下来，我们对现在的4个样例用context进行情况说明。

```ruby
RSpec.describe Article, type: :model do
  describe '.abbreviated_title' do
    context '文章标题不满20字时' do
      it '原样返回文章标题' do
        article = Article.new(title: '标题')
        expect(article.abbreviated_title).to eq '标题'
      end
    end

    context '文章标题是20字以上时' do
      it '省略文章标题' do
        article = Article.new(title: 'a' * 20)
        expect(article.abbreviated_title).to eq "#{'a' * 19}…"
      end
    end
  end

  describe '.publish' do
    context '文章是非公开状态时' do
```

```ruby
      it '文章变为公开状态' do
        article = Article.new(status: :draft)
        article.publish
        expect(article.published?).to be_truthy
      end
    end

    context '文章是公开状态时' do
      it '文章保持公开状态' do
        article = Article.new(status: :published)
        article.publish
        expect(article.published?).to be_truthy
      end
    end
  end
end
```

通过这种方式，当别人看的时候就可以很容易理解在哪种状况下，行为是怎样的。这次，1个context对应1个样例。虽然看起来有些冗长，但是对样例进行整理后，当测试对象变复杂时，context就会发挥其作用。

此外，用describe、context把状况整理好的话，样例失败时的记录表会更容易理解。下方是故意使样例失败的记录表，请看第6行。因为增加了describe和context，所以对象和状况更容易理解了。

```
$ bundle exec rspec
.F..

Failures:

  1) Article.abbreviated_title 如果文章标题在20个字以上，日志标题将被省略
     Failure/Error: expect(article.abbreviated_title).to eq "失败"

       expected: "失败"
            got: "aaaaaaaaaaaaaaaaaaaa…"

       (compared using ==)
     # ./spec/models/article_spec.rb:15:in `block (4 levels) in <top (required)>'
     # ./spec/rails_helper.rb:65:in `block (3 levels) in <top (required)>'
     # ./spec/rails_helper.rb:64:in `block (2 levels) in <top (required)>'

Finished in 0.21541 seconds (files took 11.77 seconds to load)
4 examples, 1 failure

Failed examples:

rspec ./spec/models/article_spec.rb:13 # Article.abbreviated_title 日志标题是20字以上时，省略文章标题
```

> **COLUMN**
>
> describe方法和context方法是同一个方法的别名,实现本身是相同的。因此,将describe方法和context方法互换使用也没问题。

理解matcher,写出更灵活的样例

接下来,对expect方法和自然使用到的matcher进行说明。我们对expect方法稍微接触过一点,对matcher方法也曾经接触过,首先我们做个简单的说明。matcher指定为在expect方法之后的to方法第一个参数的位置。在下例中,eq是matcher。

```
expect(article.abbreviated_title).to eq '标题'
```

matcher有很多种类,如果能熟练掌握的话,可以拓展样例的定义。我们将具有代表性的内容总结起来,如下所示。

方法	概要	句法
be_truthy, be_falsey	定义用boolean评价对象的值时是否符合期望	expect(article.published?).to be_truthy expect(article.published?).to be_falsey
be	通过传递比较运算符,可以比较对象的值与指定的值	expect(article.size).to be > 0
eq	定义比较对象的值与指定的值是否相等	expect(article.title).to eq '标题' expect(articles).to eq([article])
include	定义查找对象中是否含有指定的值	expect(articles).to include(article)
match	定义比较对象的值是否匹配指定的正则表达式	expect(article.title).to match(/样本/)
change	定义运行对象的代码块后,查找指定的值从什么变为什么	expect { article.publish }.to change{article.reload.published?}.from(false).to(true)

此外,还有确认异常处理的raise_error以及可以确认yield的yield_****等matcher。RSpec的官方文档中有详细信息,请参考默认导入的matcher一览表。

- Project: RSpec Expectations 3.6
  https://relishapp.com/rspec/rspec-expectations/docs/built-in-matchers

通过熟练使用matcher，我们可以正确表现对样例来说十分必要的行为。shoulda_matchers(https://github.com/thoughtbot/shoulda-matchers)是matcher扩展的gem，大家也可以参考这个内容。

顺便说一下，除了to方法，还有not_to方法、to_not方法等。to方法期望"是~"，反之，not_to方法和to_not方法期望"不是~"。

进行事前处理和事后处理的Hook

RSpec中有一个叫作hook的工具，它可以定义测试运行前后应该进行的处理。比如，定义样例之间的通用处理，像6.3节中设置DatabaseCleaner一样，在运行测试前后清理数据库。句法如下所示，传递hook的运行周期（也叫hook scope），通过把要运行的处理作为代码块传递，可以在指定的时间运行。通过定义实例变量，各个样例可以参照相同的对象。因为hook是在定义的group下使用，通过灵活使用刚才介绍的describe方法和context方法，可以定义DRY样例。

COLUMN

expect方法省略参数，传递代码块，可以用一行完成。

```
it '文章变为公开状态' do
  article = Article.new(status: :draft)
  expect{ article.publish.published? }.to be_truthy
end

it { expect(article.size).to eq 1) }
```

COLUMN

before可以省略第一个参数，那样的话，会指定each。

```
before { @article = Article.new }
before do
  @article = Article.new
end
```

```
before(:each) { @article = Article.new }

before(:each) do
  @article = Article.new
end
```

hook和hook scope有以下内容，可以组合使用。

表 6-2 hook

hook	行为
before	在样例运行之前运行
after	在样例运行之后运行
around	定义代码块中包含的运行时间，并运行

表 6-3 hook scope

hook scope	行为
each, example	运行每一个example
all, context	运行每一组describe方法和context方法
suite	在RSpec执行期间，会在只执行一次的rails_helper.rb和spec_helper.rb等配置文件中进行定义

不过这样说可能很难理解，因此，我们暂时改写刚才写好的Article模型的spec，来说明hook和hook scope的组合在什么时候运行。因为是暂时改写，所以我们要把现在的代码另外保存一份，介绍完后再恢复原样，请确认下方内容。说明中描述的小组，指的是用describe方法和context方法小组化。在嵌套结构中，小组的内容成为操作区域运行hook。

▶ spec/models/article_spec.rb

```
RSpec.describe Article, type: :model do
  before(:each) {p 'Article 中的before(:each)' }   # 在本小组中的测试用例前运行
  before(:all) {p 'Article 中的before(:all)' }     # 在本小组中的第一个测试用例前只运行一次

  after(:each){p 'Article中的after(:each)' }       # 在本小组的所有测试用例后运行
  after(:all){p 'Article中的after(:all)' }         # 在本小组中的最后一个测试用例后只运行一次

  it { p '测试运行1' }

  describe '嵌套的测试' do
    before(:each) { p '在小组内定义的hook只在该小组中运行' }
    it { p '测试运行2' }
  end
end
```

接着，我们实际运行测试，来确认hook的运行时间。用于说明的代码中含有put，直接运行后，结果如下所示。

```
$ bundle exec rspec
"Article 中的 before(:all)"
"Article 中的 before(:each)"
"测试运行1"
"Article 中的 after(:each)"
."Article 中的 before(:each)"
"在小组中定义的hook只在该小组中运行。"
"测试运行2"
"Article 中的 after(:each)"
."Article 中的 after(:all)"
```

实际输出的话是不是更容易理解了呢？通过使用hook，事前准备、事后处理可以应对必要的测试，所以要灵活掌握hook。

用pending和skip保留、跳过测试

接着，我们来讲解pending方法和skip方法。pending方法用于保留失败的测试，skip方法是对实现中的样例等想暂时跳过的样例来使用的。

那么到底应该怎样使用呢？首先我们从pending方法开始介绍。我们像下方这样，对成功的样例加入pending方法后运行。

```
it 'pending的行为检测' do
  pending 'pending中'
  expect(1).to eq 1
end
```

查看输出的记录表，如果保留的话应该输出*，但为什么返回表示失败的F呢？对于pending 方法来说，调用方法后，处理并没有停止，而是进行到最后。如果测试失败，输出表示保留的*，因此，像本次这样最终成功了的话，会对样例返回表示失败的F。笔者推测，这可能是为了应对"在不知道的时候，样例修复了"等意外情况。

```
$ bundle exec rspec
F

Failures:

  1) Article pending 的行为检测 FIXED
     Expected pending 'pending 中' to fail. No error was raised.
     # ./spec/models/article_spec.rb:4

Finished in 0.0597 seconds (files took 3.68 seconds to load)
1 example, 1 failure
```

```
Failed examples:

rspec ./spec/models/article_spec.rb:4 # Article pending 的行为检测
```

那么，接下来我们制作失败的样例，并运行RSpec。

```
it 'pending 的行为检测' do
  pending 'pending 中'
  expect(1).to eq 2
end
```

这次输出的就是*以及失败测试的记录表。这样，pending方法就用于"因为有失败的测试，所以需要保留"的情况了。

```
$ bundle exec rspec
*

Pending: (Failures listed here are expected and do not affect your suite's
status)

  1) 检测Article pending的行为
     # pending 中
     Failure/Error: expect(1).to eq 2

       expected: 2
            got: 1

       (compared using ==)
     # ./spec/models/article_spec.rb:6:in `block (2 levels) in <top (required)>'
     # ./spec/rails_helper.rb:65:in `block (3 levels) in <top (required)>'
     # ./spec/rails_helper.rb:64:in `block (2 levels) in <top (required)>'

Finished in 0.17607 seconds (files took 6.14 seconds to load)
1 example, 0 failures, 1 pending
```

接下来，对skip方法进行说明。它和pending方法不一样，当调用时，处理中断，显示表示保留的*。此外，和pending方法不一样的地方还包括可以用代码块跳过。

```
RSpec.describe Article, type: :model do
  it 'skip 的行为检测1' do
    skip 'skip'
    expect(1).to eq 2
  end

  skip 'skip整体' do
    it 'skip的行为检测2' do
      expect(1).to eq 2
```

```
      end
    end
end
```

实际运行上方的样例代码后，会返回如下结果。因为处理不会进行到最后，所以没有显示样例的结果。

```
$ bundle exec rspec
**

Pending: (Failures listed here are expected and do not affect your suite's
status)

  1) Article skip 的行为检测1
     # skip
     # ./spec/models/article_spec.rb:4

  2) 跳过全体 Article
     # No reason given
     # ./spec/models/article_spec.rb:9


Finished in 0.06414 seconds (files took 3.76 seconds to load)
2 examples, 0 failures, 2 pending
```

以上是关于pending方法和skip方法的说明。再重复一次，两者之间的区别是，pending方法是"保留失败的测试"，skip方法是"不管怎样，都保留测试"。

确认完各个语法后，我们将spec/models/article_spec.rb改为以下内容。

```ruby
require 'rails_helper'

RSpec.describe Article, type: :model do
  describe '.abbreviated_title' do
    context '文章标题不满20个字时' do
      it '原样返回文章标题' do
        article = Article.new(title: '标题')
        expect(article.abbreviated_title).to eq '标题'
      end
    end

    context '文章标题是20个字以上时' do
      it '省略文章标题' do
        article = Article.new(title: 'a' * 20)
        expect(article.abbreviated_title).to eq "#{'a' * 19}…"
      end
    end
  end
```

```ruby
    describe '.publish' do
      context '文章是非公开状态时' do
        it '文章变为公开状态' do
          article = Article.new(status: :draft)
          article.publish
          expect(article.published?).to be_truthy
        end
      end

      context '文章是公开状态时' do
        it '文章保持公开状态' do
          article = Article.new(status: :published)
          article.publish
          expect(article.published?).to be_truthy
        end
      end
    end
end
```

这样，关于基本语法和测试编写方法的说明就结束了。本次介绍的方法总结成了表格，供大家参考。这里没讲到的let方法、subject方法将在6.6节中介绍。

表 6-4 rspec中使用的方法

方法	说明
it	定义测试用例的方法。定义的内容称为example（样例）。
expect	定义测试对象或方法的运行结果的方法。
mather	定义expect对象行为的方法。
describe	将样例分组的方法。主要是根据"样例以什么为对象"来划分。
context	将样例分组的方法。主要是根据"样例的运行状况"来划分，是describe方法的别名。
hook	可以定义样例间的通用处理，以及必要的事前、事后处理的方法。
pending	将失败的方法暂时变为保留状态的方法。只在失败时输出保留，如果测试成功的话，则输出失败。
skip	不管怎样都保留测试的方法。可以用代码块将内容保留。

6.4.2 编写模型以外的测试

在学习语法时，我们对模型编写了测试，这里将介绍如何改为对控制器、助手等对象的测试。事前准备、定义对象和期望行为这些流程没有变，所以我们只需对细微的差别进行介绍。

控制器的测试

首先我们来介绍控制器测试的不同之处。以下是mypage控制器的index action的测试代码。假设mypage的设置是非登录状态不可访问。

```
RSpec.describe MyPageController, type: :controller do
  describe 'GET #index' do
    context '登录状态时' do
      it '显示mypage' do
        login
        get :index
        expect(response.status).to render_template('mypage/index')
      end
    end
    context '为登录状态时' do
      it '重定向为首页' do
        get :index
        expect(response).to redirect_to root_path
      end
    end
  end
end
```

首先我们可以知道第一行的type是:controller。接着，在实际的样例中写着get:index，这表示用get访问MyPageController的index action。这样，以"HTTP方法对象action"的形式访问控制器的话，就能生成response对象，然后将response放入expect中，确认行为。

除了render_template方法和redirect_to方法以外，官方文档中还有其他方法供大家参考。

- Project: RSpec Rails 3.6

    https://relishapp.com/rspec/rspec-rails/v/3-6/docs/matchers

助手的测试

接下来是助手测试的不同之处，这个和控制器相比，差别很小，而且很简单。和刚才一样，第一行的type是:helper。此外，在调用助手方法时，是从helper的对象中进行调用。

```
RSpec.describe ApplicationHelper, type: :helper do
  describe '#image_with_size' do
    it '向GET查询返回带有指定参数的URL' do
      expect(helper.image_with_size('http://example.com/hoge.jpg', 30)).to eq('http://example.com/hoge.jpg?size=30')
    end
  end
end
```

以上是测试的编写方法。如果大家掌握了DSL，那么不管是控制器还是助手，都可以为它们写测试。本节对RSpec的基本功能进行了说明，在下一节中，我们将学习更高级的功能。

COLUMN

本章中没有详细说明，不过我们可以通过导入Capybara这个gem，来实现6.1节中介绍的端到端测试。Capybara通过操作Selenium利用浏览器将测试自动化，它可以验证开发中的应用在实际的浏览器中如何运行。

```ruby
# Capybara的句法样例
it '可以进行用户登录' do
  visit '/sessions/new'
  within('#session') do
    fill_in 'Email', with: 'user@example.com'
    fill_in 'Password', with: 'password'
  end
  click_button '登录'
  expect(page).to have_content '登录成功'
end
```

6.5 使用高级功能编写测试

在RSpec中,除了6.4节中讲的基本语法,还有比较高级的功能。虽然掌握了基本语法以后,写测试就没有问题了,但是在这一节中,我们还是要学习更高级的语法。

6.5.1 使用延迟求值的let,提高可读性

RSpec中有let这个方法,它可以通过把符号传递给参数,代码块的值就会存储在和参数同名的变量中。在下方代码中,article变量中保存了Article模型对象。

```
let(:article) { Article.new(title: '标题') }
```

let方法的特征有两个,分别是"延迟求值"和"值被缓存"。前者指的是,只要不使用let方法定义的变量,就不会运行let方法的代码块。后者指的是,在相同的样例中再次调用时,最初的值会被缓存,这样每次调用的时候就不会进行重复处理了。

"延迟求值"到底是什么呢?我们来看一个使用了这个特征的测试代码,以此确认进行了什么处理。我们以6.4节中spec/models/article_spec.rb的.abbreviated_title方法的spec为例进行说明,请像下方这样更改代码。

```
describe '.abbreviated_title' do
  let(:article) { Article.new(title: title) }
  context '文章标题不满20字时' do
    let(:title) { '标题' }
    it '原样返回文章标题' do
      expect(article.abbreviated_title).to eq '标题'
    end
  end

  context '文章标题在20字以上时' do
    let(:title) { 'a' * 20 }
    it '省略文章标题' do
      expect(article.abbreviated_title).to eq "#{'a' * 19}…"
    end
  end
end
```

上方代码按照以下顺序进行处理。

①调用expect(article.abbreviated_title).to eq'标题'。

②article被使用了，所以调用let(:article){Article.new(title:title)}。
③ title被使用了，所以从自己的context操作区域内调用let(:title){'标题'}。
④结果，调用了expect(Article.new(title:'标题').abbreviated_title).to eq'标题'。
⑤调用expect(article.abbreviated_title).to eq "#{'a' * 19}…"。
⑥article被使用，所以调用let(:article){Article.new(title:title)}。
⑦title被使用，所以会从自己的context作用区域中调用let(:title){'a' * 20}。
⑧结果，调用expect(Article.new(title:"#{'a' * 19}…").abbreviated_title).to eq "#{'a' * 19}…"。

因为描述了重复的处理，所以看起来有点复杂。当延迟求值第一次被运行时，使用被求值的部分，嵌套使用let方法，可以改写title的值。在let方法中，用相同名称声明的变量，在更底层声明的变量中，会被覆盖，不过处理本身稍微有些复杂。当样例被分组后，定义好具体需要什么数据，代码就变得容易理解了。

在6.4节中，作为hook的样例，我们介绍了以下代码。但hook除了定义数据，还会在实施样例时进行必要的事前准备等，所以只定义数据时，推荐使用let方法。

```
before(:each) { @article = Article.new }

before(:each) do
  @article = Article.new
end
```

let方法的注意事项

上文介绍了let方法的优点，但是除了延迟求值，我们还需要注意别的地方。

```
let(:article) { Article.create(title: '标题') }
it '返回文章' do
  expect(Article.first).to eq article
end
```

上面是失败的测试，看起来好像没有问题，但是我们按处理的顺序来分析，看看会发现什么。

①运行了有expect指定的Article.first后，因为没有记录，所以返回nil，因此nil成为比较对象。
②因为对期望值指定了article，运行article后会生成记录，所以生成的记录就是期望值。
③让nil与Article模型对象进行比较，测试失败。

因为先运行了expect，所以测试失败了。这种情况推荐使用let!方法。像下方这样，只要在let的后面加上！，就不会进行延迟求值，而是在样例运行前，代码块就会进行求值。

```
let!(:article) { Article.create(title: '标题') }
it '返回文章' do
```

```
expect(Article.first).to eq article
end
```

6.5.2 熟练使用subject明确测试对象

RSpec中有subject方法，通过使用这个方法，我们可以省略用expect方法指定的测试对象。使用subject方法的好处有，测试对象变得明确，代码符合DRY，具体如下方代码所示。因为在第3行中，article.abbreviated_title被设置为subject，所以第7行和第14行使用的expect方法换成了is_expected方法。

```
describe '.abbreviated_title' do
  let(:article) { Article.new(title: title) }
  subject { article.abbreviated_title }
  context '文章标题不满20字时' do
    let(:title) { '标题' }
    it '原样返回文章标题' do
      is_expected.to eq '标题'
    end
  end

  context '文章标题在20字以上时' do
    let(:title) { 'a' * 20 }
    it '省略文章标题' do
      is_expected.to eq "#{'a' * 19}…"
    end
  end
end
```

用describe分组后，测试对象在一定程度上明确化了。但是使用subject的话，就可以清楚地看到，到底是像article.abbreviated_title一样测试方法的返回值，还是像article.published?这样测试对象的状态。

6.5.3 使用shared_examples_for和shared_context方法，再利用样例、事前处理，生成DRY代码

接着，我们对可以定义并调用共有样例、上下文的shared_examples_for、shared_context方法进行说明。这两个方法和describe方法、context方法一样，是同一个方法（shared_examples）的别名。

这两个方法都是在1~3行，用代码块定义想要共用的处理名称和处理内容。如果是样例，在it_behaves_like方法的第一个参数中指定想要使用的名称。如果是上下文，在include_context方法的第一个参数中指定想要使用的名称。

▶ Sample

```
shared_examples_for '共有的样例' do
  it { expect(1).to eq 1 }
end

describe 'shared_examples_for的动作检测' do
  context 'hoge的情况' do
    it_behaves_like '共有的样例'
  end

  context 'fuga的情况' do
    it_behaves_like '共有的样例'
  end
end
```

▶ Sample

```
shared_context '共有的条件' do
  let(:greet) { 'hello' }
end

describe 'shared_context的动作检测' do
  include_context '共有的条件'
  context 'hoge的情况' do
    it { expect(greet).to eq('hello') }
  end

  context 'fuga的情况' do
    it { expect(greet).to eq('hello') }
  end
end
```

这两个方法还可以接收参数。只需要向shared_examples_for方法和shared_context方法的代码块中添加参数，或向it_behaves_like方法和include_context方法的第二个参数输入想要传递的值。

```
shared_examples_for '共有样例' do |num|
  it { expect(1).to eq num }
end

describe 'shared_examples_for的动作检测' do
  it_behaves_like '共有样例', 1
end

shared_context '共有的条件' do |str|
  let(:greet) { str }
end

describe 'shared_context的动作检测' do
```

```
    include_context '共有的条件', 'hello'
    context 'hoge的情况' do
      it { expect(greet).to eq('hello') }
    end
  end
```

介绍完方法后，我们把这两个方法实际应用于代码中。在Article模型（app/models/article.rb）的最后一行，添加用于在标题加入换行符的break_title方法，共用上节中操作的abbreviated_title方法以及样例和上下文。

```
class Article < ApplicationRecord
  ...
  # 每20个字向文章标题添加一个换行符
  # 当最后是换行符时，不再添加换行符
  def break_title
    return if title.nil?
    title.scan(/.{1,20}/).join('\n')
  end
end
```

测试代码如下所示。编辑6.4小节中写的Article spec(spec/models/article_spec.rb)的describe'.abbreviated_title'代码块，添加break_title方法的spec。

```
require 'rails_helper'

RSpec.describe Article, type: :model do
  shared_context '标题的字数是' do |num|
    let(:title) { 'a' * num }
  end

  shared_examples_for '返回下一个标题' do |title|
    it { is_expected.to eq(title) }
  end

  let(:article) { Article.create(title: title) }
  describe '.abbreviated_title' do
    subject { article.abbreviated_title }
    context '文章标题是19个字的情况' do
      include_context '标题的字数是', 19
      it_behaves_like '返回下一个标题', "#{'a' * 19}"
    end

    context '文章标题是20个字的情况' do
      include_context '标题的字数是', 20
      it_behaves_like '返回下一个标题', "#{'a' * 19}…"
    end
  end

  describe '.break_title' do
    subject { article.break_title }
```

```
    context '文章标题是19个字的情况' do
      include_context '标题的字数是', 19
      it_behaves_like '返回下一个标题', "#{'a' * 19}"
    end

    context '文章标题是20个字的情况' do
      include_context '标题的字数是', 20
      it_behaves_like '返回下一个标题', "#{'a' * 20}"
    end

    context '文章标题是21个字的情况' do
      include_context '标题的字数是', 21
      it_behaves_like '返回下一个标题', "#{'a' * 20}\\na"
    end
  end
  ...
end
```

向shared_context、shared_examples_for传递参数，并将其共有化。这样，在验证同一个项目（本次是文章标题）时，可以很容易共有化。但如果有多个需要验证的项目，就会变得混乱。我们像下方这样写上"原样返回文章标题"，这样别人在看时，就能明白是什么行为了。

```
it '原样返回文章标题' do
  expect(article.abbreviated_title).to eq '标题'
end
```

虽然DRY原则是很重要的，但是从连贯性的角度来说，代码的可读性和优先度更高，所以要注意避免过度共有化。

6.5.4 用Mock实现复杂的测试

最后，我们介绍Mock这个功能。这个功能是，当编写和自己不能控制的元素有关的测试时，模拟出相关元素，并代替使用，也叫测试替身。比如，在当前时间点行为发生改变的方法测试，使用Twitter等外部API的测试等。尤其是后者，每测试一次就发送一条Twitter，多次进行测试的话，API的调用可能会达到上限。这样的话，在测试时会受到影响，不能顺利地完成测试。因此有必要用Mock置换调用外部API的部分，在不接受外部影响的情况下进行测试。

那么，使用Mock到底能进行什么样的测试呢？我们以刚才说的时间点的测试和使用外部API的测试为例进行说明。

模拟Time对象的方法和返回值进行边界值分析

首先说明如何模拟指定目标的方法和返回值。像下方这样，在allow方法的参数中指定对象的目标，用receive方法指定将返回值固定的方法。最后用and_return方法设置调用时的返回值就可以了。原本

Article模型对象会发生异常，但我们调用后，发现会返回"这是Mock"的字符串。

```
allow(Article).to receive(:find).and_return('这是Mock')
Article.find(1)
=> "这是Mock"
```

理解方法后，我们尝试将其应用于模拟Time对象的方法和返回值，进行边界值分析。

```
# 调用Time.current，将返回昨天为开始日期
allow(Time).to receive(:current).and_return(1.day.ago.beginning_of_day)

# 调用Time.current，将返回昨天为结束日期
allow(Time).to receive(:current).and_return(1.day.ago.end_of_day)
```

让参照外部API的方法，不受外部影响进行测试

像下方这样访问天气预报的客户端是lib/client/weather_service.rb。它的功能是向weather方法传递地方名称，然后会返回该地方的天气。

```
module Client
  class WeatherService
    def self.new
      @client ||= WeatherService::Client.new
    end

    def self.weather(area)
      new.weather(area)
    end
  end
end
```

对参照外部API的方法进行测试时，流程如下。

①制作替身对象。
②向替身对象添加模拟的方法和返回值。
③把受外部影响的对象换为替身对象。

接下来我们对测试代码进行说明。这次和以前写的内容不同，对象变为lib下的lib/client/weather_client.rb，因此spec文件是向spec/lib/client/weather_service_spec.rb中添加新文件。在添加文件时不要忘了在第一行请求rails_helper。在第7行使用double方法制作模拟对象，在第8行像刚才运行的那样，设置模拟对象。当weather方法被调用时，返回"晴"。接着，在第9行进行设置，刚才制作的模拟对象用new方法创建。这就是刚才说的流程中的"③把受到外部影响的对象置换为替身对象"。接着，调用Client::WeatherService.new，weather_service_client会响应，这样就可以不受外部API的影响进行测试了。

```ruby
require 'rails_helper'

describe 'Client::WeatherService' do
  describe '#weather' do
    let(:client) { Client::WeatherService }
    before do
      weather_service_client = double('Weather service client')
      allow(weather_service_client).to receive(:weather).and_return('晴')
      allow(client).to receive(:new).and_return(weather_service_client)
    end
    it '返回"晴"' do
      expect(client.weather('tokyo')).to eq '晴'
    end
  end
end
```

这样，对于API等我们不能控制的部分，通过熟练使用Mock，就可以不受影响地进行测试了。此外，还可以考虑当运行时间较长时，可以替换有问题的部分，从而顺利进行测试。上述的测试中，只验证了Mock的返回值，所以测试的意义不大。但是像下方这样，使用weather方法和and_raise方法，就可能会发生异常。这样就可以对外部API发生错误时的行为进行测试了。

```ruby
before do
  weather_service_client = double('Weather service client')
  allow(weather_service_client).to receive(:weather).and_raise('错误')
  allow(client).to receive(:new).and_return(weather_service_client)
end
```

现在，关于RSpec高级功能的说明就结束了。在开头我们说过，RSpec的功能非常多，本节讲解的内容只是皮毛。官网上有很多相关文档，请大家一定要去查看。

- RSpec官方文档

    https://relishapp.com/rspec/

- Better Specs的官方文档中总结了RSpec的最佳实践。

    http://www.betterspecs.org/jp/

6.6 使用FactoryBot轻松管理测试数据

CHAPTER 6 测试

这里我们将详细介绍6.3节中简单提到过的FactoryBot。之前说过，FactoryBot是可以轻松操作测试数据的gem。因为数据定义的自由度很高，所以也可以表现5.4节中介绍的关联。此外，本次也基于6.4节中制作的rspec-sample这个应用来开展。

顺便说一句，FactoryBot在2017年10月21日以前，一直被称为FactoryGirl。因此，在网站上检索时，使用FactoryGirl这个关键字，得到的信息量会更多。

6.6.1 生成数据

使用FactoryBot生成数据时，单一的数据使用create方法，多条数据使用create_list方法。具体语法的总结内容如下表所示。

表 6-5 FactoryBot的数据生成

生成方法	代码
生成数据	create(:factory_name)
同时生成多条数据	create_list(:factory_name, count)
一边替换指定的元素一边生成数据	create(:factory_name, column_name: value)

接着，我们和第5章一样，使用rails console命令来确认生成的数据。在第5章中只需要使用--sandbox选项，由于本次在test环境中使用，所以还需要指定环境选项。首先来运行生成单一数据的create方法。

```
$ bin/rails console test --sandbox
[1] pry(main)> FactoryBot.create(:article)
...
=> #<Article:0x007fd25007b898
 id: 26,
 title: "MyText",
 body: "MyText",
 status: "published",
 created_at: Wed, 16 Aug 2017 06:22:03 UTC +00:00,
 updated_at: Wed, 16 Aug 2017 06:22:03 UTC +00:00,
 published_at: nil>
```

这样就顺利生成了数据。接着我们改写title列来生成数据。

```
[2] pry(main)> FactoryBot.create(:article, title: '覆盖标题')
...
=> #<Article:0x007fd250c139a8
 id: 27,
```

211

```
title: "覆盖标题",
body: "MyText",
status: "published",
created_at: Wed, 16 Aug 2017 06:33:29 UTC +00:00,
updated_at: Wed, 16 Aug 2017 06:33:29 UTC +00:00,
published_at: nil>
```

按照上述操作就顺利改写了标题。最后我们尝试一次生成多条数据的create_list方法。

```
[3] pry(main)> articles = FactoryBot.create_list(:article, 10)
```

```
[4] pry(main)> articles.size
=> 10
```

上述代码块省略了部分内容,运行后SQL就会一下子生成出来。最后我们用size确认数量,会返回在生成时指定的10这个数字。如此,FactoryBot非常轻松地就生成了数据。

其他方法

FactoryBot中除了create还有其他生成数据的方法,这些也一并总结在了下表中,请大家一定要尝试使用这些方法在rails console生成数据。

表 6-6 FactoryBot的其他方法

方法	说明	句法
build	生成实例,但不会保存入DB	build(:article)
build_stubbed	生成包含id等要素的实例	build_stubbed(:article)
attributes_for	生成可以传递给ActiveRecord的new方法、create方法的哈希	attributes_for(:article)

6.6.2 定义数据

接着,我们对数据的定义方法进行说明。本节开头中说过,FactoryBot支持关联、回调,所以可以定义出灵活的数据。

利用延迟求值定义动态数据

首先我们需要介绍在6.5节中使用过的延迟求值。打开Article模型的factory file(spec/factories/articles.rb),像下方这样改写title、body和status。

▶ spec/factories/articles.rb

```
FactoryBot.define do
  factory :article do
    title "关于延迟求值"
    body { "#{title}的文章" }
    status :draft
```

```
    end
  end
```

然后生成数据并确认行为。和刚才一样在rails console命令指定--sandbox选项和test环境用的环境选项并运行。

```
$ bin/rails console test --sandbox
[1] pry(main)> FactoryBot.create(:article)
...
=> #<Article:0x007fb5ccc84f90
 id: 1,
 title: "关于延迟求值",
 body: "关于延迟求值的文章",
 status: "draft",
 created_at: Tue, 15 Aug 2017 10:39:32 UTC +00:00,
 updated_at: Tue, 15 Aug 2017 10:39:32 UTC +00:00,
 published_at: nil>
```

body的内容被延迟求值,表示为"关于延迟求值的内容"。这样,FactoryBot在定义数据时,就可以使用延迟求值了。但是,要注意使用title时不用{}括起来的话,会出现错误。

COLUMN

在rails console中输入include FactoryBot::Syntax::Methods,制作数据时即使没有FactoryBot这个前缀,也可以完成所需行为。

```
$ bin/rails console test --sandbox
[1] pry(main)> include FactoryBot::Syntax::Methods
=> Object
[2] pry(main)> create(:article)
...
```

定义许多Article模型

我们顺利地生成了测试数据,接着开始定义各种属性的Article模型。现在定义的文件状态是表示草稿的draft,所以需要定义表示公开状态的published状态的Article模型。定义方法有两种,一个是继承factory后进行替换,另一个是定义trait属性。

首先介绍继承factory的方法。继承非常简单,只需要嵌套在factory代码块中,加上factory名,设置想要改写的属性就可以了。

```
FactoryBot.define do
  factory :article do
    title "关于延迟求值"
    body { "#{title}的文章" }
    status :draft
    ...
    factory :published_article do
      status :published
    end
  end
end
```

像下方这样，指定想要继承parent选项的factory名称，也可以完成同样的功能。

```
FactoryBot.define do
  factory :article do
    ...
  end

  factory :published_article, parent: :article do
    status :published
  end
end
```

调用方法也和继承前一样，只要指定名称就可以生成数据了。在更换factory file时，为了反映出代码的更换情况，请重新启动rails console。

```
$ bin/rails console test --sandbox
[1] pry(main)> FactoryBot.create(:published_article)
```

接下来是使用trait的数据定义方法。这个也和继承一样，在factory中制作trait代码块，描述想要改写的要素就可以了。

```
FactoryBot.define do
  factory :article do
    title "关于延迟求值"
    body { "#{title}的文章" }
    status :draft

    trait :published do
      status :published
    end
  end
end
```

调用方法是指定作为spec的factory名称和trait名称后调用。

```
$ bin/rails console test --sandbox
[1] pry(main)> FactoryBot.create(:article, :published)
```

只是这样的话,大家可能会觉得这和factory没有区别,但trait最大的特点是可以将多个trait组合使用。比如,为了测试省略标题的方法,制作一个标题很长的文章。这种情况,像下方这样定义trait,在制作数据时,组合使用trait就可以了。

```
FactoryBot.define do
  factory :article do
    title "关于延迟求值"
    body { "#{title}的内容" }
    status :draft

    trait :published do
      status :published
    end

    trait :long_title do
      title '属性是制作标题很长的文章'
    end
  end
end
```

```
$ bin/rails console test --sandbox
[1] pry(main)> FactoryBot.create(:article, :published, :long_title)
=> #<Article:0x007fb5cfc15390
 id: 5,
 title: "属性是制作标题很长的文章",
 body: "这是制作标题很长的日志属性的文章",
 status: "published",
 created_at: Wed, 16 Aug 2017 01:45:52 UTC +00:00,
 updated_at: Wed, 16 Aug 2017 01:45:52 UTC +00:00,
 published_at: nil>
```

这样就成功制作好数据了。想要用factory来实现这种情况的话,我们必须要像下方这样分别继承模式,模式越多,数据的定义就越冗长。

```
FactoryBot.define do
  factory :article do
    ...
    factory :published_article do
      ...
    end

    factory :published_long_title_article do
      ...
    end
  end
end
```

```
end
```

因此，在制作数据模式时，比起使用继承的factory，我更推荐使用trait来制作测试数据。

活用回调

在定义数据时，可以设置factory被调用时的回调。基本上after、before等和RSpec的行为相同，可以把FactoryBot的方法设定为trigger。下方总结了几个回调和行为的说明。

表 6-7 回调和行为

回调	行为
after(:build)	在生成实例后调用
before(:create)	在实例生成后，保存前调用
after(:create)	实例生成和保存后调用
after(:stub)	在stub object生成后调用

定义方法是使用trait和factory的继承。比如，像下方这样生成实例后，输入"回调的测试"。

```
FactoryBot.define do
  factory :article do
    ...
    trait :test_callback do
      after(:create) do
        p '回调的测试'
      end
    end
  end
end
```

实际操作之后，就会发现回调可以像下面这样顺利进行。

```
$ bin/rails console test --sandbox
[1] pry(main)> FactoryBot.create(:article, :test_callback)
...
"回调的测试"
...
```

再现关联

最后对模型间关联的再现方法进行说明。为了再现关联，需要使用FactoryBot中准备的association方法，但是这个方法在使用has_many时会出现错误。这时，我们可以使用刚才学习的回调来显示关联。

我们先从前者association方法的使用规则开始说起。但是，在之前的应用中，还没有带有关联的模型，因此需要制作Comment模型，让Article向Comment添加多个关联。接下来我们先用generate命令生成模型。

```
$ bin/rails g model Comment article_id:integer author:string body:text
```

```
Running via Spring preloader in process 11699
      invoke    active_record
      create      db/migrate/20170816024553_create_comments.rb
      create      app/models/comment.rb
      invoke      rspec
      create        spec/models/comment_spec.rb
      invoke        factory_girl
      create          spec/factories/comments.rb
```

COLUMN

对模型设置回调的话，在生成测试数据时可能会出现问题。如果想要跳过回调的话，可以像下方这样定义trait，在制作数据时一起创建，就可以跳过回调了。

```ruby
class Article < ApplicationRecord
  ...
  before_create :greet

  def greet
    p '回调'
  end
  ...
end
```

```ruby
FactoryBot.define do
  factory :article do
    ...
    trait :skip_callback do
      before(:create) do
        Article.skip_callback(:create, :before, :greet)
      end

      after(:create) do
        Article.set_callback(:create, :before, :greet)
      end
    end
  end
end
```

因为生成了新模型，所以我们需要运行迁移。

```
$ bin/rails db:migrate RAILS_ENV=test
```

接着，在Article模型（app/models/article.rb）和Comment模型（app/models/comment.rb）这两行里添加关联。

```
class Article < ApplicationRecord
  has_many :comments
  ...
end

class Comment < ApplicationRecord
  belongs_to :article
end
```

接着，编辑Comment模型（spec/factories/comments.rb）的factory file。

```
FactoryBot.define do
  factory :comment, class: Comment do
    author 'MyString'
    body 'MyText'

    trait :with_article do
      association :article, factory: :article
    end
  end
end
```

这样，我们就添加上关联了。接着，我们从rails console上生成数据，利用连接了comment的article来确认关联。

```
$ bin/rails console test --sandbox
[1] pry(main)> comment = FactoryBot.create(:comment, :with_article)
...
[2] pry(main)> comment.article
=> #<Article:0x007fd250c0afd8
 id: 36,
 title: "关于延迟求值",
 body: "关于延迟求值的文章",
 status: "draft",
 created_at: Wed, 16 Aug 2017 08:46:30 UTC +00:00,
 updated_at: Wed, 16 Aug 2017 08:46:30 UTC +00:00,
 published_at: nil>
```

comment变量接收生成的数据，运行comment.article后，就会调用生成的Article。确认好关联后，belongs_to模型的关联再现就完成了。

接着，为了再现has_many模型的关联，我们在Article模型（spec/factories/articles.rb）的factory文件最后添加以下内容。

```
FactoryBot.define do
```

```ruby
factory :article, class: Article do
  ...
  trait :with_comments do
    transient do
      comments_count 5
    end

    after(:create) do |article, evaluator|
      create_list(:comment, evaluator.comments_count, article: article)
    end
  end
end
```

参考上述内容，定义:with_comments这个trait。其中有我们第一次见到的transient代码块，这是一个类似变量的东西，本次输入的数值是5。在生成数据时，和其他项目相同，可以进行改写。回调部分的内容是生成数据后用create_list方法生成多个comment，然后参照comments_count来生成多个comment。

在rails console上运行的结果如下所示。

```
$ bin/rails console test --sandbox
[1] pry(main)> article = FactoryBot.create(:article, :with_comments)
...
[2] pry(main)> article.comments.size
=> 5
```

和刚才相同，将生成的数据放在article变量中，用size方法进行计数，顺利返回5。由此我们可以知道has_many模型也可以再现关联。

接下来尝试transient的改写。

```
[3] pry(main)> article = FactoryBot.create(:article, :with_comments, comments_count: 10)
...
[4] pry(main)> article.comments.size
=> 10
```

顺利改写完成后，has_many模型关联的再现就完成了。

6.7 编写优秀的测试

从为什么要学习测试开始,我们已经学习了实际的测试编写方法、RSpec和FactoryBot的使用方法。现在我们对测试的理解更加深刻了,下面将会对优秀的测试进行说明。

先说结论,好的测试满足以下原则。只要符合这些原则,大家都可以写出优秀的代码。

- 对行为进行测试。
- 不依赖其他测试,具备独立性。
- 在哪种环境中都能运行,运行多少次结果都不会改变。

那么,我们来对这些原则逐一进行说明。其中包含之前讲过的内容,本章也会对其进行回顾。

6.7.1 对行为进行测试

在6.2节中介绍过,行为指的是我们对程序期望的行为。不测试行为的代码,即使说明了方法本身的结构,但当方法的实现和构造改变后,测试本身就无效了。我们说过,测试的优点之一是"让代码的改变更安全"。因此,不对行为进行测试,就失去了这个优点。而对行为进行了测试的代码,验证的是方法将如何行动,所以即使方法的实现和构造发生了改变,测试还是可以使用。6.1节中介绍的优点只有在对行为进行了正确的测试后才成立,所以在编写测试时,一定要注意对行为进行测试。

6.7.2 不依赖其他测试,具备独立性

所谓的依赖于其他测试指的是什么呢?用一句话解释就是,一个测试受到了其他测试的影响。具体代码写在了下方,请大家参考。如果要实际使用的话,请覆盖spec/models/article_spec.rb的RSpec.describe Article代码块。

```
RSpec.describe Article, type: :model do
  before(:all) { @article = create(:article, :draft) }
  describe '.publish' do
    context '文章是草稿的情况' do
      it '文章是公开状态' do
        @article.publish
        expect(@article.published?).to be_truthy
      end
    end
  end

  describe '.draft?' do
```

```
    context '文章是草稿的情况' do
      it '返回true' do
        # 这个样例失败
        expect(@article.draft?).to be_truthy
      end
    end
  end
end
```

draft?方法是用enum定义状态后可以自动生成的方法,这次为了方便理解,我们将其用于测试。运行这个测试后,会得到以下结果。

```
$ bundle exec rspec ./spec/models/article_spec.rb
.F
Failures:
1) Article.draft? 文章是草稿状态时返回true
Failure/Error: expect(@article.draft?).to be_truthy
    expected: truthy value
         got: false
  # ./spec/models/article_spec.rb:18:in `block (4 levels) in <top (required)>'
  # ./spec/rails_helper.rb:65:in `block (3 levels) in <top (required)>'
  # ./spec/rails_helper.rb:64:in `block (2 levels) in <top (required)>'
Finished in 0.08985 seconds (files took 3.01 seconds to load)
2 examples, 1 failure
Failed examples:
rspec ./spec/models/article_spec.rb:16 # Article.draft? 文章是草稿状态时返回true
```

我们解释一下为什么会出现这种结果。第2行before(:all)内,实例变量代入了Article变量,用于其他测试。而第3行,进行了publish方法的测试,@article由草稿状态变为公开状态。为了验证第12行的.draft?方法,需要参照@article,但是因为在上一个测试中,变成了草稿状态,所以测试失败。在这个例子中,先测试.draft?方法就没问题了,但是不按照特定顺序就不能测试成功,这种测试间的依赖关系无法消解。本次的问题是由于随意使用Article实例造成的,所以换成6.5节中介绍的let方法,这个问题就解决了。

除了数据,还有忘记用Mock模拟方法后需要清理的情况。Mock在同一个作用域中的话,模拟的内容不会改变。如果想在同一个作用域内改变Mock的行为,那就需要先解除Mock。想要解除的话,对模拟的方法进行and_call_original操作就可以了。但是,在测试用例中需要改变Mock行为的情况是很少见的,最好将context分开进行。

```
allow(Article).to receive(:find).and_call_original
```

总之,我们用具体的代码说明了和其他测试的依赖关系,要点总结如下。

- 和实例变量等作用域广的内容有关。
- 不按照特定顺序的话无法进行。

- 没有对用Mock模拟的方法进行清理。

6.7.3 在哪种环境中都能运行，运行多少次结果都不会改变

对于最后一条，大家可能觉得这是理所当然的，但其实这条原则很重要。想一下，如果在开发中出现以下情况，该如何是好。

- 代码没有改变，测试却突然失败。
- 每天或每月的特定时间里测试会失败。

这样的话，测试就变得不可信任了。这种状态如果持续的话，即使测试失败，可能也会觉得"过一会儿就好了"，那么编写测试的意识就会随之降低。这样的测试不仅不会对测试有帮助，反而会成为累赘。反之，如果测试失败后能立刻修复，让测试保持在成功的状态，那么开发者就会为了维持现状而努力。

因此，对于让测试不稳定的要素，在实现阶段要尽量将它们排除，或者尽量保证不受它们的影响。此外，6.5节中也曾经说过，对于当前时间、外部API等会从外部受到影响的部分，应该使用Mock来切除其影响。

6.8 检测覆盖率（SimpleCov）

我们已经学习了测试的写法和优秀的测试，最后对评价测试的一个简单指标——覆盖率，进行说明。覆盖率是把测试对代码的处理内容、分支、条件等涵盖程度数值化的结果。用RSpec检测覆盖率时，可以使用SimpleCov这个gem，它可以非常方便地进行检测。

6.8.1 使用SimpleCov检测覆盖率

首先，在Gemfile中添加SimpleCov。SimpleCov只在RSpec运行时使用，所以添加在测试的组里。

```
group :test do
  ...
  gem 'simplecov'
  ...
end
```

向Gemfile添加完SimpleCov后，运行bundle install。

```
$ bundle install
```

然后在/spec/spec_helper.rb的第一行添加SimpleCov的设置。spec_helper.rb在默认状态下有大量的注释，不用在意那些，直接添加到第一行就可以了。

```
require 'simplecov'

SimpleCov.start 'rails'
```

这样，准备工作就结束了。在这种状态下，运行测试来看一下。

```
$ bundle exec rspec
```

RSpec的运行结束后，会生成coverage目录。其中，覆盖率作为HTML文件输出。

```
coverage
├── assets
└── index.html
```

在Chrome等浏览器中，打开这个index.html文件。

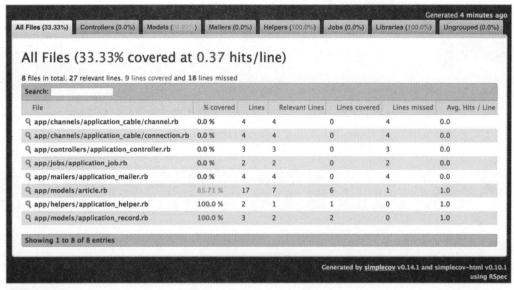

图6-1 index.html

不管有没有spec文件，app下除了views和assets以外的目录里有文件的一览表，合起来就表示覆盖率。打开app/models/article.rb这个文件，显示内容如下。

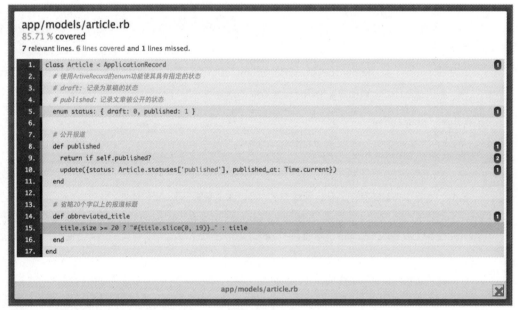

图6-2 app/models/article.rb

运行RSpec时，有没有进行某项处理，需要以行为单位进行确认。绿色部分表示测试时运行了的处理。在这个界面中，为了确认，运行测试时删除了abbreviated_title方法的测试，所以abbreviated_title

方法没有被调用，所在的行显示红色。每次运行测试时，coverage目录下的文件会自动更新。

6.8.2 注意，覆盖率是指标之一

用SimpleCov检测覆盖率，可以掌握哪个文件的测试比较薄弱。我们应该怎么处理这个覆盖率呢？必须让它时常保持在100%吗？

答案是否定的。覆盖率只是指标之一，以100%的覆盖率为目的则是本末倒置了。6.1节中也曾经讲过，写的测试过多，当改变实现方法时，修改测试需要花费的精力就越多。所以我们要注意，不是为了覆盖率编写测试，而是为了有意义的测试而编写代码。

此外，覆盖率也分种类，SimpleCov是以C0（命令覆盖）为基准来检测覆盖率的。C0是在所有代码中，计算测试运行的行的比例。

这里有一个地方必须要注意，比如像下方这样，在Article模块中添加验证。

```
class Article < ApplicationRecord
  ...
  validates :name, presence: true, length: {maximum: 20}
  ...
end
```

然后运行测试，检测覆盖率。

```
$ bundle exec rspec
```

明明没有添加测试，验证的部分却变成了绿色，覆盖率从85.71%上升到87.5%。这是因为在读入Article模型时，定义的验证部分被运行了，因此覆盖率上升。这样，即使没有测试，覆盖率也上升了。因此，我们说覆盖率只是指标之一而已。

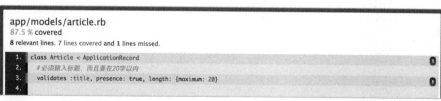

图6-3 即使没有测试覆盖率也上升的例子

COLUMN

这里我们介绍C0之外的代表性基准。

表 6-8 C0之外的代表性基准

名称	说明
C0（命令覆盖）	在所有代码中，测试中运行的行的比例
C1（分支覆盖）	在所有判断条件中，测试中运行的判断条件的比例
C2（条件覆盖）	在所有条件中，测试中运行的条件的比例（和C1的不同之处在于，各个条件必须是真/伪值）

COLUMN

这一节中介绍的方法，在个人的环境中运行测试时会检测覆盖率。但是，使用CircleCI和wercker等不间断的整合工具（以下称CI工具），可以自动运行测试并检测覆盖率。刚才说的CircleCI和wercker虽然有功能限制，但可以免费使用，请大家一定要尝试一下。

Part 3

发布运行篇

Chapter 7　　Rails的最佳实践
Chapter 8　　部署应用
Chapter 9　　应用的持续使用
Chapter 10　应用运行中的要点

CHAPTER 7　Rails的最佳实践

7.1 制作应用之前

在第7章中，我们掌握了进行实践的能力，接着需要实际制作一个样例应用。在实际开始之前，先介绍一些注意事项。

本书是Ruby on Rails的教程（https://railstutorial.jp/），面向的对象是还未掌握更高级技术的人。因此我们假定的学习路线是，首先动手制作一个应用，累积"可以运行的内容"，从而提高技术能力。所以，并不是让大家自己去思考高深的逻辑然后去实现，而是先介绍已经被广为使用的技术以及解决方法。

但是在实际应用时，在本地环境做好后，如果运用阶段发生错误的话，由于不知道内容，就不能立刻做出反应。因此在进入运用阶段时，自己调查掌握知识是很重要的。

■ 不依赖scaffold命令进行开发

Rails中有许多很方便的命令，但是如果过于依赖这些命令的方便性，我们就不能掌握实践的技能了。在面向Rails新手的书和文章中，经常会介绍使用scaffold来开发简单的应用，但是，后面会讲到，在实际的应用开发中，除了初期阶段，几乎不会使用scaffold命令。因此，本书不使用scaffold，而是适当使用generate命令进行应用开发。

■ 什么是generate命令

在2.5节的"Rails基本命令"中，介绍过generate命令，这里我们来看更详细的内容。首先，我们来运行rails generate -h命令，确认其功能。

```
$ bin/rails generate -h
Rails:
  assets
  channel
  controller
  generator
  helper
  inherited_resources_controller
  integration_test
  jbuilder
  job
  mailer
  migration
  model
  resource
  responders_controller
  scaffold
  scaffold_controller
  system_test
  task
```

其中，经常使用的generate命令和生成的文件总结如下。

表 7-1 generate命令和生成的文件

命令	Controller	View	Model	Migration	Assets	Routing	Test	Helper
scaffold	○	○	○	○	○	○	○	○
scaffold_controller	○	○	×	×	×	×	○	○
controller	○	○	×	×	○	○	○	○
model	×	×	○	○	×	×	○	×
migration	×	×	×	○	×	×	×	×

关于scaffold

使用scaffold，可以生成Rails所需的全部文件。但是在实际应用中，通常并不需要全部的文件，反而需要自定义的文件、action等。

不过，便利的命令当然有使用价值。比如migration文件，像YYYYMMDDHHMMSS_create_homes.rb这样，是带有时间戳的规则的文件名，如果手动制作的话，可能会产生意想不到的错误，所以最好避免手动生成。此外，可以防止忘记添加和测试相关的文件等必要的关联文件，所以在生成基础的文件时，我们需要使用generate命令。

▶ 使用bin.rails g scaffold_controller生成控制器

```
class HomesController < ApplicationController
  before_action :set_home, only: [:show, :edit, :update, :destroy]

  # GET /homes
  # GET /homes.json
  def index
    @homes = Home.all
  end

  # GET /homes/1
  # GET /homes/1.json
  def show
  end

  # GET /homes/new
  def new
    @home = Home.new
  end

  # GET /homes/1/edit
  def edit
  end

  ..
  .
```

▶ 使用bin/rails生成控制器

```
class HomeController < ApplicationController
end
```

bin/rails g scaffold_controller生成70~80行文件内容，与之相对，rails g controller只生成两行，添加的是没有action的文件。

COLUMN

这不是关于generate命令的内容。当我们不明白某个目录选项时，输入--help或-h选项，就可以调查命令的详细内容。

```
$ bin/rails generate --help
```

CHAPTER 7　Rails的最佳实践

7.2 制作新的应用

现在，我们可以开始制作Rails应用了。这次我们以一个类似Twitter的、简单的投稿网站作为样例，应用的要点如下。

- 可以登录/退出。
- 可以设置用户信息（用户名、个人资料等）。
- 可以发送文章。
- 可以阅览他人发送的文章。
- 管理者可以管理投稿（删除等）。

7.2.1 关于样例的仓库

本次制作的应用源码会公开在GitHub上。如果你不仅想看文中出现的代码，还想看应用整体代码的话，请参考GitHub的仓库。

- ror5book/RailsSampleApp
  https://github.com/ror5book/RailsSampleApp

7.2.2 Ruby和Rails的环境构建

本章是以完成1.1节中"Ruby的安装"的环境构建为前提进行的，如果你还没有构建好环境，请按照书中前面的内容完成设置。制作好的应用环境如下所示。根据Ruby、Rails的版本不同，可能会有变化，其他版本的读者在制作时请确认官方文档。

- Ruby：2.4.1
- Rails：5.1.3

7.2.3 Rails应用的制作

制作新的Rails应用时，应该使用下方命令。关于命令参数的详细内容，请参考2.2节"Rails的安装"。

```
$ mkdir RailsSampleApp && cd $_
$ bundle init
```

```
$ vim Gemfile
```

```
# 删除开头的#
gem "rails"
```

```
$ bundle install --path vendor/bundle --jobs=4
$ bundle exec rails _5.1.3_ new ./ -B -d mysql --skip-turbolinks --skip-test
```

```
因为不使用coffee script, 所以在前面添加 #
# gem 'coffee-rails', '~> 4.2'

..

# 添加debug用的gem
group :development do
  gem 'better_errors'
  gem 'binding_of_caller'
  gem 'pry-byebug'
  gem 'pry-rails'
end
```

```
$ bundle install
```

此外，在指定Rails的版本中指定新的应用时，可以像上方这样，以_x.x.x_的形式指定版本。本次使用的是5.1.3来开发应用，所以运行上方的命令。RailsSampleApp会成为应用名，请将任意名称传递给参数。

Git的配置

之后的变更将在Git中进行版本管理，所以我们首先要进行Git的初始化。

```
$ git init                                                    ① Git的初始化
$ git config --global user.email "you@example.com"            ② Git的email设置
$ git config --global user.name "Your Name"                   ③ Git的用户名设置
```

然后运行rails new命令来确认生成了怎样的文件。变更内容用git status来确认。

```
$ git status
On branch master

最初的commit

Untracked files:
  (use "git add <file>..." to include in what will be committed)

    .gitignore
    Gemfile
    README.md
```

```
        Rakefile
        app/
        bin/
        config.ru
        config/
        db/
        lib/
        log/
        package.json
        public/
        tmp/
        vendor/

nothing added to commit but untracked files present (use "git add" to track)
```

接着运行bin/rails s 来启动服务器。访问http://localhost:3000，会显示以下画面。

```
$ bin/rails s
```

图7-1 启动服务器

虽然只执行了bin/rails new，不过我们还是需要把目前的内容提交一下。

```
$ git add .
$ git commit -m 'initial commit'
```

运行git log后，可以确认提交的内容显示出来了。

```
$ git log
commit 258d4f0224f0d9de29137eac8be8487fab1d4cbf
Author: ror5book <ror5@shoeisha.co.jp>
Date:   Wed Aug 23 15:53:19 2017 +0900
```

initial commit

COLUMN

Git虽然可以使用命令运行，但在确认变更内容时，推荐大家使用GitHub的桌面应用或SourceTree（https://ja.atlassian.com/software/sourcetree）应用。

- GitHub Desktop
  https://desktop.github.com/

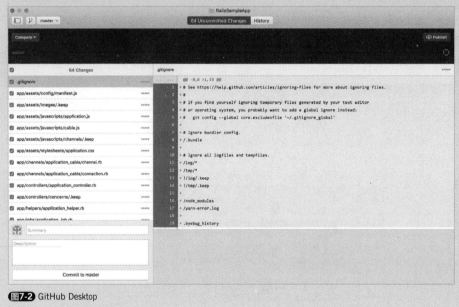

图7-2 GitHub Desktop

develop分支的制作

我们来确认现在的分支。

```
$ git branch
* master
```

从上面的结果中可以看出，只有master这一个分支，现在使用的正是这个分支（*是现在的分支①）。master分支通常作为本地环境的分支使用。在作业时生成develop分支。

```
$ git branch develop
```

检验制作的develop 分支,相关操作命令如下。

```
$ git checkout develop
```

```
$ git branch
* develop  ←――――――――――――――――――  ①*表示的是现在的分支(develop)
  master
```

■ .gitignore的配置

对文件进行编辑以及变更内容包含.idea和.DS_Store等生成编辑器、OS项目的配置文件等。和版本管理无关的文件或因为安全问题不想在Git管理的文件,可以添加到.gitignore。

▶ .gitignore

```
.idea
.DS_Store
```

```
$ git add .gitignore
$ git commit -m"向.gitignore中添加列表"
```

■ 测试运行环境和数据库的配置

测试的运行环境,请参考6.3节"构建测试的运行环境"。首先向Gemfile添加以下内容。

▶ Gemfile

```
group :test do
  gem 'rspec-rails'
  gem 'factory_girl_rails'
  gem 'database_cleaner'
end
```

然后安装Gem和生成对RSpec来说必要的文件。

```
$ bundle install
$ bin/rails g rspec:install
```

接着,进行数据库的配置。用bin/rails db:setup命令生成development环境和test环境的数据库。在设置MySQL的密码时,不要忘记在运行命令前先设置config/database.yml的password。

```
$ bin/rails db:setup
Created database 'RailsSampleApp_development'
Created database 'RailsSampleApp_test'
```

运行rspec命令后，可以确定没有问题。

```
$ bundle exec rspec

No examples found.


Finished in 0.00032 seconds (files took 0.31767 seconds to load)
0 examples, 0 failures
```

最后，使用git status确认变更，如果没有问题的话，提交变更。

```
$ git add .
$ git commit -m "测试运行环境的构建"
```

7.2 README的配置

README.md是用于共享项目概要的文档。通常记录了项目名、动作环境（Ruby的版本等）、配置方法等。

▶ README.md

```
# RailsSampleApp

这个是投稿网站的样例应用

## 动作环境

- ruby: 2.4.1
- Rails: 5.1.3
```

```
$ git add README.md
$ git commit -m "在README.md中记载概要"
```

Encrypted secrets的配置

运行Rails 5.1增加Encrypted secrets的配置，这是用于管理机密信息的功能，可以将secrets.yml中想要加密的密码加密后保存。

首先，运行配置命令。

```
$ bin/rails secrets:setup
Adding config/secrets.yml.key to store the encryption key: c217dccb413d887707e449
5de9d4ce99

Save this in a password manager your team can access.

If you lose the key, no one, including you, can access any encrypted secrets.
```

```
       create  config/secrets.yml.key
Ignoring config/secrets.yml.key so it won't end up in Git history:
       append  .gitignore
Adding config/secrets.yml.enc to store secrets that needs to be encrypted.
For now the file contains this but it's been encrypted with the generated key:

# See `secrets.yml` for tips on generating suitable keys.
# production:
#   external_api_key: 1466aac22e6a869134be3d09b9e89232fc2c2289


You can edit encrypted secrets with `bin/rails secrets:edit`.

Add this to your config/environments/production.rb:
config.read_encrypted_secrets = true
```

然后会生成名为secrets.yml.enc和secrets.yml.key的两个文件。secrets.yml.enc是认证信息加密后的文件，secrets.yml.key是将加密的认证信息文件解密的密匙。secrets.yml.key将用于管理加密信息，所以要注意保管。如果这个主密匙丢失的话，我们将不能正常使用app，所以小心不要弄丢。在样例仓库中，为了能够在复制资源后成功使用，特意包含了secrets.yml.key文件。

接着，为了能在各种环境中使用Encrypted secrets，需要添加以下内容。

▶ config/application.rb

```
module RailsSampleApp
  class Application < Rails::Application
    ..
    config.read_encrypted_secrets = true
  end
end
```

这样，在development环境中，也可以顺利使用Encrypted secrets的功能了。使用以下命令对secrets.yml文件进行编辑。作为尝试，我们将hoge这个key的value设为hello。

```
$ EDITOR=vim bin/rails secrets:edit
shared:
  hoge: hello
```

最后，我们在Rails.application.secrets中确认刚才设定的值，这样设定就完成了。

```
$ bin/rails c
Loading development environment (Rails 5.1.3)
```

```
[1] pry(main)> Rails.application.secrets
=> {:secret_key_base=>"59c73...d8899", :hoge=>"hello", :secret_token=>nil}
```

不过，我们今后并不会用到刚才设置的hoge这个key，所以需要运行EDITOR=vim rails secrets:edit，删除刚才写入的内容后再提交。

```
$ git add .
$ git commit -m "Encrypted secrets的配置"
```

> **COLUMN**
>
> 用EDITOR=vim将用于编辑的编辑器设为vim。关于vim、vi编辑器的基本使用方法，我们将在8.1节中做简单的介绍。

▶ .ruby-version的配置

这次使用的是ruby 2.4.1，为了让其他开发者也使用同样的版本，我们将.ruby-version这个文件配置到项目路由中。运行下方命令，就会生成.ruby-version这个文件。

```
$ rbenv local 2.4.1
```

▶ .ruby-version

```
2.4.1
```

通过配置这个文件，运行rbenv local命令后，就可以使用.ruby-version指定版本的Ruby了。

```
$ rbenv local
2.4.1
```

```
$ git add .ruby-version
$ git commit -m "添加.ruby-version"
```

▶ .editorconfig的配置

多人共同使用项目时，缩进的形式、换行符如果没有统一的话，可读性会降低，或者在运用时出现问题。通过设置.editorconfig文件，我们可以在项目内统一编辑器的规则，现在对该文件进行设置。

▶ .editorconfig

```
root = true

[*]
indent_style = space
indent_size = 2
charset = utf-8
trim_trailing_whitespace = true
insert_final_newline = true
end_of_line = lf
```

```
$ git add .editorconfig
$ git commit -m "添加.editorconfig"
```

ApplicationController的设定

从Rails 5开始，protext_from_forgery默认是prepend:false，这是什么意思呢？直到Rails 4为止，不管调用顺序如何，都会调用protect_from_forgery。从Rails 5开始，变为按照代码的记述顺序来调用。

```
class ApplicationController < ActionController::Base
  before_action :load_user # <= 从Rails 5开始，如果什么都不指定的话，就会优先被调用
  protect_from_forgery with: :exception # <= 直到Rails 4为止先被调用
end
```

如果希望像Rails 4一样，最先进行verification处理的话，请指定prepend:true。

▶ app/controllers/applicaion_controller.rb

```
class ApplicationController < ActionController::Base
  protect_from_forgery with: :exception, prepend: true
end
```

generator命令的自定义

generator命令可以生成相比scaffold更小的文件，因此能够更加灵活地进行应用开发。但是，用generator命令生成的routing、assets有时会不好使用。因此，我们自定义generator命令，使其不要自动生成routing、assets和helper。通过这样的方式来生成控制器等，比运行默认的generator命令更加的轻量级。

▶ config/application.rb

```
module RailsSampleApp
  class Application < Rails::Application
    ..
    .
    config.generators do |g|
```

```
        g.skip_routes true
        g.stylesheets false
        g.javascripts false
        g.helper false
      end
    end
end
```

```
$ git add .
$ git commit -m "应用的基本设定"
```

7.2.4　gem的配置

在Gemfile中，默认添加了很多个gem，我们需要把不必要的gem从Gemfile内删除。此外，因为今后会添加各种gem，为了能够一眼看出gem的作用，建议大家通过熟练地使用命令，从初期阶段就将Gemfile整理好。整理好的Gemfile如下所示。

- ror5book/RailsSampleApp
  https://github.com/ror5book/RailsSampleApp/blob/chapter7.2/Gemfile

▶ Gemfile

```
source 'https://rubygems.org'

git_source(:github) do |repo_name|
  repo_name = "#{repo_name}/#{repo_name}" unless repo_name.include?("/")
  "https://github.com/#{repo_name}.git"
end

# base
gem 'rails', '~> 5.1.3'
gem 'therubyracer', platforms: :ruby, github: 'cowboyd/therubyracer'

# database
gem 'mysql2', '>= 0.3.18', '< 0.5'

# server
gem 'puma', '~> 3.7'

# view
gem 'sass-rails',
gem 'uglifier', '>= 1.3.0'
gem 'turbolinks', '~> 5'

group :development, :test do
  gem 'byebug', platforms: [:mri, :mingw, :x64_mingw]
```

```
end

group :development do
  gem 'web-console', '>= 3.3.0'
  gem 'listen', '>= 3.0.5', '< 3.2'
  gem 'spring'
  gem 'spring-watcher-listen', '~> 2.0.0'
end

group :test do
  gem 'rspec-rails'
  gem 'factory_girl_rails'
  gem 'database_cleaner'
end
```

这里，我们添加了经常作为Rails项目最佳实践使用的gem。

better_errors

better_errors是显示用于Rack的错误界面的库。初次使用better_errors的读者，请参考2.4节debug中的better_errors。

下面向Gemfile中添加better_errors和binding_of_caller。

▶ Gemfile

```
group :development do
  .
  ..
  gem 'better_errors'
  gem 'binding_of_caller'
end
```

RuboCop

在9.1节"用重构持续偿还技术负债"中会详细介绍，在开发和使用应用时，会积累技术负债，不遵守代码规则就是其中之一。如果制定了规则，但不小心提交了违反规则的代码，那么规则就会变得形式化。

为了避免这种情况，我们需要先导入RuboCop这个静态解析工具。

▶ Gemfile

```
group :development do
  .
  ..
  gem 'rubocop'
end
```

关于代码规则，我们可以使用默认设定。如果想要改变的话，在.rubocop.yml中记述规则。在项目路由中制作.rubocop.yml，并在该文件中添加以下设定。

▶ .rubocop.yml

```
inherit_from: .rubocop_todo.yml

AllCops:
  Exclude:
    - db/**/*

# class和module的开头注释
Documentation:
  Enabled: false

# 日语的注释
Style/AsciiComments:
  Enabled: false

# 行长
Metrics/LineLength:
  Max: 120

# 代码块内的行数
Metrics/BlockLength:
  Exclude:
    - spec/**/*
    - config/**/*
```

此外，和RuboCop同样有名的静态解析工具还有RubyCritic（https://github.com/whitesmith/rubycritic）。

Bootstrap

Bootstrap是可以简单地应用于响应式布局的前端Web框架。在最新的bootstrap4中，有几个依赖的库，我们需要同时将它们添加上。

▶ Gemfile

```
# view
..
.
gem 'bootstrap', '~> 4.0.0.beta2.1'
gem 'jquery-rails'
gem 'popper_js', '~> 1.12.3'
gem 'tether-rails'
```

Bootstrap的设定将在7.3节"实现首页"中进行介绍。

Annotate

在开发应用时,管理好可读性高的代码是非常重要的。在Rails Best Practices中介绍的Annotate这个gem,会向模型文件中添加关于数据表结构的注释。

▶ Gemfile

```
group :development do
  .
  ..
  gem 'annotate'
end
```

因为现在还没有模型,所以什么都没有发生。生成数据表后,运行命令的话,就会添加结构信息。

```
$ bundle exec annotate
```

```
# == Schema Information
#
# Table name: hoges
#
#  id          :integer          not null, primary key
#  name        :string
#  created_at  :datetime         not null
#  updated_at  :datetime         not null
#

class Hoge < ApplicationRecord
end
```

详细的使用方法请参考GitHub(https://github.com/ctran/annotate_models)。

COLUMN

RuboCop中有--auto-gen-config这个选项。加上该选项运行之后，.rubocop_todo.yml文件中会写入这样的设置：将检查出的违规项目全部设为无效。通过从.rubocop.yml中继承这个设置，下次就不会检测出违规了。

▶ .rubocop.yml

```
inherit_from: .rubocop_todo.yml
```

在实际使用--auto-gen-config选项时，可以按照以下步骤进行操作。
- 向.rubocop.yml中写入明确的规则。
- 运行$ rubocop --auto-gen-config，rubocop-todo.yml中检测不出违规。
- 在运用中，从rubo-todo.yml删除TODO的设定，修正检测出的违规文件。
- 重复以上操作，最终删除rubocop-todo.yml文件。

- Automatically Generated Configuration
  https://github.com/bbatsov/rubocop/blob/master/manual/configuration.md#automatically-generated-configuration

gem的安装

在设定好的Gemfile中安装gem，bundle install命令可以像下方这样简写成bundle。

```
$ bundle                                                        和bundle install相同
```

这样gem的配置就完成了，然后提交变更。

```
$ git add .
$ git commit -m 'Gemfile的配置'
```

Git Hooks的设定

像上述导入的rubocop这样的工具，如果是手动操作的话，可能会忘记执行工具就提交了。如果希望在提交前必须自动检查的话，我们可以使用Git提供的Git Hooks功能。

Git Hooks是在进行提交、合并等操作时，执行脚本的功能。使用Git Hooks的话，有pre-commit、overcommit等便利的gem，这次我们导入有更高级功能的overcommit。

首先编辑Gemfile，安装overcommit。

▶ Gemfile

```
group :development do
  ..
  .
  gem 'overcommit'
end
```

```
$ bundle
$ bundle exec overcommit --install
```

制作好.overcommit.yml文件后,我们添加rubocop的设定。

此外,还需要限制git用户名的AuthorName设定无效化。

```
PreCommit:
  RuboCop:
    enabled: true
  AuthorName:
    enabled: false
```

PreCommit是关于Git Hooks的pre-commit钩子的设置,Git Hooks中还有post-commit、pre-push等各种钩子,有兴趣的朋友可以参考官方文档。

- Git的自定义-Git钩子
  https://git-scm.com/book/ja/v1/Git-%E3%81%AE%E3%82%AB%E3%82%B9%E3%82%BF%E3%83%9E%E3%82%A4%E3%82%BA-Git-%E3%83%95%E3%83%83%E3%82%AF

当更改设定时,用以下命令可以允许设定的更改。

```
$ bundle exec overcommit -s
```

我们可以用以下命令确认现在的设定。

```
$ bundle exec overcommit -l
```

根据以上设定,只有通过代码文件检查的代码才可以被提交,因此可以确保代码规则的生效。那么,我们就在这种状态下提交吧。

```
$ git add .
$ git commit -m 'Git Hooks / RuboCop的设定'
Running pre-commit hooks
Analyze with RuboCop.................................................[RuboCop] FAILED
```

```
Errors on modified lines:
/path/to/repository/RailsSampleApp/Gemfile:40:7: C: Style/StringLiterals: Prefer
single-quoted strings when you don't need string interpolation or special
symbols.
Errors on lines you didn't modify:
/path/to/repository/RailsSampleApp/Gemfile:1:1: C: Style/
FrozenStringLiteralComment: Missing magic comment `# frozen_string_literal:
true`.
/path/to/repository/RailsSampleApp/Gemfile:4:69: C: Style/StringLiterals: Prefer
single-quoted strings when you don't need string interpolation or special
symbols.
/path/to/repository/RailsSampleApp/Gemfile:21:1: C: Bundler/OrderedGems: Gems
should be sorted in an alphabetical order within their section of the Gemfile.
Gem `turbolinks` should appear before `uglifier`.
/path/to/repository/RailsSampleApp/Gemfile:22:1: C: Bundler/OrderedGems: Gems
should be sorted in an alphabetical order within their section of the Gemfile.
Gem `bootstrap` should appear before `turbolinks`.
/path/to/repository/RailsSampleApp/Gemfile:28:28: C: Style/SymbolArray: Use `%i`
or `%I` for an array of symbols.
/path/to/repository/RailsSampleApp/Gemfile:33:3: C: Bundler/OrderedGems: Gems
should be sorted in an alphabetical order within their section of the Gemfile.
Gem `listen` should appear before `web-console`.
/path/to/repository/RailsSampleApp/Gemfile:36:3: C: Bundler/OrderedGems: Gems
should be sorted in an alphabetical order within their section of the Gemfile.
Gem `better_errors` should appear before `spring-watcher-listen`.
/path/to/repository/RailsSampleApp/Gemfile:39:3: C: Bundler/OrderedGems: Gems
should be sorted in an alphabetical order within their section of the Gemfile.
Gem `annotate` should appear before `rubocop`.
/path/to/repository/RailsSampleApp/Gemfile:45:3: C: Bundler/OrderedGems: Gems
should be sorted in an alphabetical order within their section of the Gemfile.
Gem `factory_girl_rails` should appear before `rspec-rails`.
/path/to/repository/RailsSampleApp/Gemfile:46:3: C: Bundler/OrderedGems: Gems
should be sorted in an alphabetical order within their section of the Gemfile.
Gem `database_cleaner` should appear before `factory_girl_rails`.

× One or more pre-commit hooks failed
```

启动RuboCop后，会进行代码的检查。虽然我们可以手动修正代码，但是RuboCop中有自动修正功能，所以请使用该功能。第一次启动时需要制作.rubocop_todo.yml这个文件，下面我们生成这个文件。

```
$ touch .rubocop_todo.yml
$ bundle exec rubocop --auto-correct
Inspecting 1 file
C

Offenses:

Gemfile:1:1: C: [Corrected] Missing magic comment # frozen_string_literal: true.
source 'https://rubygems.org'
^
Gemfile:2:1: C: [Corrected] Add an empty line after magic comments.
```

```
source 'https://rubygems.org'
^
Gemfile:4:69: C: [Corrected] Prefer single-quoted strings when you don't need
string interpolation or special symbols.
  repo_name = "#{repo_name}/#{repo_name}" unless repo_name.include?("/")
                                                                    ^^^
Gemfile:21:1: C: [Corrected] Gems should be sorted in an alphabetical order
within their section of the Gemfile. Gem turbolinks should appear before uglifier.
gem 'turbolinks', '~> 5'
^^^^^^^^^^^^^^^^^^^^^^^^
..
.

36 files inspected, 209 offenses detected, 182 offenses corrected
```

实际上输出的内容更多，这里省略。确认修正内容，如果没有问题的话再次提交。在今后的开发中，由RuboCop、PreCommit产生错误时，请根据错误信息进行适当修改。如果无论如何都不能解决错误的话，请确认和https://github.com/ror5book/RailsSampleApp的差别。

```
$ git add .
$ git commit -m 'Git Hooks / RuboCop的设定'
Running pre-commit hooks
Analyze with RuboCop.......................................[RuboCop] OK

✓ All pre-commit hooks passed

Running commit-msg hooks
Check for trailing periods in subject................[TrailingPeriod] OK
Check subject capitalization.....................[CapitalizedSubject] OK
Check text width...........................................[TextWidth] OK
Check subject line.................................[SingleLineSubject] OK

✓ All commit-msg hooks passed

[development c3834ff] Git Hooks / RuboCop の設定
 40 files changed, 189 insertions(+), 82 deletions(-)
 create mode 100644 .overcommit.yml
 create mode 100644 .rubocop.yml
 create mode 100644 .rubocop_todo.yml
```

现在设定完成了。接下来我们访问http://localhost:3000，确认成功显示界面。

```
$ bin/rails s
```

图7-3 Rails服务器

至此，一个新的app就准备好了。接下来，我们进入下一步。

7.3 实现首页

作为热身，我们来制作一个首页。首先制作HomeController这个控制器。

```
$ bin/rails g controller home
```

向HomeController添加名为index的方法，相关内容如下。

▶ app/controllers/home_controller.rb

```
class HomeController < ApplicationController
  def index                          ← index action的添加
  end
end
```

然后设定路由。具体的设定方式为，当访问route时，跳转到HomeController索引的方法。

▶ config/routes.rb

```
Rails.application.routes.draw do
  root 'home#index'
end
```

接着制作用于index的视图。制作app/views/home/index.html.erb文件时，可以像下方这样编辑。

▶ app/views/home/index.html.erb

```
<h1>Hello, World!</h1>
```

用bin/rails s 命令启动服务器，访问http://localhost:3000，显示出Hello,World! 的话，说明准备完成了。没有问题的话再次进行提交。

```
$ git add .
$ git commit -m '制作首页的框架'
```

Bootstrap的设定

现在还是一个没有装饰的网站，可以使用Bootstrap来快速制作一个好看的页面。首先，样式表的扩展名是.css，我们先将其改为.scss。

```
$ mv app/assets/stylesheets/application.css app/assets/stylesheets/application.scss
```

然后进行application.scss和application.js的配置。我们需要删除application.scss的内容，加入下面这一行代码。

▶ app/assets/stylesheets/application.scss

```
@import "bootstrap";
```

将application.js文件修改为下方内容。

▶ app/assets/javascripts/application.js

```
= require rails-ujs
//= require turbolinks
//= require tether
//= require jquery3
//= require popper
//= require bootstrap
//= require_tree .
```

这样，我们就可以使用Bootstrap了。

```
$ git add .
$ git commit -m '导入bootstrap'
```

header的制作

使用在4.1节"理解视图"中学习的偏模板，在实现header的过程中熟悉Bootstrap。请制作一个像下方这样的新文件。

▶ app/views/layouts/_header.html.erb

```
<nav class="navbar bg-dark navbar-dark">
  <a class="navbar-brand" href="/">Rails Sample App</a>
</nav>
```

这里指定的CSS类名由Bootstrap提供，设定完成后，只要指定类名就可以美化外观了。读入上面制作的偏模板，使用container的div，将yield括起来。

▶ app/views/layouts/application.html.erb

```
<body>
  <%= render "layouts/header" %>
  <div class="container py-4">
    <%= yield %>
  </div>
</body>
```

像这样，使用Bootstrap一边整理风格一边编写代码。提供的类名可以参考官方文档，选择自己喜欢的风格就可以了。

- Get started with Bootstrap
  https://getbootstrap.com/docs/4.0

助手的使用

之前我们在header中直接用字符串表示Rails Sample App这个app名，但是之后有很多地方会用到app名，所以最好把它作为常量来管理。initializers/constants.rb中有管理常量的方法，但我们设想的是只从视图参考app名，所以将其定义为ApplicationHelper。

▶ app/helpers/application_helper.rb

```ruby
module ApplicationHelper
  APP_NAME = 'Rails Sample App'
end
```

以ApplicationHelper::APP_NAME的形式就可以从视图中进行参考了。

▶ app/views/layouts/_header.html.erb

```erb
<nav class="navbar bg-dark navbar-dark">
  <a class="navbar-brand" href="/"><%= ApplicationHelper::APP_NAME %></a>
</nav>
```

同样，页面标题也使用助手，注意编写符合DRY规则的代码。

▶ app/helpers/application_helper.rb

```ruby
module ApplicationHelper
  APP_NAME = 'Rails Sample App'.freeze

  def page_title
    base_title = APP_NAME
    return base_title if @title.blank?
    "#{base_title} | #{@title}"
  end
end
```

我们像下方这样，将<title>标签内的页面标题换为page_title助手。

▶ app/views/layouts/application.html.erb

```erb
<head>
  <title><%= page_title %></title>
  ..
```

```
.
</head>
```

由于向助手添加了方法，因此也要加入方法的测试。有必要的话也请制作好目录和文件。

▶ spec/helpers/application_helper_spec.rb

```ruby
require 'rails_helper'

RSpec.describe ApplicationHelper, type: :helper do
  describe '#page_title' do
    context '没有指定title时' do
      it '返回默认标题' do
        stub_const('ApplicationHelper::APP_NAME', 'Rails Sample App')
        expect(helper.page_title).to eq('Rails Sample App')
      end
    end

    context '指定了title时' do
      before do
        assign(:title, 'hoge')
      end

      it '返回页面标题中带有@title的字符串' do
        stub_const('ApplicationHelper::APP_NAME', 'Rails Sample App')
        expect(helper.page_title).to eq('Rails Sample App | hoge')
      end
    end
  end
end
```

```
$ bundle exec rspec
..

Finished in 0.04463 seconds (files took 4.19 seconds to load)
2 examples, 0 failures
```

确认页面，如果成功显示下方页面的话，就可以提交变更了。

Rails Sample App
Hello, World!

图7-4 Hello, World!

```
$ git add .
$ git commit -m '首页的实现'
Running pre-commit hooks
Analyze with RuboCop.....................................[RuboCop] FAILED
Errors on modified lines:
/path/to/repository/RailsSampleApp/app/helpers/application_helper.rb:2:14: C:
Style/MutableConstant: Freeze mutable objects assigned to constants.

× One or more pre-commit hooks failed
```

如果提交失败的话,可以手动进行确认后再次修正,或者使用RuboCop自动修正,然后再次提交。

```
$ rubocop -a .
$ git add .
$ git commit -m '首页的实现'
```

CHAPTER 7 Rails的最佳实践

7.4 实现用户认证

接下来，我们进入功能的开发。本次制作的app要素是下方加粗的部分。

- ☐ **可以登录/退出**。
- ☐ 可以设置个人信息（用户名/个人头像等）。
- ☐ 可以投稿。
- ☐ 可以浏览他人的投稿。
- ☐ 管理人可以管理投稿（删除等）。

本章，我们使用Devise来实现登录/退出功能。Devise是提供用户的登录/退出、认证后发送邮件等认证相关功能的gem，它在GitHub上的星星超过16000颗，可以说是认证库的事实标准。

那么，接下来我们给刚制作的新app安装用户认证功能吧。

▌Devise的导入

首先，我们向Gemfile中添加Devise，运行bundle install，然后安装Devise。

▶ Gemfile

```
gem 'devise'
```

然后，运行Devise的generator。

```
$ bin/rails g devise:install
Running via Spring preloader in process 44906
      create  config/initializers/devise.rb
      create  config/locales/devise.en.yml
```

运行generate后，将生成两个文件。

- config/initializers/devise.rb ········ 进行Devise设定的文件
- config/locales/devise.en.yml········ 用于Devise本地化的文件

接着，会显示以下信息。我们需要根据这个信息，进行设定。

```
===============================================================================

Some setup you must do manually if you haven't yet:
```

```
1. Ensure you have defined default url options in your environments files. Here
   is an example of default_url_options appropriate for a development
   environment
   in config/environments/development.rb:

     config.action_mailer.default_url_options = { host: 'localhost', port: 3000 }

   In production, :host should be set to the actual host of your application.

2. Ensure you have defined root_url to *something* in your config/routes.rb.
   For example:

     root to: "home#index"

3. Ensure you have flash messages in app/views/layouts/application.html.erb.
   For example:

     <p class="notice"><%= notice %></p>
     <p class="alert"><%= alert %></p>

4. You can copy Devise views (for customization) to your app by running:

     rails g devise:views
```

1. Ensure you have defined default url options in your environments files.

根据这条信息,向config/environments/development.rb文件中添加以下内容。

▶ config/environments/development.rb

```
config.action_mailer.default_url_options = {
  host: 'localhost',
  port: 3000
}
```

这是默认的mailer设定。SMTP服务器的详细设定将在7.4节进行介绍,这次先设定default_url_options的信息。

2. Ensure you have defined root_url to *something* in your config/routes.rb

这是确认设定root_url的信息,这个步骤在7.2节中已经设定过了,这里没必要进行更改。

3. Ensure you have flash messages in app/views/layouts/application.html.erb.

设定显示flash信息。首先,向助手添加用于显示flash信息的逻辑。

▶ app/helpers/application_helper.rb

```ruby
module ApplicationHelper
  ..
  .
  def flash_message(message, klass)
    content_tag(:div, class: "alert alert-#{klass}") do
      concat content_tag(:button, 'x', class: 'close', data: { dismiss: 'alert' })
      concat raw(message)
    end
  end
end
```

从app/views/layouts/application.html.erb中调用这个助手方法。

▶ app/views/layouts/application.html.erb

```erb
<body>
  ..
  .
  <div class="container py-4 px-0">
    <%= flash_message(flash[:success], :success) if flash[:success] %>
    <%= flash_message(flash[:error], :danger) if flash[:error] %>
    <%= flash_message(flash[:alert], :warning) if flash[:alert] %>
    <%= flash_message(flash[:notice], :info) if flash[:notice] %>
    <%= yield %>
    ..
    .
  </div>
</body>
```

4. You can copy Devise views (for customization) to your app by running.

然后，用generate命令生成视图。

```
$ bin/rails g devise:views
```

接着，进行secret_key的设定。下面是发行密匙。

```
$ bin/rails secret
ad5d3...0db3e6b4
```

在进行Encrypted secrets设定时，bin/rails secret命令每次运行都会发行不同的密匙，所以我们需要对development和production分别发行不同的密匙。

```
$ EDITOR=vim bin/rails secrets:edit
development:
  SECRET_TOKEN: dcb39...37bde0

production:
  SECRET_TOKEN: ad5d3...b3e6b4
```

▶ config/initializers/devise.rb

```
config.secret_key = Rails.application.secrets.SECRET_TOKEN
```

最后，提交刚才的变更信息。

```
$ git add .
$ git commit -m 'Devise的导入'
```

制作Devise相关的模型

下面制作Devise相关的用户模型。

```
$ bin/rails g devise user
```

之后将生成模型文件等。User.rb文件的内容和通常的模型一样，制作了继承ApplicationRecord的模型，但是增加了Devise方法。默认的设定如下。

▶ app/models/user.rb

```
class User < ApplicationRecord
  # Include default devise modules. Others available are:
  # :confirmable, :lockable, :timeoutable and :omniauthable
  devise :database_authenticatable, :registerable,
         :recoverable, :rememberable, :trackable, :validatable
end
```

用Devise方法指定的key，是Devise的模块名。利用Devise的模块，可以实现用外部服务账号进行用户登录的功能，以及超过规定次数登录失败后锁定账号的功能等。Devise中有10个模块，如表7-2所示。

表 7-2 Devise的模块

功能	默认	概要
database_authenticatable	*	登录时将密码加密后，登录到DB
registerable	*	注册处理，可以进行用户的编辑和删除
recoverable	*	可以重设密码
rememberable	*	生成和删除用于记忆用户的令牌
trackable	*	记录登录次数、时间戳和IP地址
validatable	*	进行邮件和密码的验证
confirmable		将单击邮件中的URL完成认证这个过程有效化
lockable		超过规定次数认证失败后，锁定账号
timeoutable		过一定时间后销毁session
omniauthable		可以用Twitter、Facebook等外部服务的账号认证

这次，我们将confirmable、lockable、timeoutable有效化。

▶ app/models/user.rb

```ruby
class User < ApplicationRecord
  devise :database_authenticatable, :registerable,
         :recoverable, :rememberable, :trackable, :validatable,
         :confirmable, :lockable, :timeoutable
end
```

因为刚才运行了bin/rails g devise user，所以增加了迁移文件，我们来确认其内容。

关于默认无效模块的迁移文件，它们的记述被注释掉了，我们根据本次设为有效的模块，来设定迁移文件。与confirmable和lockable相关的记述被注释掉后，需要将其有效化。

▶ db/migrate/xxxxxxxxxxxxxx_devise_create_users.rb

```ruby
class DeviseCreateUsers < ActiveRecord::Migration[5.1]
  def change
    create_table :users do |t|
      ..
      ...

      ## Confirmable
      t.string   :confirmation_token
      t.datetime :confirmed_at
      t.datetime :confirmation_sent_at
      t.string   :unconfirmed_email # Only if using reconfirmable

      ## Lockable
      t.integer  :failed_attempts, default: 0, null: false # Only if lock strategy is :failed_attempts
      t.string   :unlock_token # Only if unlock strategy is :email or :both
      t.datetime :locked_at

      ..
```

```
      ...
    end
  end
end
```

为了让confirmation_token和unlock_token的索引有效，下面取消注释。

▶ db/migrate/xxxxxxxxxxxxxx_devise_create_users.rb

```ruby
class DeviseCreateUsers < ActiveRecord::Migration[5.1]
  def change
    ..
    ...
    add_index :users, :confirmation_token,   unique: true
    add_index :users, :unlock_token,         unique: true
  end
end
```

完成迁移文件的修正后，运行迁移命令，更新数据库。

```
$ bin/rails db:migrate
```

此时，使用annotate，同时添加和数据表结构相关的信息。

```
$ bundle exec annotate
Annotated (1): app/models/user.rb
```
annotate的运行

```
$ git add .
$ git commit -m '用户模型的追加'
```

链接的添加

为了让登录状态的用户能够进行账号设置、退出等，我们向header中添加链接。

▶ app/views/layouts/_header.html.erb

```erb
<nav class="navbar bg-dark navbar-dark">
  <a class="navbar-brand" href="/"><%= ApplicationHelper::APP_NAME %></a>
  <% if user_signed_in? %>
    <ul class="nav justify-content-end">
      <li class="nav-item">
        <%= link_to "个人信息编辑", edit_user_registration_path, class: "nav-link text-secondary" %>
      </li>
      <li class="nav-item">
        <%= link_to "退出", destroy_user_session_path, method: :delete, class: "nav-link text-secondary" %>
      </li>
```

```
    </ul>
  <% end %>
</nav>
```

为了让未登录的用户能够浏览应用的界面,需要向application_controller.rb文件中添加用于认证的方法。这次我们把模型当作user使用,所以方法名就设为:authenticate_user!。需要用其他模型名进行实现时,请对user部分进行适当更改。

▶ app/controllers/application_controller.rb

```
before_action :authenticate_user!
```

那么,我们再次启动服务器,访问http://localhost:3000。application_controller.rb中添加了请求用户认证的功能后,在未登录状态会重定向为http://localhost:3000/users/sign_up。

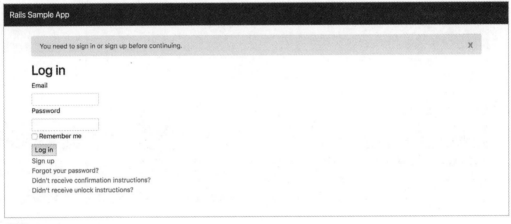

图7-5 登录界面

```
$ git add .
$ git commit -m '添加Devise的链接'
```

Bootstrap的应用

在用Devise生成的默认视图中,应用Bootstrap的类。关于Bootstrap,本书没有讲解,如果想要省去这些步骤的话,请从GitHub的仓库下载源码,放到app/views/devise下,操作内容如下所示。如果想自己进行操作,请按照顺序来添加变更。

- ror5book/RailsSampleApp
  https://github.com/ror5book/RailsSampleApp/tree/chapter7.4/app/views/devise

接下来，对app/views/devise下的所有文件进行操作。把class="field"这行字符串替换为class="form-group"。对象文件如下所示。

- confirmations/new.html.erb
- registrations/edit.html.erb
- registrations/new.html.erb
- passwords/edit.html.erb
- passwords/new.html.erb
- sessions/new.html.erb
- unlocks/new.html.erb

▶ Before

```
<div class="field">
  ..
  .
</div>
```

▶ After

```
<div class="form-group">
  ..
  .
</div>
```

检索f.email_field字符串，然后添加class和placeholder。对象文件如下。

- passwords/new.html.erb
- sessions/new.html.erb
- registrations/edit.html.erb
- registrations/new.html.erb
- unlocks/new.html.erb

▶ Before

```
<%= f.email_field :email, autofocus: true %>
```

▶ After

```
<%= f.email_field :email, autofocus: true, class: "form-control col-md-5 col-sm", placeholder: "Enter email" %>
```

检索f.password_field:password字符串,添加class和placeholder。对象文件如下。

- registrations/edit.html.erb
- registrations/new.html.erb
- sessions/new.html.erb

▶ Before

```
<%= f.password_field :password, autocomplete: "off" %>
```

▶ After

```
<%= f.password_field :password, autocomplete: "off", class: "form-control col-md-5 col-sm", placeholder: "Password" %>
```

检索f.password_field:password_confirmation字符串,修改placeholder的字符串。对象文件如下。

- passwords/edit.html.erb
- registrations/edit.html.erb
- registrations/new.html.erb

▶ Before

```
<%= f.password_field :password_confirmation, autocomplete: "off" %>
```

▶ After

```
<%= f.password_field :password_confirmation, autocomplete: "off", class: "form-control col-md-5 col-sm", placeholder: "Password confirmation" %>
```

检索f.submit字符串,添加class。对象文件如下。

- registrations/new.html.erb

▶ Before

```
<%= f.submit "Sign up" %>
```

▶ After

```
<%= f.submit "Sign up", class: "btn btn-primary" %>
```

检索actions字符串，将字符串class="action"换为class="actions pb-5"。对象文件如下。

- confirmations/new.html.erb
- registrations/edit.html.erb
- registrations/new.html.erb
- passwords/edit.html.erb
- passwords/new.html.erb
- sessions/new.html.erb
- unlocks/new.html.erb

▶ Before

```
<div class="actions">
  ..
  .
</div>
```

▶ After

```
<div class="actions pb-5">
  ..
  .
</div>
```

检索f.password_field:current_password字符串，添加class和placeholder。对象文件如下。

- registrations/edit.html.erb

▶ Before

```
<%= f.password_field :current_password, autocomplete: "off" %>
```

▶ After

```
<%= f.password_field :current_password, autocomplete: "off", class: "form-control col-md-5 col-sm", placeholder: "Current password" %>
```

检索button_to字符串，添加class。对象文件如下。

- registrations/edit.html.erb

▶ Before

```
<%= button_to "Cancel my account", registration_path(resource_name), data: { confirm: "Are you sure?" }, method: :delete %>
```

▶ After

```
<%= button_to "Cancel my account", registration_path(resource_name), data: {
confirm: "Are you sure?" }, method: :delete, class: "btn btn-danger mb-5" %>
```

最后，检索link_to字符串，添加class。对象文件如下。

- shared/_links.html.erb

▶ Before

```
<%= link_to "Log in", new_session_path(resource_name) %><br />
```

▶ After

```
<%= link_to "Log in", new_session_path(resource_name), class: "text-secondary"
%><br />
```

在浏览器中访问登录界面，可以看到使用Bootstrap形成的风格。

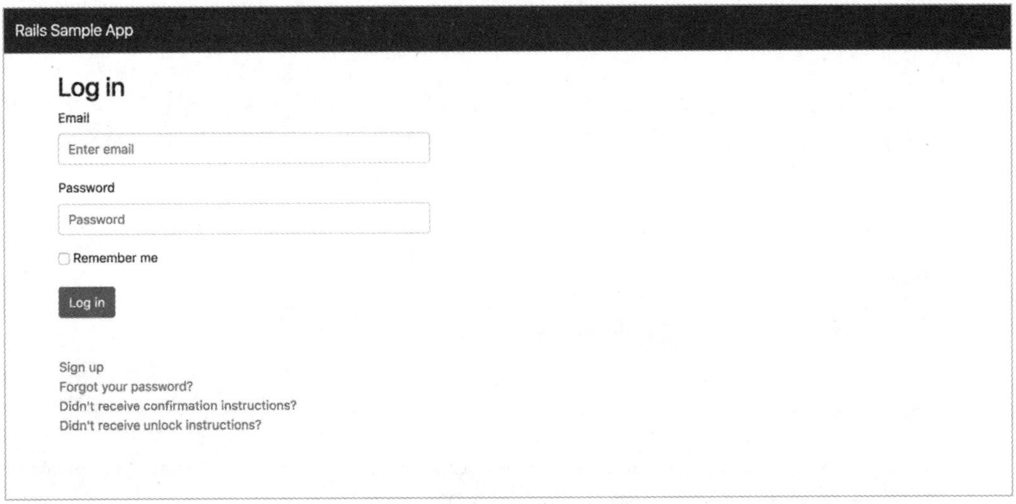

图7-6 更换风格的登录界面

至此，Devise的设定完成了，提交变更内容如下。

```
$ git add .
$ git commit -m "Devise的bootstrap应对"
```

这次我们将Confirmable设为有效，因此如果不进行邮件的设定，认证过程就不会结束。做完以上步骤后，在7.5节"用户登录后发送邮件"中进行邮件的设定，这样认证的设置就完成了。

> **COLUMN**
>
> 本书没有介绍SNS登录的实现，但是我们要对OmniAuth这个关于认证的gem进行介绍。OmniAuth是利用Rack Middleware制作完成的，可以实现多个供应商认证的gem，还可以简单地实现Facebook认证和Twitter认证。
>
> 如果想要实现SNS的登录，以上内容可以作为参考。

CHAPTER 7　Rails的最佳实践

7.5 用户登录后发送邮件

在7.4节"实现用户认证"中，进行了用户认证的基本设定，但是还没有进行邮件的设定，所以重新设置密码等功能无法正常使用。下面进行邮件的设定，使其能够从Rails发送邮件。

▎Action Mailer的设定

首先在开发环境中进行mailer的设定。本次开发环境的动作确认，请使用自己的Gmail账号。将config/environments/development.rb文件改为以下内容。

▶ config/environments/development.rb

```
config.action_mailer.default_url_options = {
  host: 'localhost',
  port: 3000
}

config.action_mailer.delivery_method = :smtp
config.action_mailer.smtp_settings = {
  address: 'smtp.gmail.com',
  port: 587,
  authentication: :plain,
  user_name: Rails.application.secrets.SMTP_EMAIL,
  password: Rails.application.secrets.SMTP_PASSWORD
}
```

表 7-3 mailer的设定

字段	说明
address	设定许可的邮件服务器。本次使用的是Gmail，所以指定smtp.gmail.com
port	输入Gmail的TLS/STARTTLS的端口587
authentication	从:plain、:login、:cram_md5选择邮件服务器的认证种类
user_name	设定用户名。本次设定为Gmail的用户名
password	设定密码。本次设定为Gmail的密码

这样，用户名和密码就成了机密性高的信息。下面使用Encrypted secrets作为环境变量进行设定。

```
$ EDITOR=vim rails secrets:edit
development:
  ..
  .
  SMTP_EMAIL: your_email@gmail.com,
  SMTP_PASSWORD: your_password
```

266

发送邮件的行为确认

因为还没有登录的用户，所以我们需要在登录界面进行用户登录。

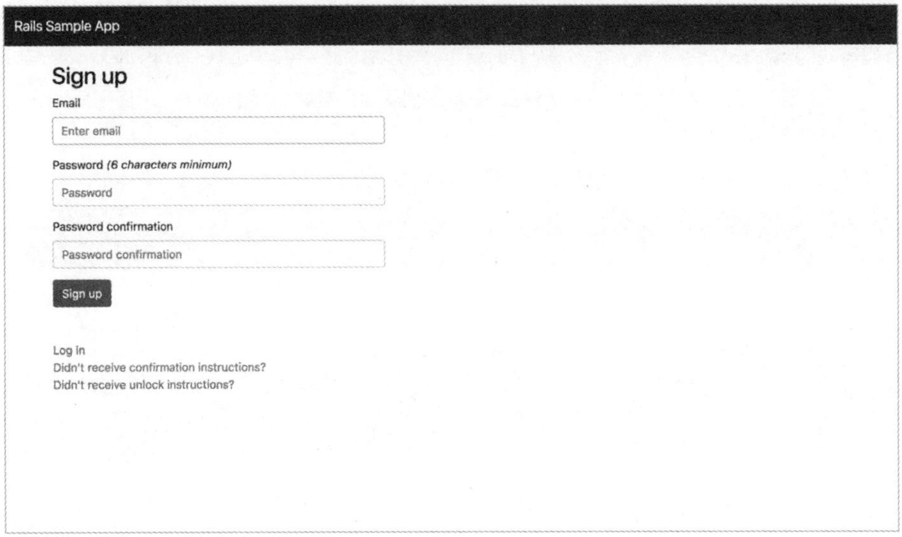

图7-7 登录界面

再次启动服务器，进行登录，会给我们发送Confirmation instructions风格的邮件。单击邮件内的链接，在登录界面进行认证，成功的话会重定向到http://localhost:3000。如果显示Signed in successfully.字样的话，认证的设定就完成了。

图7-8 完成认证界面

这时，在控制台确认User数据表的话，可以确认添加了用户。

```
$ bin/rails c
[1] pry(main)> User.count
   (0.4ms)  SET NAMES utf8,  @@SESSION.sql_mode = CONCAT(CONCAT(@@sql_mode, ',STRICT_ALL_TABLES'), ',NO_AUTO_VALUE_ON_ZERO'),  @@SESSION.sql_auto_is_null = 0, @@SESSION.wait_timeout = 2147483
   (0.2ms)  SELECT COUNT(*) FROM `users`
```

```
=> 1
[2] pry(main)> User.last
  User Load (0.2ms)  SELECT `users`.* FROM `users` ORDER BY `users`.`id` DESC
LIMIT 1
=> #<User id: 1, email: "alice@gmail.com", created_at: "2017-10-30 06:30:54",
updated_at: "2017-10-30 06:30:54">
```

至此，就完成了利用开发环境中的Devise实现认证的操作。本地环境的邮件设定将在后面进行，所以确认好行为后就进行提交吧。

接下来是确认变更内容的操作，包括确认是否含有邮箱地址、密码等机密信息。

```
$ git diff
```

确认操作内容后，如果没有问题的话，就可以进行提交了。

```
$ git add .
$ git commit -m 'ActionMailer 的设定'
```

COLUMN

我们有可能从Gmail收到"账号被锁定"的邮件。在Gmail的设定中，有能够将"许可访问安全性低的应用"有效化的方法，但是从安全性的角度考虑，不推荐这样做。我们应该用设置二阶段认证的方法来避免这个问题。

1. 将二阶段认证设为ON

登录Google账号，访问阶段认证进程页面。

（各Google服务的右上角的菜单按钮>账号>登录和安全>登录Google>二阶段认证进程）

请单击"开始"按钮，并按照说明来进行设定。

2. 设置应用程序密码

从Gmail的设定中打开"对账号的访问和安全设置的管理"选项。

（各Google服务的右上角的菜单按钮>账号>登录和安全>登录Google>二阶段认证进程>应用密码）

选择合适的终端和应用。

　　例）

　　　选择终端：Mac

　　　选择应用：其他

单击"生成"按钮后将生成密码。请把这里的密码设为SMTP_PASSWORD。

CHAPTER 7　Rails的最佳实践

7.6 进行异步处理

现在，我们已经进行了邮件的设定，但在默认的设定中，邮件是同步发送的，用户需要等待发送邮件，因此从UX（用户体验）的角度来说并不推荐。这里，为了能够不用等待发送邮件就显示画面，我们来实现在服务器异步发送邮件的功能。

对于异步的结构，在Rails中有Active Job这个在后端制作job，进行队列登录的框架。详细内容请参考RailsGuides的"Active Job的基础"。

- Active Job的基础
  https://railsguides.jp/active_job_basics.html

Sidekiq和Redis的导入

在这方面，Ruby中也有一些便利的gem，所以我们不用从头开始，而是使用便利的gem来实现。异步处理的gem有Resque、Sidekiq、Delayed::Job等，这次使用知名度高、性能优良的Sidekiq。

Sidekiq在后端使用Redis，所以我们需要安装Redis。Redis直接在In-Memory DB中保存数据，是一个能够高速读写的数据库。安装需要利用Homebrew。

```
$ brew install redis
```

Windows Subsystem for Linux的用户请使用以下命令进行安装。

```
$ sudo apt-get install redis-server
```

Redis用以下命令启动服务器。

```
$ redis-server
```

关于Redis更详细的内容，请参考3.5节"session管理"的"Redis的安装"部分。

接着进行Sidekiq的安装。在Gemfile中添加以下内容，运行$ bundle。

▶ Gemfile

```
gem 'sidekiq'
```

```
$ bundle
```

下面是在ActiveJob的适配器中指定Sidekiq的设置。

▶ config/application.rb

```
config.active_job.queue_adapter = :sidekiq
```

在initializers中添加Sidekiq的设定，如下所示。

▶ config/initializers/sidekiq.rb

```
Sidekiq.configure_server do |config|
  config.redis = {
    url: 'redis://localhost:6379'
  }
end

Sidekiq.configure_client do |config|
  config.redis = {
    url: 'redis://localhost:6379'
  }
end
```

关于记述方法请参考Sidekiq的Wiki介绍。

- mperham/sidekiq
  https://github.com/mperham/sidekiq/wiki/Using-Redis

为了确认异步运行job，我们需要制作一个用于测试的job。

```
$ bin/rails g job test
```

请在perform方法中添加debug的处理。

▶ app/jobs/test_job.rb

```
class TestJob < ApplicationJob
  queue_as :default

  def perform(*args)
    Rails.logger.debug "#{self.class.name}: 运行job(#{args.inspect})"
  end
end
```

在这种状态下，尝试运行job。为了进行确认，需要在别的窗口将控制台打开，一边查看日志文件一边运行job。

```
$ bin/rails runner "TestJob.perform_later(1,2,3)"
```

```
$ tail -f log/development.log
[ActiveJob] Enqueued TestJob (Job ID: 7dda4fa4-ce92-4e62-b117-451410e1307e) to
Sidekiq(default) with arguments: 1, 2, 3
```

结果，job加入了队列，但却没有运行。那么，为了运行job，请启动Sidekiq。

服务器的设定和确认

关于启动Sidekiq，我们可以每次向命令行传递选项后运行，但这次制作配置文件，每次启动时就不用传递选项了。

▶ config/sidekiq.yml

```
:concurrency: 25
:queues:
  - default
  - mailers
```

读入上方的配置文件后，像下面这样用-C选项传递配置文件。此外，刚才设定的config/sidekiq.yml文件中每个环境的设定，用-e选项设定环境后，就可以读入各个设定了。

```
$ bundle exec sidekiq -C config/sidekiq.yml -e development
```

再次运行job后，会显示job已经处于运行状态了。

```
$ bin/rails runner "TestJob.perform_later(1,2,3)"
```

```
$ tail -f log/development.log
[ActiveJob] Enqueued TestJob (Job ID: c1020ced-d34f-4bf5-a36f-08940104cf69) to
Sidekiq(default) with arguments: 1, 2, 3
[ActiveJob] [TestJob] [c1020ced-d34f-4bf5-a36f-08940104cf69] Performing TestJob
(Job ID: c1020ced-d34f-4bf5-a36f-08940104cf69) from Sidekiq(default) with
arguments: 1, 2, 3
[ActiveJob] [TestJob] [c1020ced-d34f-4bf5-a36f-08940104cf69] TestJob: 运行了job
([1, 2, 3])
[ActiveJob] [TestJob] [c1020ced-d34f-4bf5-a36f-08940104cf69] Performed TestJob
(Job ID: c1020ced-d34f-4bf5-a36f-08940104cf69) from Sidekiq(default) in 14.67ms
```

添加dashboard

为了能够阅览Sidekiq的运行结果，下面添加dashboard。

▶ Gemfile

```
gem 'sinatra'
```

运行$ bundle，安装gem。为了设定路由，我们向routes.rb中添加以下变更内容。

▶ config/routes.rb

```
require 'sidekiq/web'
Rails.application.routes.draw do
  ...
  mount Sidekiq::Web, at: '/sidekiq'
end
```

像上方这样更改内容，再次启动服务器后访问http://localhost:3000/sidekiq，就可以确认Sidekiq的dashboard了。

图7-9 Sidekiq的dashboard

异步发送邮件

进行完Sidekiq的动作确认后，我们设定用Sidekiq发送邮件。

▶ app/models/user.rb

```ruby
class User < ApplicationRecord
..
.
  def send_devise_notification(notification, *args)
    devise_mailer.send(notification, self, *args).deliver_later
  end
end
```

从http://localhost:3000/users/password/new的密码再次发送界面等，可以进行邮件的发送。访问dashboard，可以看到像下方这样的界面。在运行时Busy这个项目变成了1，处理结束后，Processed这个项目变成了1。

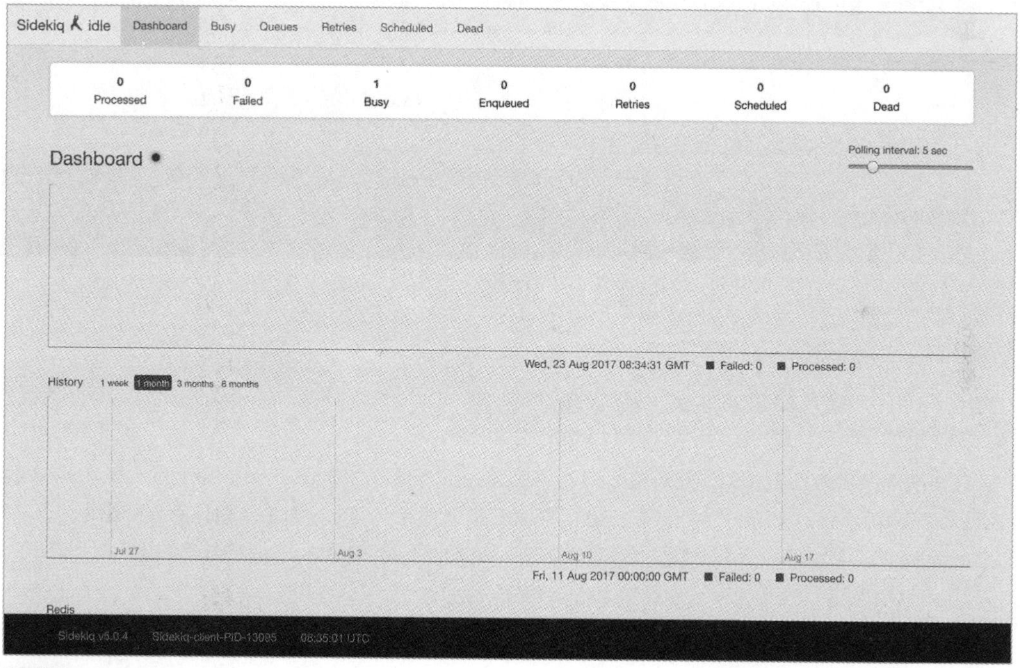

图7-10 Busy项目为1

图7-11 Processed项目为1

确认发送邮件后,提交现在的变更。

```
$ git add .
$ git commit -m 'Sidekiq的导入'
```

COLUMN

在多次测试用户的登录时,使用Gmail的别名地址很方便。如果你有alice@gmail.com的邮箱地址,在@前像+○○○这样加上+和任意字符串,就可以使用一个和原地址相连的新邮箱地址了。向alice+○○○@gmail.com别名地址发送邮件时,会发送到alice@gmail.com的邮箱中。

7.7 实现个人信息页面

本章将要实现个人信息页面，实现添加设定用户名和简介的功能。本次制作的app要素，是下方加粗的部分。

- ✓ ☐ 可以登录/退出。
- ☐ **可以设置个人信息（用户名/个人头像等）。**
- ☐ 可以投稿。
- ☐ 可以浏览他人的投稿。
- ☐ 管理人可以管理投稿（删除等）。

7.7.1 添加用户名字段

在7.4节"实现用户认证"中，我们实现了Devise的用户认证，但是在默认状态下，用户信息仅包括邮箱地址和密码信息。在需要其他用户信息等场合时，需要将用户名作为关键字来判定用户。所以我们在用户模型中添加name这一列，这样就可以凭借用户名判断用户了。

首先用generate命令，添加name字段。

```
$ bin/rails g migration add_name_to_users name:string:uniq
```

确认迁移文件的内容，确认如下内容后，运行migrate命令。

▶ db/migrate/xxxxxxxxxxxxxx_add_name_to_users.rb

```ruby
class AddNameToUsers < ActiveRecord::Migration[5.1]
  def change
    add_column :users, :name, :string
    add_index :users, :name, unique: true
  end
end
```

```
$ bin/rails db:migrate
```

```
$ bundle exec annotate
Annotated (1): app/models/user.rb
```

然后，对ApplicationController进行Strong Parameters的设定。

▶ app/controllers/application_controller.rb

```ruby
class ApplicationController < ActionController::Base
  ..
  .
  before_action :configure_permitted_parameters, if: :devise_controller?

  protected

  def configure_permitted_parameters
    added_attrs = [:name, :email, :password, :password_confirmation, :remember_me]
    devise_parameter_sanitizer.permit :sign_up, keys: added_attrs
    devise_parameter_sanitizer.permit :account_update, keys: added_attrs
  end
end
```

下面向用户模型中添加虚拟的login属性。

▶ app/models/user.rb

```ruby
class User < ApplicationRecord
  attr_accessor :login
  ..
  .
  def login=(login)
    @login = login
  end

  def login
    @login || self.name || self.email
  end
end
```

这个login属性可以作为devise的authentication_keys使用。在默认设置中，只有email可以作为认证的关键字，但是也可以用username进行认证。

▶ config/initializers/devise.rb

```ruby
config.authentication_keys = [:login]
```

如果想要更改登录时action的行为，我们需要重写模型的find_for_database_authentication方法。

▶ app/models/user.rb

```ruby
def self.find_for_database_authentication(warden_conditions)
  conditions = warden_conditions.dup
  conditions[:email].downcase! if conditions[:email]
  login = conditions.delete(:login)
```

```
    where(conditions.to_hash).where(
      ["lower(name) = :value OR lower(email) = :value",
      { value: login.downcase }]
    ).first
  end
```

下面添加validation的设定和validation中使用的方法。validate的设定写在类中的哪里都可以，但我们通常写在类的开头附近。

▶ app/models/user.rb

```
class User < ApplicationRecord
  validates :name,
            presence: true,
            uniqueness: { case_sensitive: false }

  validates_format_of :name, with: /^[a-zA-Z0-9_¥.]*$/, multiline: true
  validate :validate_name
  ..
  .
  def login
    ...
  end

  def validate_name
    errors.add(:name, :invalid) if User.where(email: name).exists?
  end
end
```

接着，编辑视图。

▶ app/views/devise/sessions/new.html.erb

```
<div class="form-group">
  <%= f.label :email %><br />
  <%= f.email_field :email, autofocus: true, class: "form-control col-md-5 col-sm", placeholder: "Enter email" %>
</div>
```

如果上面的部分不用email，而是用login这个虚拟属性的话，那么就可以用email或者name来登录了。

```
<div class="form-group">
  <%= f.label "email or username" %><br />
  <%= f.text_field :login, autofocus: true, class: "form-control col-md-5 col-sm", placeholder: "Enter email or username" %>
</div>
```

为了能够在登录时请求用户名,我们需要在表单中添加用户名的输入项目。

▶ app/views/devise/registrations/new.html.erb

```erb
<div class="form-group">
  <%= f.label :name %><br />
  <%= f.text_field :name, class: "form-control col-md-5 col-sm", placeholder: "Username" %>
</div>
```

同样,为了能在个人信息的设定界面更改用户名,下面添加输入项目。

▶ app/views/devise/registrations/edit.html.erb

```erb
<div class="form-group">
  <%= f.label :name %><br />
  <%= f.text_field :name, class: "form-control col-md-5 col-sm", placeholder: "Username" %>
</div>
```

最后,在index.html.erb文件中显示用户名。

▶ app/views/home/index.html.erb

```erb
<h1>Hello, <%= @user.name %>!!!</h1>
```

▶ app/controllers/home_controller.rb

```ruby
class HomeController < ApplicationController
  def index
    @user = current_user
  end
end
```

现在设定就完成了。当前的测试用户并没有用户名,我们需要先删除用户,然后再次制作测试用户。

```
$ bin/rails c
[1] pry(main)> User.delete_all
   (2.5ms)  SET NAMES utf8, @@SESSION.sql_mode = CONCAT(CONCAT(@@sql_mode, ',STRICT_ALL_TABLES'), ',NO_AUTO_VALUE_ON_ZERO'),  @@SESSION.sql_auto_is_null = 0, @@SESSION.wait_timeout = 2147483
  SQL (3.7ms)  DELETE FROM `users`
=> 1
```

再次启动服务器,制作好新用户后,登录界面上会请求email、name和password。确认在登录界面既可以用email也可以用name登录。

登录后,界面上显示"Hello,用户名"的话,说明Devise的用户名设定完成了。

![Rails Sample App - Hello, Robot!!! 界面]

图7-12 Hello,Robot!!!界面

```
$ git add .
$ git commit -m '向Devise添加可以根据用户名登录的功能'
```

7.7.2 实现图像上传功能

图像上传使用的是功能简洁、导入简单的Paperclip这个gem。但是，Paperclip的设计要将设定写在模型文件中，因此当多个模型都需要图像处理时，就会欠缺灵活性。因此，如果不是像本次一样简单的设计，可以考虑使用CarrierWave这个gem。此外，CarrierWave可以提供更高级的图像处理，因此如果想提供精致的图像处理，推荐使用CarrierWave。

Paperclip的导入

Paperclip依赖于ImageMagick这个有名的图像加工软件，所以首先我们需要安装ImageMagick。

```
$ brew install imagemagick
```

Windows Subsystem for Linux用户请使用以下命令安装ImageMagick。

```
$sudo apt-get install imagemagick
```

然后安装Paperclip。编辑Gemfile，运行bundle就可以完成安装了。

▶ Gemfile

```
gem 'paperclip', '~> 5.0.0'
```

关于Paperclip的设定，可以在想使用Paperclip的模型上直接记述设定。这次我们想在User模型中上传个人头像时使用，所以需要编辑User模型。此外，has_attached_file的第一个参数是保存图像信息的列名，并将其设置为:avatar。

▶ app/models/user.rb

```
class User < ApplicationRecord
```

```
..
,
devise :database_authenticatable, :registerable,
           ...
has_attached_file :avatar,
                  styles: { medium: '300x300>', thumb: '100x100>' },
                  default_url: '/missing.png'

validates_attachment_content_type :avatar,
                                  content_type: %r{¥Aimage¥/.*¥z}
..
.
end
```

我们用default_url指定missing.png图像，当头像不存在时，这个会成为默认头像。在/public下配置任意图像，设定URL。向User模型中添加avater列，如下所示。

```
$ bin/rails g paperclip user avatar
```

确认生成下面的迁移文件内容后，运行迁移命令。运行generate命令后，如果运行$ bin/rails db:migrate时，发生Directly inheriting from ActiveRecord::Migration is not supported.错误的话，请参考下方从ActiveRecord::Migration[5.1]继承的内容。

▶ db/migrate/xxxxxxxxxxxxxx_add_attachment_avatar_to_users.rb

```
class AddAttachmentAvatarToUsers < ActiveRecord::Migration[5.1]
  def up
    add_attachment :users, :avatar
  end

  def down
    remove_attachment :users, :avatar
  end
end
```

```
$ bin/rails db:migrate
```

```
$ bundle exec annotate
Annotated (1): app/models/user.rb
```

为了设定个人头像，下面对表单进行修改。

▶ app/views/devise/registrations/edit.html.erb

```erb
<%= form_for(resource, as: resource_name, url: registration_path(resource_name),
html: { method: :put }) do |f| %>
  <%= devise_error_messages! %>

  <div class="py-3">
    <%= image_tag current_user.avatar.url, class: "border rounded w-25" %>
  </div>

  <div class="form-group">
    <%= f.label :avatar %><br />
    <%= f.file_field :avatar %>
  </div>

  ..
  .
<% end %>
```

为了让个人头像显示在用户登录后的界面中，我们向index.html.erb文件中添加以下内容。

▶ app/views/home/index.html.erb

```erb
<div class="col-md-3">
  <div class="card p-2">
    <%= image_tag current_user.avatar.url, class: "card-img-top rounded-circle" %>
    <div class="card-body">
      <h4 class="card-title"><%= "@#{@user.name}" %></h4>
      <p class="card-text">
        <span class="text-secondary">用户信息加入到这里。</span>
      </p>
    </div>
  </div>
</div>
```

不过，即使用表单传送值，如果没有进行Strong Parameters的设定，信息就不能更新。不要忘记在application_controller.rb中添加设定。

▶ app/controllers/application_controller.rb

```ruby
class ApplicationController < ActionController::Base
  ..
  .
  def configure_permitted_parameters
    added_attrs = [:name, :email, :password, :password_confirmation, :remember_me, :avatar]
    ..
    .
  end
end
```

现在，设定就完成了。重新启动服务器，访问http://localhost:3000/users/edit页面，会看到增加了设置个人头像的项目。在这里上传图像，更新设定，就会显示自己的个人头像了。

在header中显示个人头像

为了能够看到登录状态，我们在header中显示自己的头像。

▶ app/views/layouts/_header.html.erb

```erb
<nav class="navbar bg-dark navbar-dark">
  <a class="navbar-brand" href="/"><%= ApplicationHelper::APP_NAME %></a>
  <% if user_signed_in? %>
    <ul class="navbar-nav">
      <li class="nav-item dropdown">
        <%= link_to("#", id: "navbarDropdownMenuLink", class: "nav-link dropdown-toggle", "data-toggle": "dropdown", "data-flip": "true", "aria-haspopup": "false", "aria-expanded": "false") do %>
          <%= image_tag current_user.avatar.url, class: "rounded-circle", style: "width: 50px;" %>
        <% end %>

        <div class="dropdown-menu dropdown-menu-right" aria-labelledby="navbarDropdownMenuLink" style="position: absolute;right: 0;left: auto;">
          <%= link_to "个人信息编辑", edit_user_registration_path, class: "dropdown-item" %>
          <%= link_to "退出", destroy_user_session_path, method: :delete, class: "dropdown-item" %>
        </div>
      </li>
    </ul>
  <% end %>
</nav>
```

图7-13 显示图像界面

最后,为了把从app上传的图像保存到仓库中,还需要编辑.gitignore。

▶ .gitignore

```
public/system
```

```
$ git add .
$ git commit -m '添加上传个人头像功能'
```

COLUMN

现在我们使用Paperclip实现了上传个人头像的功能,但是不推荐大家就这样在本地使用。为什么呢?因为Paperclip默认在应用的public下配置图像,所以如果用户上传头像的话,会占用应用服务器的空间。

通常,Amazon S3等,使用的是服务器之外的外部存储来保存图像。详细内容请参考8.5节"配置存储"中的介绍。

7.8 实现一览页面

本章将要实现显示feed的主页面。本次制作的app要素是下方加粗的部分。

- ✓ ☐ 可以登录/退出。
- ✓ ☐ 可以设置个人信息（用户名/个人头像等）。
- ☐ **可以投稿。**
- ☐ **可以浏览他人的投稿。**
- ☐ 管理人可以管理投稿（删除等）。

7.8.1 制作投稿模型

现在还没有和投稿相关的模型，我们来制作一个和用户模型相连的Post模型。

```
$ bin/rails g model post user_id:integer body:text
```

```
$ bin/rails db:migrate
```

```
$ bundle exec annotate
Annotated (1): app/models/post.rb
```

下面是对User和Post进行一对多关系的设置。

▶ app/models/user.rb

```ruby
class User < ApplicationRecord
  has_many :posts, inverse_of: :user
  ..
  .
end
```

▶ app/models/post.rb

```ruby
class Post < ApplicationRecord
  belongs_to :user, inverse_of: :posts
end
```

```
$ git add .
$ git commit -m '投稿模型的制作'
```

7.8.2 显示投稿一览

我们需要在登录后的页面上显示一览表。最新投稿放在上面，按照日期的顺序排序。

▶ app/controllers/home_controller.rb

```ruby
class HomeController < ApplicationController
  def index
    @user  = current_user
    @posts = Post.order('created_at desc')
  end
end
```

▶ app/views/home/index.html.erb

```erb
<div class="row">
  <div class="col-md-3 col-12 d-none d-md-block">
    <div class="card p-2">
      <%= image_tag current_user.avatar.url, class: "card-img-top rounded-circle" %>
      <div class="card-body">
        <h4 class="card-title"><%= "@#{@user.name}" %></h4>
        <p class="card-text">
          <span class="text-secondary">这里加入用户信息。</span>
        </p>
      </div>
    </div>
  </div>

  <div class="col-md-9 col-12">
    <%= render partial: "post", collection: @posts %>
  </div>
</div>
```

▶ app/views/home/_post.html.erb

```erb
<div class="border border-left-0 border-right-0 border-bottom-0 py-3 row">
  <div class="col-2 px-2">
    <%= image_tag post.user.avatar, class: "border rounded-circle w-100" %>
  </div>
  <div class="col-10 px-3">
    <p class="my-1">
      <strong><%= "@#{post.user.name}" %></strong>
      ·<span class="text-secondary"><%= time_ago_in_words(post.created_at) %> ago</span>
    </p>
    <%= post.body %>
  </div>
</div>
```

为了确认相关信息，我们需要制作一篇投稿。

```
$ bin/rails c
[1] pry(main)> User.last.posts.create({ body: "Hello, World!!" })
   (2.4ms)  SET NAMES utf8,  @@SESSION.sql_mode = CONCAT(CONCAT(@@sql_mode,
',STRICT_ALL_TABLES'), ',NO_AUTO_VALUE_ON_ZERO'),  @@SESSION.sql_auto_is_null =
0, @@SESSION.wait_timeout = 2147483
  User Load (0.4ms)  SELECT  `users`.* FROM `users` ORDER BY `users`.`id` DESC
LIMIT 1
   (0.1ms)  BEGIN
  SQL (0.4ms)  INSERT INTO `posts` (`user_id`, `body`, `created_at`, `updated_
at`) VALUES (2, 'Hello, World!!', '2017-10-30 06:47:38', '2017-10-30 06:47:38')
   (1.6ms)  COMMIT
=> #<Post:0x007f868af9c3e8
 id: 1,
 user_id: 2,
 body: "Hello, World!!",
 created_at: Mon, 30 Oct 2017 06:47:38 UTC +00:00,
 updated_at: Mon, 30 Oct 2017 06:47:38 UTC +00:00>
[2] pry(main)> Post.count
   (0.3ms)  SELECT COUNT(*) FROM `posts`
=> 1
```

图7-14　一篇投稿

```
$ git add .
$ git commit -m '实现一览页面'
```

7.8.3 准备虚拟数据

为了确认界面，我们需要一定数量的投稿，以及多个用户的投稿。下面制作虚拟数据，一边确认界面，一边实现相关功能。

▶ Faker的安装

制作虚拟数据时，我们需要使用在测试中经常用到的Faker这个gem。在Gemfile中添加以下内容，进行安装。

▶ Gemfile

```
group :development, :test do
  ...
  gem 'faker'
end
```

```
$ bundle
```

在这种状态下，就可以像下方这样，从Faker中生成虚拟数据。

```
$ bin/rails c
> Faker::Internet.email
=> "kaci@nolanfadel.org"
```

▶ seeds文件的制作

接着，我们使用Faker进行seeds文件的准备。

在默认状态下，seeds.rb文件在db下生成。但是，如果增加了需要使用模型和seeds文件的用途等情况，而这时只有一个seed文件的话，就会缺乏灵活性。

这次，我们删除seeds.rb，制作一个db/seeds文件夹来代替，它可以管理多个seeds文件。在默认设置中，用rails db:seed命令可以运行seeds.rb的内容。我们像rails db:seed:xxx这样，添加Rake任务，分别运行各个seed文件的内容。

删除seeds.rb制作db/seeds文件夹的相关命令如下所示。

```
$ rm db/seeds.rb
$ mkdir db/seeds/
```

▶ lib/tasks/seed.rake

```
namespace :db do
  namespace :seed do
    Dir[Rails.root.join('db', 'seeds', '*.rb')].each do |filename|
      task_name = File.basename(filename, '.rb').intern
```

```
      task task_name => :environment do
        load(filename) if File.exist?(filename)
      end
    end
  end
end
```

用于生成User的seeds文件请参考下方，数值等可以任意设定。在生成用户后，为了进行Devise的认证，我们运行confirm方法来进行用户认证。

▶ db/seeds/users.rb

```
require "open-uri"
require 'openssl'

# https://github.com/stympy/faker/issues/763
OpenSSL::SSL::VERIFY_PEER = OpenSSL::SSL::VERIFY_NONE

puts 'Start inserting seed "users" ...'

10.times do
  user = User.create({
    name: Faker::Internet.unique.user_name,
    email: Faker::Internet.unique.email,
    password: Faker::Internet.password(8),
    avatar: open(Faker::Avatar.unique.image(slug = nil, size = '300x300', format = 'png'))
  })

  puts "\"#{user.name}\" has created!"

  user.confirm
end
```

刚才我们添加了seed.rake，现在可以对每个文件运行seed任务。因此运行以下命令，就可以制作用户的虚拟数据了。

```
$ bin/rails db:seed:users
```

接下来生成和用户投稿相关的虚拟数据。

▶ db/seeds/posts.rb

```
puts 'Start inserting seed "posts" ...'

3.times do |i|
  User.find_each do |user|
    puts "\"#{user.name}\" posted something!"
```

```
    user.posts.create({ body: Faker::Hacker.say_something_smart, user_id: user.
id })
  end
end
```

```
$ bin/rails db:seed:posts
```

现在虚拟数据的生成就完成了。访问界面，确认加入虚拟用户数据、投稿数据后，接着实现投稿按钮的功能。

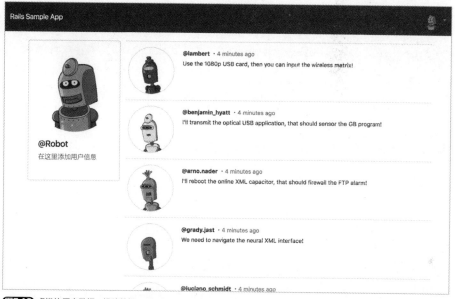

图7-15 虚拟的用户数据、投稿数据

```
$ git add .
$ git commit -m '添加seeds文件'
```

7.8.4 制作投稿按钮

在制作投稿按钮时，首先需要操作投稿的控制器。使用generate命令生成PostsController。

```
$ bin/rails g controller posts create
```

在7.2节"制作新的应用"中，我们自定义了generate命令，所以这里生成的文件是最小的文件。路由需要自己设定，方法如下。

▶ config/routes.rb

```
resources :posts, only: [:create]
```

在9.5节"注意缩小影响范围"中我们也会讲到，如果用except来排除不使用的方法，做成黑名单形式的设计，那么在添加到列表时，如果忘记使用except，就可能产生意想不到的问题。通常，最好使用only来添加，做成白名单的设计形式。

关于表单，我们使用Rails 5 中添加的form_with方法来实现。

▶ app/views/home/index.html.erb

```erb
<%= form_with model: Post.new do |f| %>
  <div class="input-group pb-4 mx-0">
    <%= f.text_field :body, class: "form-control", placeholder: "现在要做什么呢?" %>

    <span class="input-group-btn">
      <%= f.submit "投稿", class: "btn btn-primary" %>
    </span>
  </div>
<% end %>
```

控制器的设定

下面向控制器中添加create方法的内容和Strong Parameters的设定。

▶ app/controllers/posts_controller.rb

```ruby
class PostsController < ApplicationController
  def create
    if current_user.posts.create(post_params)
      flash[:notice] = 'Post was successfully created.'
    else
      flash[:error] = 'Something went wrong'
    end

    redirect_to :root
  end

  protected

  def post_params
    params.require(:post).permit(:body)
  end
end
```

在这种状态下访问http://localhost:3000，向表单中添加内容，单击"投稿"按钮后，投稿就会立刻显示出来。在form_with方法中，remote:true默认有效，所以会进行ajax通信，相关内容会显示在界面上。

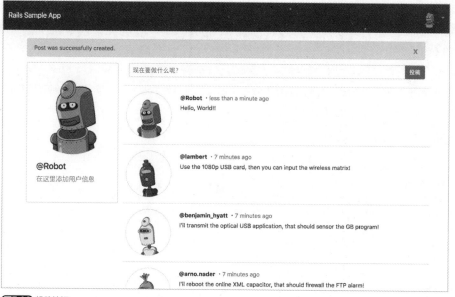

图7-16 投稿按钮

```
$ git add .
$ git commit -m '投稿按钮的实现'
```

7.8.5 实现pagenation功能

在本章的"显示投稿一览"中，像Post.order('desc')一样，获取所有的投稿并显示。但是这样的话，投稿越多的话加载时间就越长，这样会对用户造成负担。

因此，为了减轻这样的负担，我们需要安装pagenation，加载了一定数量的投稿后，可以根据用户的行为，再获取投稿进行显示。

kaminari的安装

在pagenation中，有像Twitter、Facebook一样在滚动条的最下方可以加载更多投稿的，类似Infinite scrolling的方法，这次我们添加和Google一样的pagenation模块。在实现pagenation模块以及和模型相连的pagenation时，kaminari是一个实现简单且有名的gem，下面使用它完成本节内容。

▶ Gemfile

```
gem 'kaminari'
```

```
$ bundle
```

安装好kaminari后，准备了生成kaminari的config命令，使用它完成配置文件。

```
$ bin/rails g kaminari:config
```

用这些配置文件可以进行各种设定。在本教程中没有进行特殊的变更，在实际的应用开发时，可以根据需要来删除注释前的#，并更改数值。

▶ config/initializers/kaminari_config.rb

```ruby
# frozen_string_literal: true
Kaminari.configure do |config|
  # config.default_per_page = 25
  # config.max_per_page = nil
  # config.window = 4
  # config.outer_window = 0
  # config.left = 0
  # config.right = 0
  # config.page_method_name = :page
  # config.param_name = :page
  # config.params_on_first_page = false
end
```

控制器的设定

下面进行控制器的设定。用params[:page]获取页码数，向page方法的参数传递params[:page]。

▶ app/controllers/home_controller.rb

```ruby
class HomeController < ApplicationController
  def index
    @user  = current_user
    @posts = Post.order('created_at desc').page params[:page]
  end
end
```

视图的设定

最后，在投稿一览的下方添加pagenation的方法。

▶ app/views/home/index.html.erb

```erb
<%= paginate @posts %>
```

制作用于Bootstrap的视图。

```
$ bin/rails g kaminari:views bootstrap4
```

运行generate命令后，在app/views/kaminari这个文件夹下制作用于pagenation的视图。向nav中添加py-3类，进行自定义设置。

▶ app/views/kaminari/_paginator.html.erb

```
<nav class="py-3">
  ..
   .
</nav>
```

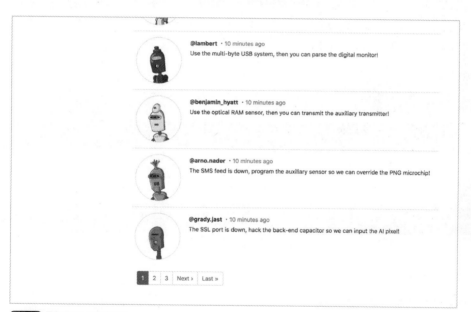

图7-17 用于pagenation的视图

现在，pagenation的实现就完成了，提交后进入下一步。

```
$ git add .
$ git commit -m "pagenation的实现"
```

7.9 显示用户的详细信息

现在，我们将每个用户的投稿数显示出来。关于实现方法，你可能觉得统计好用户的投稿数就可以了。但是，如果投稿数增加，或者需要统计的项目增加了，那么这些处理就会造成负担。我们可以使用SQL，但是这样代码就会变复杂。而且想按投稿数排序的时候，使用SQL没有办法体验索引的好处，因此这也不是一个好方法。

此外，还有一个方法，记录关联数据表的记录数来提高处理速度。

counter_culture的导入

在Rails中，默认含有用于统计记录数的counter_cache这个功能。但是counter_cache将数据表的更新和计数放在同一事务中进行，因此可能会发生死锁。而且如果不在初期实现的话，会和实际的数值产生差异，所以这次我们使用功能更加高级、灵活的counter_culture这个gem来进行实现。

下面是安装counter_culture的方法。

▶ Gemfile

```
gem 'counter_culture'
```

```
$ bundle
```

我们需要统计记录数的列，所以生成迁移文件，相关命令如下。

```
$ bin/rails g counter_culture User posts_count
```

在以下内容中确认迁移文件的生成，并运行迁移文件。

▶ db/migrate/xxxxxxxxxxxxxx_add_posts_count_to_users.rb

```ruby
class AddPostsCountToUsers < ActiveRecord::Migration[5.1]
  def self.up
    add_column :users, :posts_count, :integer, :null => false, :default => 0
  end

  def self.down
    remove_column :users, :posts_count
  end
end
```

```
$ bin/rails db:migrate
```

下面运行annotate，更新模型的数据表的定义注释。

```
$ bundle exec annotate
Annotated (1): app/models/user.rb
```

在模型中进行如下定义。

▶ app/models/post.rb

```ruby
class Post < ApplicationRecord
  belongs_to :user
  counter_culture :user
end
```

现在，实现就完成了。添加投稿，确认user.posts_count是否在进行计数。

调整统计数量

但是，现在还不能反映出添加posts_count列之前的投稿数量，这样就会和实际的数量产生差值。为了解决这个问题，counter_culture中有一个便利的方法。像下方这样运行counter_culture_fix_counts，和Post相关的记录数就会自动进行调整。

```
Post.counter_culture_fix_counts
```

```
$ bin/rails c
[1] pry(main)> Post.counter_culture_fix_counts
   (1.6ms)  SET NAMES utf8,  @@SESSION.sql_mode = CONCAT(CONCAT(@@sql_mode,
',STRICT_ALL_TABLES'), ',NO_AUTO_VALUE_ON_ZERO'),  @@SESSION.sql_auto_is_null =
0, @@SESSION.wait_timeout = 2147483
  User Load (8.7ms)  SELECT `users`.id, `users`.id, COUNT(`posts`.id)*1 AS
count, `users`.posts_count FROM `users` LEFT JOIN `posts` AS posts ON `users`.id
= posts.user_id GROUP BY `users`.`id` ORDER BY `users`.`id` ASC LIMIT 1000
   (0.2ms)  BEGIN
  SQL (3.1ms)  UPDATE `users` SET `users`.`posts_count` = 1 WHERE `users`.`id` =
2
   (1.0ms)  COMMIT
=> [{:entity=>"User", :id=>2, :what=>"posts_count", :wrong=>0, :right=>1}]
```

向模型中添加自定义方法

下面我们添加一个自定义方法,以 "%Y年%m月" 的形式返回用户创建时的年月信息。

▶ app/models/user.rb

```
def created_month
  created_at.strftime('%Y年%m月')
end
```

完成以上步骤后,再添加如下测试内容。

▶ spec/models/user_spec.rb

```
require 'rails_helper'

RSpec.describe User, type: :model do
  it '返回用户的创建年月' do
    user = User.new(email: 'hoge@example.com', created_at: Time.utc(2015, 1, 1, 12, 0, 0))
    expect(user.created_month).to eq '2015年01月'
  end
end
```

```
$ bundle exec rspec
....

Finished in 0.10225 seconds (files took 5.66 seconds to load)
4 examples, 0 failures
```

反映到视图

最后,将投稿数显示到用户信息的栏目中。

▶ app/views/home/index.html.erb

```
<p class="card-text">
  <span class="text-secondary"><%= "#{@user.created_month}登录" %></span><br/>
  <span class="text-secondary"><%= @user.posts_count %> posts</span>
</p>
```

再次启动服务器,打开界面,确认显示用户的详细信息后提交。

图7-18 用户的详细信息

```
$ git add .
$ git commit -m "显示用户的详细信息"
```

7.10 实现管理者界面

本章，我们将要添加投稿的管理功能。本次制作的app的要素是下方加粗的部分。

- ✓ ☐ 可以登录/退出。
- ✓ ☐ 可以设置个人信息（用户名/个人头像等）。
- ✓ ☐ 可以投稿。
- ✓ ☐ 可以浏览他人的投稿。
- ☐ **管理人可以管理投稿（删除等）。**

7.10.1 用Active Admin制作管理者界面

我们可能需要管理者权限来阅览所有信息并且能够进行编辑，从而可以在用户一览表中查找有没有奇怪的用户，或者在投稿一览表中查找有问题的投稿等。使用Active Admin，可以简单地实现管理者界面，从而可以显示每个模型的一览表，进行检索、编辑、删除等操作。

■ Active Admin的导入

安装Active Admin的方法如下。

▶ Gemfile

```
gem 'activeadmin'
```

```
$ bundle
```

安装完成后，运行generate命令，生成必要的文件。我们已经用Devise生成了User模型，所以可以指定--skip-users选项。

```
$ bin/rails g active_admin:install --skip-users
```

本来，这里应该运行迁移，但是检查生成的迁移文件db/migrate/xxxxxxxxxxxxxx_create_active_admin_comments.rb的内容后，发现添加了active_admin_comments这个数据表的内容。这次我们不使用这个数据表，所以不运行迁移命令，请把这个迁移文件删除。

下面继续更改active_admin.rb的设定，不让注释显示在菜单中。Admin Comments中写有注释，接下来将config.comments_menu是false部分的注释解除。

▶ config/initializers/active_admin.rb

```
# == Admin Comments
#
# This allows your users to comment on any resource registered with Active
Admin.
#
# You can completely disable comments:
# config.comments = false
#
# You can change the name under which comments are registered:
# config.comments_registration_name = 'AdminComment'
#
# You can change the order for the comments and you can change the column
# to be used for ordering:
# config.comments_order = 'created_at ASC'
#
# You can disable the menu item for the comments index page:
config.comments_menu = false
```

再次启动服务器，访问http://localhost:3000/admin，将显示Active Admin的登录界面。

图7-19 dashboard界面

现在，我们只能访问dashboard，所以接下来进行自定义。

```
$ git add .
$ git commit -m 'Active Admin的导入'
```

Active Admin的自定义

为了能够在管理者界面管理用户和投稿，我们需要进行自定义。首先进行设定，让用户可以显示在管理者界面上。

```
$ bin/rails g active_admin:resource User
```

运行上述命令后，会生成app/admin/user.rb文件，和User相关的管理界面的设定在这个文件中进行。访问dashboard后，菜单中会添加Users。我们单击它之后，在这个界面上，就可以进行用户的添加、编辑、删除、检索等操作了。

同样，我们也添加上和投稿相关的管理界面。

```
$ bin/rails g active_admin:resource Post
```

```
$ git add .
$ git commit -m '向Active Admin中添加User和Post的界面'
```

7.10.2 进行用户的权限管理

如果谁都可以阅览管理者界面的话，会造成问题，所以我们需要管理用户的权限。

添加role

首先，为了进行权限管理，我们需要对User模型添加role这一列。

```
$ bin/rails g migration AddRoleToUser role:integer
```

像下方这样修正文件，运行迁移命令。

▶ db/migrate/xxxxxxxxxxxxxx_add_role_to_user.rb

```ruby
class AddRoleToUser < ActiveRecord::Migration[5.1]
  def change
    add_column :users, :role, :integer, null: false, default: 0
  end
end
```

```
$ bin/rails db:migrate
```

```
$ bundle exec annotate
Annotated (2): app/models/user.rb, spec/models/user_spec.rb
```

向User模型中添加以下内容。在admin中，授予了Active Admin的管理者权限，因此在迁移文件中role的默认值为0（通常的user权限）。

▶ app/models/user.rb

```ruby
enum role: { user: 0, admin: 1 }
```

现在，模型的准备完成了。在rails console中可以对行为进行确认。从Rails 5 开始enum的行为发生了变化，之前在获取role后，返回原来定义的数值，现在返回enum的key。

```
$ bin/rails c
[1] pry(main)> User.first.role
   (2.7ms)  SET NAMES utf8, @@SESSION.sql_mode = CONCAT(CONCAT(@@sql_mode,
',STRICT_ALL_TABLES'), ',NO_AUTO_VALUE_ON_ZERO'),  @@SESSION.sql_auto_is_null =
0, @@SESSION.wait_timeout = 2147483
  User Load (0.3ms)  SELECT  `users`.* FROM `users` ORDER BY `users`.`id` ASC
LIMIT 1
=> nil
```

我们可以像下方这样判断是否为admin。

```
[2] pry(main)> User.first.admin?
  User Load (1.1ms)  SELECT  `users`.* FROM `users` ORDER BY `users`.`id` ASC
LIMIT 1
=> false
```

```
$ git add .
$ git commit -m '向用户模型添加role'
```

7.10.3 权限的控制

现在，我们利用添加的role，来限制Active Admin的dashboard的阅览。为了进行限制，需要将Active Admin中的用户认证功能有效化。在active_admin.rb中的User Authentication中写有注释。我们把config.authentication_method中代入为Symbol的部分的注释解除。将这行有效化后，在进行用户认证时，就会参考authenticate_admin_user!方法了。

▶ config/initializers/active_admin.rb

```
# == User Authentication
#
# Active Admin will automatically call an authentication
# method in a before filter of all controller actions to
# ensure that there is a currently logged in admin user.
#
# This setting changes the method which Active Admin calls
# within the application controller.
config.authentication_method = :authenticate_admin_user!    ←解除注释
```

我们需要自己定义authenticate_admin_user!方法，所以需要在application_controller中定义方法。同时，当认证没有通过时，会发生SecurityError异常。为了消除这个错误，需要重定向到root_url

▶ app/controllers/application_controller.rb

```ruby
rescue_from SecurityError do |exception|
  redirect_to root_url, notice: '没有访问管理者界面的权限。'
end

protected

def authenticate_admin_user!
  raise SecurityError unless current_user.try(:admin?)
end
```

再次启动服务器，访问http://localhost:3000/admin，会显示"没有访问管理者界面的权限"这条信息，然后正如我们期望的一样，已经重定向到投稿一览页面。

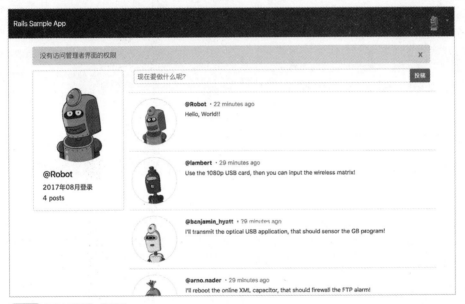

图7-20 重定向到投稿一览页面

下面我们验证admin用户确实有权限进入Active Admin页面。这次，需要手动将想要授予管理者权限的用户的role改为admin。

```
$ bin/rails c
[1] pry(main)> User.first.update_attributes(role: :admin)
   (2.6ms)  SET NAMES utf8, @@SESSION.sql_mode = CONCAT(CONCAT(@@sql_mode,
',STRICT_ALL_TABLES'), ',NO_AUTO_VALUE_ON_ZERO'),  @@SESSION.sql_auto_is_null =
0, @@SESSION.wait_timeout = 2147483
  User Load (0.3ms)  SELECT  `users`.* FROM `users` ORDER BY `users`.`id` ASC
LIMIT 1
   (0.2ms)  BEGIN
```

```
    SQL (2.6ms)  UPDATE `users` SET `role` = 1, `updated_at` = '2017-10-30
07:16:12' WHERE `users`.`id` = 2
   (0.7ms)  COMMIT
=> true
[2] pry(main)> User.first.role
  User Load (0.4ms)  SELECT `users`.* FROM `users` ORDER BY `users`.`id` ASC
LIMIT 1
=> "admin"
[3] pry(main)> User.first.admin?
  User Load (0.4ms)  SELECT `users`.* FROM `users` ORDER BY `users`.`id` ASC
LIMIT 1
=> true
```

我们登录role指定为admin的用户后，再次访问http://localhost:3000/admin。如果顺利显示Active Admin页面的话，用户的权限管理就完成了。

图7-21 Active Admin页面

```
$ git add .
$ git commit -m '增加Active Admin的阅览限制'
```

Sidekiq dashboard的阅览限制

现在，用户可以保存role，然后进行Sidekiq的设定。我们把对Sidekiq进行mount操作的部分改为以下内容。

▶ config/routes.rb

```
authenticate :user, ->(u) { u.admin? } do
  mount Sidekiq::Web, at: '/sidekiq'
end
```

再次启动服务器，访问http://localhost:3000/sidekiq，确认没有admin权限的用户无法阅览。

```
$ git add .
```

```
$ git commit -m '增加Sidekiq的阅览限制'
```

现在，样例应用的制作就完成了。在下一章中，我们终于可以对样例应用进行配置了。

> **COLUMN**
>
> 这次的管理权限比较简单，可以自己进行实现，不过今后可能需要在别的页面或者用别的条件进行阅览限制。和权限管理相关的代码，必须加入业务逻辑的条件分支。在控制器、模型中，if语句和switch语句会增多，代码的可读性容易降低。如果在用户权限管理上发生问题的话，可能会产生严重的安全事故，所以要注意保持代码的可读性，防止bug的产生。
>
> 此外，对于权限管理，我们还可以导入pundit、cancancan等有名的gem。在cancancan中，用户管理的定义放在ability.rb这一个文件中。所以当应用扩大时，这个文件会变得冗长，从而难以管理，而在对每个字段添加权限方面，pundit更加灵活，所以扩展性好的pundit更加受欢迎。

CHAPTER 8 部署应用

8.1 用AWS搭建环境

现在，我们搭建配置应用的环境，这里指的是把制作好的应用部署到服务器中，让用户可以使用。

本次我们使用AWS的CloudFormation搭建环境。CloudFormation是用代码（JSON形式）管理基础设施的工具，用代码管理基础设施的概念叫Infrastructure as Code。用代码管理基础设施的工具中，HashiCorp公司的terraform也很有名。

本书的目标是，让没有部署经验的人掌握基本的服务器操作方法。实际把服务应用到本地上时，建议大家多比较一些工具，并对其构成进行研究。

8.1.1 本章的学习方法

本书中涉及的向CloudFormation的CLI传递的参数、设定文件、作为目标的URL等都会公开在GitHub上。

- ror5book/RailsSampleAppInfra
  https://github.com/ror5book/RailsSampleAppInfra

因为大家可以获取到源码，所以我们一边实际接触源码，一边学习本章，在实践中掌握技术。

此外，本章在本地计算机和主机上进行操作。当命令的开头有local时，请在本地计算机上进行操作。

表 8-1 命令开头的内容

内容	含义
[local]	本地计算机
[root]	主机的root用户
[ec2-user]	主机的ec2-user用户
[admin]	主机的admin用户（本次随意生成的用户）

8.1.2 应用的构成和制作的AWS资源

在本章开头说过，本章操作的应用构成是手把手教学的简单构成。比如，Rails应用和Redis构筑在同一台服务器上，运转应用的服务器只有一台等。在原来的本地环境中，为了避免内存瓶颈，应该将Rails应用与Redis分开，为了避免服务器的冗长化，应该在负载平衡器下添加多台EC2实例。

这只是一个简单的例子，下面我们先动手学习部署应用吧。

应用的构成

本次制作的应用的整体结构和请求流程如下图所示。

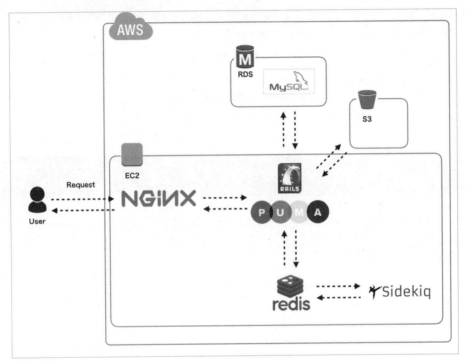

图8-1 应用的整体结构和请求流程

表8-2 AWS的服务

服务名	作用
Amazon S3	存储
Amazon RDS	数据库（RDBMS）
Amazon EC2	虚拟服务器

表8-3 EC2中的中间件

中间件名	作用
puma	应用服务器
nginx	Web服务器
Redis	数据库（KVS）

这里出现了很多服务，有些复杂，下面是简化之后的内容。

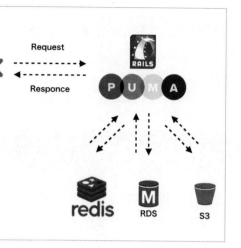

图8-2 简化后的服务图

- nginx接收请求后原样返回给用户，或者把请求发送给Rails应用。
- Rails应用从nginx接收请求后，根据需要获取图像等资源（S3）。
- 获取用户信息等数据（RDS）。
- 进行异步处理的job的管理（Redis+Sidekiq）。

AWS资源群

本次制作AWS资源的详细内容如下。

表8-4 本次制作的资源

资源属性类型	概要
AWS::EC2::Instance	作为Web服务器使用的EC2实例
AWS::EC2::EIP	和EC2实例连接的EIP
AWS::EC2::SecurityGroup	用于EC2实例的安全组
AWS::RDS::DBInstance	数据库的实例
AWS::RDS::DBSecurityGroup	用于DB的安全组
AWS::S3::Bucket	云储存的桶
AWS::CloudFormation::Stack	用CloudFormation管理的资源堆

※ 对于本次制作的资源，每月需要一定美元的使用费。
※ 关于费用问题请到官方网站确认（https://aws.amazon.com/jp/pricing/）。

COLUMN

AWS按照使用量计算费用，因此可能在没有注意到的时候就产生了花费。所以在实际使用之前，我们需要在预算管理界面设定警告（Account Settings>Budgets）。

8.1.3　AWS的事先准备

本次我们从CLI中使用CloudFormation工具。为了使用该工具，需要在AWS上进行配置，我们参考下方AWS提供的用户指南进行准备。

- 对AWS的配置。
  https://aws.amazon.com/jp/register-flow/
- IAM组的制作、管理。
  http://docs.aws.amazon.com/ja_jp/IAM/latest/UserGuide/id_groups_create.html
  http://docs.aws.amazon.com/ja_jp/IAM/latest/UserGuide/id_groups_manage.html
  在制作组时，请附加以下策略。这是在实际操作中必需的权限。
    - AmazonRDSFullAccess
    - AmazonEC2FullAccess
    - AmazonS3FullAccess
    - AdministratorAccess
    - IAMUserSSHKeys
    - AWSCloudFormationReadOnlyAccess
- IAM用户的制作。
  http://docs.aws.amazon.com/ja_jp/IAM/latest/UserGuide/id_users_create.html
- 获取access key ID和secret access key。
  http://docs.aws.amazon.com/ja_jp/IAM/latest/UserGuide/id_credentials_access-keys.html
- AWS CLI的安装。
  http://docs.aws.amazon.com/ja_jp/cli/latest/userguide/installing.html

AWS CLI的配置

安装好AWS CLI后，在自己的计算机上，利用aws命令可以制作AWS的资源。利用命令行可以设定制作好的AWS账号信息。

```
[local]$ aws configure
AWS Access Key ID [None]: XXXXXXXX
AWS Secret Access Key [None]: XXXXXXXX
Default region name [None]: ap-northeast-1
```

```
Default output format [None]: json
```

- AWS Access Key ID　　　制作IAM用户时获取的access key。
- AWS Secret Access Key　制作IAM用户时获取的secret key。
- Default region name　　 按所在时区指定。
- Default output format　 输出格式请指定json。

生成密钥对

接下来，我们用下方命令生成密钥对。因为没有~/.ssh/这个目录的话，会发生错误，所以没有目录时我们需要用mkdir命令生成相关的目录。

```
$ aws ec2 create-key-pair --key-name RailsSampleAppKey \
                          --query 'KeyMaterial' \
                          --output text > ~/.ssh/RailsSampleAppKey.pem
```

- ror5book/RailsSampleAppInfra
  https://github.com/ror5book/RailsSampleAppInfra/blob/master/commands/create-key-pair

运行完成后，~/.ssh下将生成pem文件。下面我们来确认它的内容。

```
$ cat ~/.ssh/RailsSampleAppKey.pem
-----BEGIN RSA PRIVATE KEY-----
MIIEowIBAAKCAQEAgdmGhKow1JF5k9/GNTuMLWNeDPuIsI7FiqAVzvDnoMCWJAvJf7aWoNwhDL9J
dIHT0aTJrh2eZxtb83uyB8wmiVEeku5wi40iZ7fXLLxjwPkGKm3S9fn13qMGAGiXAb6LQvdbjGwP
..
a4fvAwcBqK3Ti/NF56+NOvMEWEmuQzFPHv/KX1U1/0izEKdHk4JtZbzRh6GCzIY/5ZsuVYEnFh9I
c3I4uikhD5kmmGyumuLzFhrANALB3b/B2MB+ZSOntNOHtDG43jMDhUVRstTuBmaDrf51
-----END RSA PRIVATE KEY-----
```

刚生成的pem文件，允许其他用户看到其内容，我们需要对权限进行更改。如果不更改的话，登录到服务器时可能会产生错误。

```
$ chmod 400 ~/.ssh/RailsSampleAppKey.pem
```

我们在管理控制台，确认EC2>Key Pairs（密钥对）后，会生成RailsSampleAppKey这个密钥对。

图8-3 RailsSampleAppKey

制作stack

CloudFormation的stack指的是模板和与之相关的资源的统一。如果有stack原本的模板，那么就可以明白这个应用需要什么，从而可以用模板再现服务器组。我们运行AWS CLI的create-stack命令，实际生成stack。模板是以JSON形式管理的，文件中写有stack的信息（服务器构成）。

- stack_template.json
  https://raw.githubusercontent.com/ror5book/RailsSampleAppInfra/master/templates/stack_template.json

本次使用的模板的服务器构成如下图所示。这个图称为设计模板，指的是用图来表示JSON形式的模板。我们可以从CloudFormation的控制台界面确认设计模板，通过GUI直观地制作和更新服务器构成。

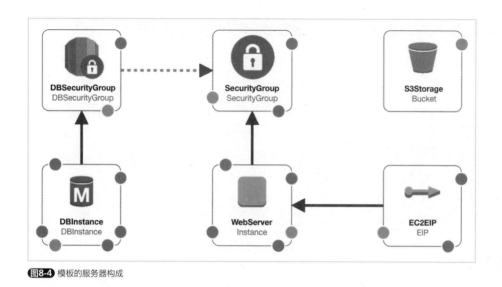

图8-4 模板的服务器构成

下面我们运行create-stack命令制作stack。

```
$ aws cloudformation create-stack --stack-name RailsSampleApp \
                                  --template-body https://raw.githubusercontent.com/ror5book/RailsSampleAppInfra/master/templates/stack_template.json \
                                  --tags Key=Name,Value=RailsSampleApp \
                                  --parameters ParameterKey=DBName,ParameterValue=RailsSampleApp \
                                               ParameterKey=DBPassword,ParameterValue=[任意的密码] \
                                               ParameterKey=DBRootPassword,ParameterValue=[任意的密码] \
                                               ParameterKey=DBUser,ParameterValue=admin \
                                               ParameterKey=InstanceType,ParameterValue=t2.micro \
                                               ParameterKey=KeyName,ParameterValue=RailsSampleAppKey
{
    "StackId": "arn:aws:cloudformation:ap-northeast-1:666026283956:stack/RailsSampleApp/7326ca60-8851-11e7-afcf-50fa13f2a811"
}
```

- ror5book/RailsSampleAppInfra

    https://github.com/ror5book/RailsSampleAppInfra/blob/master/commands/create-stack

访问AWS控制台>CloudFormation>stack的界面，确认存在名为RailsSampleApp的stack。把状态（status）切换成UPDATE_COMPLETE后，资源的制作就完成了。

此外，关于stack的进展情况，我们可以单击RailsSampleApp，在stack的详细信息界面进行确认（Stacks>Stack Detail>Events）。

▾ Events

2017-08-27	Status	Type	Logical ID	Status reason
▸ 02:54:41 UTC+0900	CREATE_COMPLETE	AWS::S3::Bucket	S3BJS4I	
▸ 02:54:38 UTC+0900	CREATE_IN_PROGRESS	AWS::RDS::DBInstance	DBInstance	Resource creation Initiated
02:54:30 UTC+0900	CREATE_IN_PROGRESS	AWS::RDS::DBInstance	DBInstance	
▸ 02:54:27 UTC+0900	CREATE_COMPLETE	AWS::RDS::DBSecurityGroup	DBSecurityGroup	
▸ 02:54:26 UTC+0900	CREATE_IN_PROGRESS	AWS::EC2::Instance	WebServer	Resource creation Initiated
▸ 02:54:25 UTC+0900	CREATE_IN_PROGRESS	AWS::RDS::DBSecurityGroup	DBSecurityGroup	Resource creation Initiated
02:54:24 UTC+0900	CREATE_IN_PROGRESS	AWS::EC2::Instance	WebServer	
02:54:24 UTC+0900	CREATE_IN_PROGRESS	AWS::RDS::DBSecurityGroup	DBSecurityGroup	
▸ 02:54:21 UTC+0900	CREATE_COMPLETE	AWS::EC2::SecurityGroup	WebServerSecurityGroup	
▸ 02:54:20 UTC+0900	CREATE_IN_PROGRESS	AWS::S3::Bucket	S3BJS4I	Resource creation Initiated
▸ 02:54:20 UTC+0900	CREATE_IN_PROGRESS	AWS::EC2::SecurityGroup	WebServerSecurityGroup	Resource creation Initiated
02:54:19 UTC+0900	CREATE_IN_PROGRESS	AWS::EC2::SecurityGroup	WebServerSecurityGroup	
02:54:18 UTC+0900	CREATE_IN_PROGRESS	AWS::S3::Bucket	S3BJS4I	
▸ 02:54:13 UTC+0900	CREATE_IN_PROGRESS	AWS::CloudFormation::Stack	RailsSampleApp	User Initiated

图8-5 stack的详细信息界面

COLUMN

如果资源的状态是CREATE_FAILED，我们需要确认错误的内容后进行处理。比方说当出现如下界面时，说明AWS::EC2::Instance中发生了The image id ‘[amiea87a78f]’ does not exist错误。

▾ Events

2017-08-31	Status	Type	Logical ID	Status reason
▸ 04:19:58 UTC+0900	ROLLBACK_COMPLETE	AWS::CloudFormation::Stack	RailsSampleApp	
▸ 04:19:57 UTC+0900	DELETE_COMPLETE	AWS::EC2::SecurityGroup	WebServerSecurityGroup	
▸ 04:19:56 UTC+0900	DELETE_IN_PROGRESS	AWS::EC2::SecurityGroup	WebServerSecurityGroup	
▸ 04:19:55 UTC+0900	DELETE_COMPLETE	AWS::S3::Bucket	S3BJS4I	
▸ 04:19:54 UTC+0900	DELETE_COMPLETE	AWS::RDS::DBSecurityGroup	DBSecurityGroup	
▸ 04:19:54 UTC+0900	DELETE_IN_PROGRESS	AWS::RDS::DBSecurityGroup	DBSecurityGroup	
▸ 04:19:53 UTC+0900	DELETE_IN_PROGRESS	AWS::S3::Bucket	S3BJS4I	
04:19:53 UTC+0900	DELETE_COMPLETE	AWS::EC2::Instance	WebServer	
▸ 04:19:47 UTC+0900	ROLLBACK_IN_PROGRESS	AWS::CloudFormation::Stack	RailsSampleApp	The following resource(s) failed to create: [DBSecurityGroup, S3BJS4I, WebServer]. . Rollback requested by user.
▸ 04:19:46 UTC+0900	CREATE_FAILED	AWS::RDS::DBSecurityGroup	DBSecurityGroup	Resource creation cancelled
▸ 04:19:45 UTC+0900	CREATE_FAILED	AWS::S3::Bucket	S3BJS4I	Resource creation cancelled
▸ 04:19:45 UTC+0900	CREATE_IN_PROGRESS	AWS::RDS::DBSecurityGroup	DBSecurityGroup	Resource creation Initiated
04:19:45 UTC+0900	CREATE_FAILED	AWS::EC2::Instance	WebServer	The image id '[ami-ea87a78f]' does not exist
04:19:44 UTC+0900	CREATE_IN_PROGRESS	AWS::EC2::Instance	WebServer	
04:19:43 UTC+0900	CREATE_IN_PROGRESS	AWS::RDS::DBSecurityGroup	DBSecurityGroup	
▸ 04:19:41 UTC+0900	CREATE_IN_PROGRESS	AWS::S3::Bucket	S3BJS4I	Resource creation Initiated
▸ 04:19:41 UTC+0900	CREATE_COMPLETE	AWS::EC2::SecurityGroup	WebServerSecurityGroup	
▸ 04:19:39 UTC+0900	CREATE_IN_PROGRESS	AWS::EC2::SecurityGroup	WebServerSecurityGroup	Resource creation Initiated
04:19:38 UTC+0900	CREATE_IN_PROGRESS	AWS::EC2::SecurityGroup	WebServerSecurityGroup	
04:19:38 UTC+0900	CREATE_IN_PROGRESS	AWS::S3::Bucket	S3BJS4I	
▸ 04:19:33 UTC+0900	CREATE_IN_PROGRESS	AWS::CloudFormation::Stack	RailsSampleApp	User Initiated

图8-6 发生错误

这种情况，可能是因为CloudFormation模板中写有的机器镜像的ID太旧，可以参考8.3节“制作AMI”中CloudFormation的更新，来更新机器镜像的ID。

确认EC2的连接

通过AWS控制台>EC2>实例,确认一览表,之后会生成名为RailsSampleApp的实例。这个设定,是在制作stack时指定的、以--template-body的URL中的模板为基础制作的。在模板中,已经进行了EIP(Elastic IP)的设定,所以实例的EIP已经处于被设定的状态了。

那么,我们尝试用SSH连接实例。

```
[local]$ ssh -i ~/.ssh/RailsSampleAppKey.pem ec2-user@[制作的实例的EIP]
The authenticity of host 'xx.xx.xx.xx (xx.xx.xx.xx)' can't be established.
ECDSA key fingerprint is SHA256:U/TZWCsD3V6VBVHdHftQNY6wCZuN1xYPwmdPXRxxxxx.
Are you sure you want to continue connecting (yes/no)? yes
Warning: Permanently added 'xx.xx.xx.xx' (ECDSA) to the list of known hosts.

       __|  __|_  )
       _|  (     /   Amazon Linux AMI
      ___|\___|___|

https://aws.amazon.com/amazon-linux-ami/2017.03-release-notes/
8 package(s) needed for security, out of 8 available
Run "sudo yum update" to apply all updates.
Amazon Linux version 2017.09 is available.
[ec2-user@ip-xxx-xx-xx-xx ~]$
```

然后确认是否返回了以上回复。本次制作的实例,是一个什么都没有设定的空实例。在下一节中,我们将实际进行实例的配置。

COLUMN

用AWS生成实例时,分配的IP地址,当重新启动时会改变。通过分配EIP这个固定的public IP,可以防止每次IP地址都发生变化。
如果是运行中的实例,EIP可以免费分配一次。

8.1.4 学习本章时必要的基础知识

本章是在服务器上进行操作,所以我们需要对最基础的命令、编辑器进行说明。

Linux基础命令

表8-5是文中出现的Linux的基本命令。本书的目标用户是使用过这些命令的人,所以这里省去详细说明。

表 8-5 Linux的基本命令

命令	操作
cat	文件内容的阅览
pwd	显示现在作业的场所
cd	作业文件夹的移动
ls	显示文件、文件夹信息
mkdir	文件夹的制作
touch	空文件的制作
sudo	用指定的用户运行命令
su	成为超级用户（获取路由权限）
exit	退出/进程的结束
chown	更改文件、文件夹的权限
ps	确认运行中的进程
tail	显示文件的末尾

COLUMN

如果想要通过更改、删除stack的参数对行为进行确认，请参考以下命令来确认行为。
更新stack需要像下方这样运行。

```
$ aws cloudformation update-stack --stack-name RailsSampleApp \
                                  --use-previous-template \
                                  --parameters ParameterKey=DBName,UsePreviousValue=true \
                                               ParameterKey=KeyName,UsePreviousValue=true \
                                               ParameterKey=DBPassword,UsePreviousValue=true \
                                               ParameterKey=DBRootPassword,UsePreviousValue=true \
                                               ParameterKey=DBUser,UsePreviousValue=true \
                                               ParameterKey=InstanceType,ParameterValue=t2.micro
```

- RailsSampleAppInfra/commands/update-stack
  https://github.com/ror5book/RailsSampleAppInfra/blob/master/commands/update-stack

想要删除stack的话，运行下方内容。

```
$ aws cloudformation delete-stack --stack-name RailsSampleApp
```

- RailsSampleAppInfra/commands/delete-stack
  https://github.com/ror5book/RailsSampleAppInfra/blob/master/commands/delete-stack

这里介绍的命令是最基础的内容，之后根据需要大家可以自行查阅相关介绍。

vi编辑器

vi编辑器，是在命令行上完成作业，它是UNIX OS中的标准编辑器。初学者在还没习惯时可能会比较吃力，所以没有用过vi编辑器的人，在继续学习本章前，请在本地计算机上实际进行一下文本的编辑。

```
$ vi hoge.txt
~
~
~
~
"hoge.txt" [New File]
```

hoge.txt的编辑界面打开后，在上面这种状态下按i键，可以在文件中输入内容。

```
$ vi hoge.txt
~
~
~
~
-- INSERT --
```

在界面下方会显示--INSERT-字样（根据环境的不同，有可能不显示INSERT，总之只要能够输入文字就没问题了）。现在vi切换为"输入模式"，可以更改文件内容。在vi编辑器中，可以切换"正常模式""输入模式""命令行模式"等多个模式进行操作。各个模式可以进行的操作不同，下面简单整理了对于最基础操作来说必要的模式。

表 8-6 对于操作必要的模式

模式	操作	模式的切换
正常模式	使用复制、粘贴、hjkl键等移动光标	在其他模式按Esc键
输入模式	输入文字	在正常模式按i、a键等
命令行模式	运行保持、结束、外部命令	在正常模式按:冒号

启动vi后默认是正常模式，我们按i键后切换为输入模式就可以输入文字了。确认是输入模式后，尝试输入hello!。

```
$ vi hoge.txt
hello!
~
~
```

```
~
-- INSERT --
```

想要进行保存的话,首先输入Esc返回正常模式。然后,按顺序输入:w q,最后再按Enter键,就可以保存文本了。不过,输入:的话,界面下方文字输入的焦点就变了,这个状态是命令行模式。

```
$ cat hoge.txt
hello!
```

我们就这样进行文件的编辑。如果没有文件的编辑权限,即使运行了保存命令,也会显示下方readonly的提示信息,无法进行保存。

```
$ vi hoge.txt
hello!
~
~
~
E45: 'readonly' option is set (add ! to override)~
```

在这种情况下,我们可以运行强制保存的命令,还可以用有编辑权限的用户来进行编辑(通过sudo赋予的权限对文件进行编辑,比如sudo vi hoge.txt)。经常使用的命令请参考下表,比如:wq的含义是按照 : → w → q → Enter这样的顺序输入符号和字母,最后按Enter键。

表 8-7 经常使用的命令

操作	命令
保存更改内容	:w
保存更改内容后结束	:wq
变成更改内容后强制结束	:wq!
结束vi	:q
撤销更改内容强制结束	:q!
显示文件的行数	:set number

CHAPTER 8　部署应用

8.2 进行EC2的配置

本节的目的是学会自己进行AMI基础的设定。我们在准备能够运行Ruby的环境的同时，对用户的设定、程序包的更新等情况进行说明。

8.2.1 用户的制作

在8.1节"用AWS搭建环境"中，我们用ec2-user这个Amazon Linux的默认用户，进行了对EC2的连接确认。如果我们就这样使用默认用户，也可以给多个小组成员发布登录信息来进行开发，但是创建新的用户会更加安全。

那么，为了用户设定，我们来连接EC2吧。

```
[local]$ ssh -i ~/.ssh/RailsSampleAppKey.pem ec2-user@[制作的实例的EIP]
Last login: Mon Jun  5 07:48:08 2017 from softbank126015022195.bbtec.net

       __|  __|_  )
       _|  (     /   Amazon Linux AMI
      ___|\___|___|

https://aws.amazon.com/amazon-linux-ami/2017.03-release-notes/
6 package(s) needed for security, out of 8 available
Run "sudo yum update" to apply all updates.
Amazon Linux version 2017.09 is available.
[ec2-user@ip-xxx-xx-xx-xx ~]$
```

为了使用root权限进行作业，可以使用sudo su命令成为超级用户。

```
[ec2-user]$ sudo su -
```

下面的命令将生成新的系统用户。这次，我们将用户名设为admin。

```
[root]# adduser admin
```

下面使用passwd命令为用户设定任意的密码。要注意，虽然会提示输入密码，但是我们在输入的时候并不会显示任何字符。

```
[root]# passwd admin
Changing password for user admin.
New password: ******
Retype new password: ******
passwd: all authentication tokens updated successfully.
```

317

为了能够切换为root权限，需要编辑sudoers文件（用于sudo命令的配置文件）。我们在标准的文本编辑器上编辑sudoers文件，通常会使用vi编辑器，所以在编辑时可以参考8.1节"用AWS搭建环境"中必要的基础知识。

```
[root]# visudo
```

在大约第91行，编写着root设定的下面，添加上和admin相关的记录。在vi编辑器界面输入/ALL=后按Enter键，就可以检索出相应的位置了。

```
root    ALL=(ALL)       ALL
admin   ALL=(ALL)       NOPASSWD: ALL
```

使用下面的命令可以切换为新创建的用户。

```
[root]$ su - admin
```

接着进行authorized_keys的设定。

```
[admin]$ mkdir ~/.ssh
[admin]$ chmod 700 ~/.ssh
[admin]$ touch ~/.ssh/authorized_keys
[admin]$ chmod 600 ~/.ssh/authorized_keys
```

为了在主机的authorized_keys中设定公钥，我们来确认本地机器的密钥内容。在制作新的密钥时，我们使用以下命令。接着会请求密码，我们可以任意设定密码。这个密码，在使用公钥登录时会用到，所以不要忘记。

此外，因为ssh-keygen命令有可能覆盖已经存在的密钥，所以要确保生成的密钥名称和原有的名称不一样。

```
[local]$ cd ~/.ssh
[local]$ ssh-keygen
Generating public/private rsa key pair.
Enter file in which to save the key (/Users/****/.ssh/id_rsa):
Enter passphrase (empty for no passphrase):
Enter same passphrase again:
Your identification has been saved in /Users/****/.ssh/id_rsa.
Your public key has been saved in /Users/****/.ssh/id_rsa.pub.
The key fingerprint is:
...
The key's randomart image is:
+--[ RSA 2048]----+
...
+-----------------+
```

确认登录主机的公钥内容，然后将其复制。

```
[local]$ cat ~/.ssh/id_rsa.pub
ssh-rsa pnI7p42rAaPyKsuyQF9hvXLTOiZrJ8HWZpPhM9FDZIbVVq16yrhxCG4yodprfFZr6JpnERcn
q2Ob5Pv8aaNvFzGDYrIbTi4SKpjRioHonKRP2mXioeEZSaSd6nPXhOlOFiXOPIJbOsXSCg63hMG6Ve7
O3WEomloxnhzRwUexxlfHbIw44ccZJ4u8nPjmVyx3AcQnMDvgfnYp2bejXW21SZPpn4gPkho3hrQxkH
EPFm3Ol0fpsDbMo96E1AENonTNE1jbg1SzatQ6ueUWXldfZRIF8Yuva5nWB5FBImjrTRzxXy7zZ3MBF
LnS9sXcLza3b20kRaSJh0Ovt5eMei1MdcwuI6faHhpXpIqCLLDdMNUlazzzxYeb
user@machine.local
```

下面返回到主机上的作业。用生成的admin用户打开authorized_keys，粘贴刚才复制的公钥内容，然后保存。

```
[admin]$ vi ~/.ssh/authorized_keys
ssh-rsa pnI7p42rAaPyKsuyQF9hvXLTOiZrJ8HWZpPhM9FDZIbVVq16yrhxCG4yodprfFZr6JpnERcn
q2Ob5Pv8aaNvFzGDYrIbTi4SKpjRioHonKRP2mXioeEZSaSd6nPXhOlOFiXOPIJbOsXSCg63hMG6Ve7
O3WEomloxnhzRwUexxlfHbIw44ccZJ4u8nPjmVyx3AcQnMDvgfnYp2bejXW21SZPpn4gPkho3hrQxkH
EPFm3Ol0fpsDbMo96E1AENonTNE1jbg1SzatQ6ueUWXldfZRIF8Yuva5nWB5FBImjrTRzxXy7zZ3MBF
LnS9sXcLza3b20kRaSJh0Ovt5eMei1MdcwuI6faHhpXpIqCLLDdMNUlazzzxYeb
user@machine.local
```

现在，设定就完成了，然后从主机退出。我们通过下方命令，确认可以用本地机器的公钥登录admin用户。这里需要刚才在本地机器中生成密钥时设定的密码。

```
[local]$ ssh admin@[生成的实例EIP]
Last login: Sat Aug 26 16:19:23 2017

       __|  __|_  )
       _|  (     /   Amazon Linux AMI
      ___|\___|___|

https://aws.amazon.com/amazon-linux-ami/2017.03-release-notes/
1 package(s) needed for security, out of 1 available
Run "sudo yum update" to apply all updates.
Amazon Linux version 2017.09 is available.
[admin]$
```

如果已经存在同名的密钥，想用别的名称生成密钥的话，我们可以像下方这样，用ssh命令的-i选项，指定生成其他名称的密钥。

```
ssh admin@[生成的实例EIP] -i ~/.ssh/hoge
```

8.2.2 程序包的安装

我们在生成的admin用户的目录下进行服务器的设定。首先，使用admin用户登录实例。

```
[local]$ ssh admin@[生成的实例EIP]
```

下面是默认进行安装的程序包的更新。

```
[admin]$ sudo yum update -y
```

为了运行本次的Rails项目，我们需要安装必要的程序包。

```
[admin]$ sudo yum -y install git gcc-c++ openssl-devel readline-devel ImageMagick nginx
```

8.2.3 rbenv和Ruby的安装

在1.1节"Ruby的安装"中我们也讲过，同样在EC2上也可以使用rbenv来进行Ruby的安装。运行以下命令，进行rbenv和ruby-build的设置。

```
[admin]$ mkdir ./.rbenv
[admin]$ git clone https://github.com/rbenv/rbenv.git /.rbenv
[admin]$ mkdir ./.rbenv/plugins/.rbenv/plugins/ruby-build
[admin]$ git clone https://github.com/rbenv/ruby-build.git /.rbenv/plugins/ruby-build
[admin]$ cd /.rbenv/plugins/ruby-build
[admin]$ sudo ./install.sh
[admin]$ echo 'export PATH="$HOME/.rbenv/bin:$PATH"' >> /.bash_profile
[admin]$ echo 'eval "$(rbenv init -)"' >> /.bash_profile
[admin]$ source /.bash_profile
```

然后我们使用rbenv安装Ruby 2.4.1。

```
[admin]$ rbenv install 2.4.1
Downloading ruby-2.4.1.tar.bz2...
-> https://cache.ruby-lang.org/pub/ruby/2.4/ruby-2.4.1.tar.bz2
Installing ruby-2.4.1...
Installed ruby-2.4.1 to /home/admin/.rbenv/versions/2.4.1
[admin]$ rbenv versions
* system (set by /home/admin/.rbenv/version)
  2.4.1
```

安装完成后，我们对global设定为2.4.1，接着确认设定的版本是否正确。

```
[admin]$ rbenv global 2.4.1
[admin]$ ruby -v
ruby 2.4.1p111 (2017-03-22 revision 58053) [x86_64-linux]
```

8.2.4　gem程序包的安装

在开始Rails项目时，我们先来安装相关的程序包。关于bundler，请参考1.3节"管理库"中的内容。

```
[admin]$ rbenv exec gem install bundler io-console
```

8.2.5　nginx的设定

通过yum安装了nginx后，接下来确认它的行为。

```
[admin]$ sudo service nginx start
```

我们在浏览器中输入制作实例的EIP并访问，显示图8-7的界面后，就说明成功启动了nginx。

图8-7　nginx界面

接着，下载并配置用于应用的配置文件（nginx.conf），让nginx再次读入配置文件。这时，为了能够在发生错误时还原，我们将默认的配置文件重命名，完成备份后再进行操作。

```
$ sudo su -
[root]# cd /etc/nginx/
[root]# mv nginx.conf nginx.conf.bak ──────────── 获得发生问题后可以还原的备份
[root]# wget https://raw.githubusercontent.com/ror5book/RailsSampleAppInfra/
master/templates/nginx.conf  # 下载配置文件
[root]# exit
[admin]$
[root]$ service nginx reload
Reloading nginx:                                                    [  OK  ]
```

完成配置文件的粘贴后，退出root用户，返回到admin用户。

在下载的nginx.conf中，有两处默认设定需要更改。

▶ nginx.conf更改位置的摘要

```
# -----------------------------------------------------------------
# RailsSampleApp中的位置更改
# 在/etc/nginx/sites-enabled/目录下配置固有的设定
# 因为这个设定在nginx启动时读入，所以添加/etc/nginx/sites-enabled/*;
# -----------------------------------------------------------------
include /etc/nginx/sites-enabled/*;
index    index.html index.htm;

server {
    # -----------------------------------------------------------------
    # RailsSampleApp中的位置更改
    # 在/etc/nginx/sites-enabled/*中的配置文件上，指定了default_server
    # 我们删除关于default_server的描述
    #
    # [更改前]
    # listen        80 default_server;
    # listen        [::]:80 default_server;
    # -----------------------------------------------------------------
    listen        80;
    listen        [::]:80;
```

nginx.conf文件的内容和下方链接的文件相同，请确认。

- RailsSampleAppInfra/templates/nginx.conf
  https://github.com/ror5book/RailsSampleAppInfra/blob/master/templates/nginx.conf

> **COLUMN**
>
> nginx设定中出现的sites-enabled是什么呢？这是在Apache的设定中也出现过的，虚拟主机设定的惯用方法。sites-enabled和sites-available可以同时使用。
>
> - sites-available 存放可以使用的虚拟主机中每个主机的配置实体文件。
> - sites-enable 存放有效化的虚拟主机设定文件的软链接。
>
> 因为有这个结构，所以将虚拟主机无效化时，不需要删除设定文件本身，只需要删除软链接就可以了。

8.2.6 Redis的配置

首先我们安装应用中使用的Redis这个内存数据库。

AWS中有ElastiCache这个产品，也可以使用该产品，不过这次我们直接使用下面的命令进行安装。

```
[admin]$ sudo yum install epel-release
[admin]$ sudo rpm -Uvh http://rpms.famillecollet.com/enterprise/remi-release-6.rpm
[admin]$ sudo yum --enablerepo=remi install redis
```

然后下载用于应用的配置文件（redis.conf）并设置。

```
[admin]$ cd /etc/
[admin]$ sudo mv redis.conf redis.conf.bak
[admin]$ sudo wget https://raw.githubusercontent.com/ror5book/RailsSampleAppInfra/master/templates/redis.conf
```

在下载的redis.conf文件中，对默认的设定进行两项更改。

▶ redis.conf位置更改的摘要

```
# ------------------------
# RailsSampleAPP中的位置更改
# 将daemonize改为yes
# ------------------------
daemonize yes
..
.
# ------------------------
# RailsSampleAPP中的位置更改
# 更改logfile的输出位置
# ------------------------
logfile "/var/log/redis.log"
```

确认redis.conf文件和下方链接的文件内容相同。

- RailsSampleAppInfra/templates/redis.conf
  https://github.com/ror5book/RailsSampleAppInfra/blob/master/tcmplates/redis.conf

接着，下载并配置redis的启动脚本。启动脚本指的是在OS启动时自动调用的脚本，本次我们进行Redis的自动启动设定。

```
[admin]$ cd /etc/init.d
[admin]$ sudo wget https://raw.githubusercontent.com/ror5book/
RailsSampleAppInfra/master/templates/redis
[admin]$ sudo chmod 755 /etc/init.d/redis
```

使用chkconfig命令，将Redis设定为自动启动。在第2行确认Redis是在哪个运行级别进行自动启动。本次我们设定当运行级别是3~5时自动启动。

本书舍去了关于运行级别的详细说明，用一句话简单描述的话，就是OS的行为模式。正如Mac、Windows中有安全模式，Linux中也有多个行为模式。

```
[admin]$ sudo chkconfig --add redis
[admin]$ chkconfig --list | grep redis
redis     0:off  1:off  2:off  3:on  4:on  5:on  6:off
```

完成自动启动的设定后，我们实际启动Redis，来确认其行为。

运行启动命令后，需要确认存在进程。

```
[admin]$ sudo service redis start
Starting Redis server...
[admin]$ ps aux | grep redis
root      16869  0.0  0.3  47676  3880 ?        Ssl  06:51   0:00 /usr/bin/redis-
server 127.0.0.1:6379
admin     16874  0.0  0.2 110484  2132 pts/0    S+   06:51   0:00 grep
--color=auto redis
```

最后，从redis-cli中运行ping命令。如果Redis能够正确运行，会返回PONG响应。

```
[admin]$ redis-cli ping
PONG
```

现在，配置就完成了。接下来我们就能够以这个实例为基础来制作AMI（Amazon Machine Image）。

COLUMN

这次，EC2实例的启动中使用了AmazonLinux（CentOS 6 base），所以在/etc/init.d文件中配置了启动脚本。但从CentOS 7开始，采用的是systemd这个init进程，所以启动方法改变了。

也就是说，根据OS版本的不同，启动脚本也存在差异，因此在实际应用时需要注意这一点。

CHAPTER 8 部署应用

8.3 制作AMI

正确完成EC2的配置后,为了以后不用每次进行配置,我们来制作AMI(Amazon Machine Image)。制成AMI后,就可以从制作好的my AMI来生成实例,这样能省去配置的步骤。

8.3.1 AMI的制作

那么,我们赶紧来制作AMI吧。首先,访问管理控制台,打开EC2>实例,在控制台上停止在8.2节"进行EC2的配置"中生成的实例。这里要注意选择停止,而不是删除。

停止实例后,复制对象实例的ID,粘贴到下方命令中运行。

```
[local]$ aws ec2 create-image --instance-id [EC2实例ID] \
                    --name RailsSampleAppAMI \
                    --reboot
```

运行命令后,会输出下方的JSON信息。这个以ami开头的ImageID是运行命令后生成的AMI。

```
{
    "ImageId": "ami-2980384f"
}
```

- RailsSampleAppInfra/commands/create-image
  https://github.com/ror5book/RailsSampleAppInfra/blob/master/commands/create-image

在管理控制台打开EC2>AMI,如果ImageID的AMI状态由pending变为avaliable,说明AMI的制作就完成了。

8.3.2 CloudFormation的更新

接下来,我们在CloudFormation中进行设定,把制作好的AMI设为生成实例时作为base的镜像。首先,我们下载发布了的用于本书的模板。然后打开模板,在大约432行处有ImageId这个属性,将它的值改为制作AMI的ImageID。

```
[local]$ wget https://raw.githubusercontent.com/ror5book/RailsSampleAppInfra/master/templates/stack_template.json
[local]$ vi stack_template.json
```

修改位置如下所示。我们也可以在vi编辑器的命令模式下输入/ImageId，光标就会移动到该位置。

```
"Properties": {
    "ImageId": "ami-4af5022c",
    "InstanceType": {
        "Ref": "InstanceType"
    },
```

下面我们就可以使用保存好的模板来更新CloudFormation了。

在下面的命令中，将--template-body参数中保存的模板路径设定为以file://开始的形式，然后运行命令。在现阶段，如果有文件的话，用file://./stack_template.json的形式指定。

要注意，如果不是用这种形式指定的话，会出现ValidationError。

```
[local]$ aws cloudformation update-stack --stack-name RailsSampleApp \
                                         --template-body file:///pathtoproject/stack_template.json \
                                         --parameters ParameterKey=DBName,UsePreviousValue=true \
                                                      ParameterKey=KeyName,UsePreviousValue=true \
                                                      ParameterKey=DBPassword,UsePreviousValue=true \
                                                      ParameterKey=DBRootPassword,UsePreviousValue=true \
                                                      ParameterKey=DBUser,UsePreviousValue=true \
                                                      ParameterKey=InstanceType,ParameterValue=t2.micro
```

- RailsSampleAppInfra/commands/update-stack
  https://github.com/ror5book/RailsSampleAppInfra/blob/master/commands/update-stack

如果返回以下响应，说明成功了。

```
{
    "StackId": "arn:aws:cloudformation:ap-northeast-1:666026283956:stack/RailsSampleApp/b85da360-6399-11e7-9d12-50fa13f4ec75"
}
```

运行命令后，在管理控制台的EC2 > 实例界面进行确认，可以看到像下方这样有两个名为RailsSampleApp的实例。如果实例的状态是terminated（已删除），说明是更改了stack被删除的旧实例。如果状态是running，说明实例是以AMI为基础生成的。运行命令后，新实例的状态检测项目会进行初始化，过一段时间初始化就完成了。

那么，我们单击状态是running的实例，在下拉界面下方的实例信息中，会看到AMI ID，将其和CloudFormation中设定的AMI ID进行比较，确认相同。

图8-8 比较AMI ID信息

CHAPTER 8　部署应用

8.4 配置数据库

在本节，将对8.1节"用AWS构建环境"中制作的数据库进行连接确认，设定为能够在应用中使用数据库。

8.4.1 RDS的连接确认

首先，为了连接RDS，我们先确认RDS的信息。在管理控制台，打开RDS>实例界面，单击生成的实例，确认RDS的终端（形式为xxxx.xxxx.ap-northeast-1.rds.amazonaws.com:3306），删除末尾的:3306，粘贴到下方的命令中。

DB用户名是，在8.1节"用AWS构建环境"中运行create-stack命令时指定的DBUser。如果没有特意更改的话，则为admin。

```
$ mysql --host [RDS的终端] --user [DB 用户名] --password
Enter password:
Welcome to the MySQL monitor.  Commands end with ; or \g.
Your MySQL connection id is 24
Server version: 5.6.35-log MySQL Community Server (GPL)

Copyright (c) 2000, 2017, Oracle and/or its affiliates. All rights reserved.

Oracle is a registered trademark of Oracle Corporation and/or its
affiliates. Other names may be trademarks of their respective
owners.

Type 'help;' or '\h' for help. Type '\c' to clear the current input statement.

mysql>
```

连接后，运行show database;命令，确认存在RailsSampleAPP这个数据库。确认完成后，RDS的连接确认就完成了。

```
mysql> show databases;
+--------------------+
| Database           |
+--------------------+
| information_schema |
| RailsSampleApp     |
| innodb             |
| mysql              |
| performance_schema |
| sys                |
+--------------------+
```

```
6 rows in set (0.03 sec)
```

8.4.2 每个环境的数据库设定

接下来,我们在应用中显示RDS的信息。数据库的设定在config/database.yml文件中进行。因为是本地环境的设定,所以我们在production部分添加以下设定。

▶ database.yml

```
production:
  <<: *default
  host: <%= Rails.application.secrets.DB_HOST %>
  database: <%= Rails.application.secrets.DB_NAME %>
  username: <%= Rails.application.secrets.DB_USERNAME %>
  password: <%= Rails.application.secrets.DB_PASSWORD %>
```

下面进行secrets.yml的设定。我们在secrets.yml设定即使仓库登录也没问题的信息。在下方"RDS的终端"的位置,填写刚才使用的RDS的终端信息。

▶ config/secrets.yml

```
production:
  DB_HOST: [RDS的终端]
  DB_NAME: RailsSampleApp
```

关于不能让仓库登录的密码等机密信息,我们使用Encrypted Secrets。在xxx位置,请输入自己设定的DB用户名和密码。

```
$ EDITOR=vim rails secrets:edit
production:
  DB_USERNAME: xxx
  DB_PASSWORD: xxx
```

secret_key_base的设定

接下来,我们进行production环境的secret_key_base设定。本次我们使用Rails 5的Encrypted secrets处理机密信息,所以删除secrets.yml中的以下描述信息。

▶ config/secrets.yml

```
production:
  secret_key_base: <%= ENV["SECRET_KEY_BASE"] %>
```

请生成密匙,并在Encrypted secrets中设定secret_key_base。

```
$ bin/rails secret
```

```
$ EDITOR=vim rails secrets:edit
production:
  secret_key_base: [生成密钥]
```

8.4.3 数据库的初始设定

那么，我们使用rails console命令，来确认可以连接设定的RDS。

因为想连接production环境中的数据库，所以向rails console的参数传递production。

```
$ bin/rails c production
Loading production environment (Rails 5.1.3)
```

确认成功连接后，运行恰当的ActiveRecord代码，确认数据表的状况。

```
irb(main):001:0> User.count
   (7.6ms)  SET NAMES utf8,  @@SESSION.sql_mode = CONCAT(CONCAT(@@sql_mode,
',STRICT_ALL_TABLES'), ',NO_AUTO_VALUE_ON_ZERO'),  @@SESSION.sql_auto_is_null =
0, @@SESSION.wait_timeout = 2147483
ActiveRecord::StatementInvalid: Mysql2::Error: Table 'RailsSampleApp.users'
doesn't exist: SHOW FULL FIELDS FROM `users`
     from (irb):1
```

出现Mysql2::Error: Table 'RailsSampleApp.users 'doesn't exist:SHOW FULL FIELDS FROM 'users'错误，说明数据表不存在。

我们从rails console退出，运行迁移命令后，再次进行确认。

```
$ bin/rails db:migrate RAILS_ENV=production
```

```
$ bin/rails c production
Loading production environment (Rails 5.1.3)
irb(main):001:0> User.count
   (36.8ms)  SET NAMES utf8,  @@SESSION.sql_mode = CONCAT(CONCAT(@@sql_mode,
',STRICT_ALL_TABLES'), ',NO_AUTO_VALUE_ON_ZERO'),  @@SESSION.sql_auto_is_null =
0, @@SESSION.wait_timeout = 2147483
   (29.6ms)  SELECT COUNT(*) FROM `users`
=> 0
```

迁移后就可以顺利访问用户模型了。提交目前的更改，然后进入下一步。

```
git add --all
$ git commit -m "数据库的配置"
```

8.5 配置存储

在7.7节"实现个人信息页面"中,我们添加了使用Paperclip上传个人头像的功能。但是现在,图像会保存到服务器中,如果服务器磁盘的容量达到极限后,就不能保存了。如果有两台服务器的话,就会产生一些问题,比如在各个服务器的本地保存图像,互相不能访问。

因此,我们需要在本地环境中将应用服务器和存储分开。本次我们使用AWS的S3产品来保存图像。

8.5.1 aws-sdk的导入

我们首先向应用中添加可以轻松操作S3的gem——aws-sdk。

在Gemfile中添加以下内容,运行bundle install。

▶ Gemfile

```
gem 'aws-sdk', '~> 2.3'
```

8.5.2 S3的连接设定

在Paperclip的设定中,我们将图像的保存地点设为S3。

▶ config/environments/production.rb

```
config.paperclip_defaults = {
  storage: :s3,
  bucket: Rails.application.secrets.S3_BUCKET_NAME,
  s3_region: Rails.application.secrets.AWS_REGION,
  s3_host_name: 's3-ap-northeast-1.amazonaws.com',
  s3_credentials: {
    access_key_id: Rails.application.secrets.AWS_ACCESS_KEY_ID,
    secret_access_key: Rails.application.secrets.AWS_SECRET_ACCESS_KEY
  }
}
```

和配置RDS信息时相同,关于机密信息,请使用Encrypted Secrets。除此之外的信息,则在config/secrets.yml中指定密钥。

▶ config/secrets.yml

```
production:
  S3_BUCKET_NAME: railssampleapp-xxxxx-xxxx
  AWS_REGION: ap-northeast-1
```

```
$ EDITOR=vim rails secrets:edit
production:
  ..
  .
  AWS_ACCESS_KEY_ID: xxx
  AWS_SECRET_ACCESS_KEY: xxx
```

8.5.3 存储的连接确认

下面我们进行存储的连接确认。打开控制台，上传适当的信息。这里，我们上传应用的README.md文件。

```
$ bin/rails c production
Loading production environment (Rails 5.1.3)
irb(main):001:0> s3 = Aws::S3::Resource.new(region:'ap-northeast-1')
=> #<Aws::S3::Resource>
irb(main):002:0> obj = s3.bucket(Rails.application.secrets.S3_BUCKET_NAME).object('sample_file_upload')
=> #<Aws::S3::Object bucket_name="railssampleapp-s3bjs4i-132789hxp0111", key="sample_file_upload">
irb(main):003:0> obj.upload_file('./README.md')
=> true
```

运行upload_file方法后，如果返回true的话，说明向S3的文件上传成功了。在管理控制台的S3>CloudFormation中打开生成的S3，确认保存了sample_file_upload这个文件。

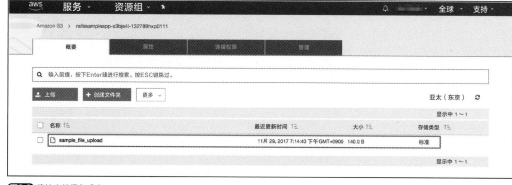

图8-9 确认文件保存成功

确认上传成功后,存储的设定就完成了。下面是提交更改的内容。

```
git add --all
$ git commit -m "存储的设定"
```

CHAPTER 8　部署应用

8.6 用Capistrano制作部署任务

Capistrano是可以在多个服务器上同时运行脚本的开源工具，是Rails在部署方面的标准工具。本次，我们使用Capistrano，来完成部署的自动化。

部署的自动化听起来很厉害，但Capistrano实质上就是在部署点连接SSH，然后运行指定的命令。Capistrano的部署任务，写在我们熟悉的Rake任务中，所以不用怎么学习新知识也可以安装。此外，还可以将任务在各个阶段分别（开发环境、本地环境）执行，在各个服务器（应用服务器、数据库服务器）中执行，所以能够轻松简洁地进行管理。

本书在执笔时，最新的版本是Capistrano 3，所以本书是以使用版本3为前提来进行说明的。

8.6.1　Capistrano的安装

在Gemfile中添加以下内容，安装Capistrano。

▶ Gemfile

```
group :development do
  ..
  .
  gem 'capistrano'
end
```

```
$ bundle
```

用以下命令，可以安装Capistrano的配置文件雏形。

```
$ bundle exec cap install
```

▶ 添加的文件

```
.
├── Capfile
├── config
│   ├── deploy
│   │   ├── production.rb
│   │   └── staging.rb
│   └── deploy.rb
└── lib
    └── capistrano
        └── tasks
```

表 8-8 Capistrano的配置文件

文件名	功能
Capfile	Capistrano的配置文件
config/deploy.rb	用于描述基本部署脚本的文件。production/staging等和阶段不相关的设定写在这里
config/deploy/production.rb	描述用于production环境的部署脚本的文件
config/deploy/staging.rb	描述用于staging环境的部署脚本的文件
lib/capistrano/tasks	收纳单独添加的自定义文件的目录

关于文件的内容，请在实际制作部署脚本时进行确认。

8.6.2 Capistrano的行为确认

那么，Capistrano的行为是什么样的呢？我们先来实际接触一下。

在Capistrano中，处理内容是以任务为单位进行分割的。我们可以用下方命令确认任务，可以看到，刚才运行的cap install命令，也是一个Capistrano的任务。

```
$ bundle exec cap -T
cap deploy                              # Deploy a new release
cap deploy:check                        # Check required files and directories exist
cap deploy:check:directories            # Check shared and release directories exist
cap deploy:check:linked_dirs            # Check directories to be linked exist in shared
cap deploy:check:linked_files           # Check files to be linked exist in shared
cap deploy:check:make_linked_dirs       # Check directories of files to be linked exist in shared
cap deploy:cleanup                      # Clean up old releases
cap deploy:cleanup_rollback             # Remove and archive rolled-back release
cap deploy:finished                     # Finished
..
.
```

任务有很多，所以根据需要进行查询即可。

单独的自定义文件，可以通过在lib/capistrano/tasks下添加Rake文件来生成。确认配置文件Capfile，可以知道通过下方内容，我们能够导入各个Rake任务。

```
Dir.glob('lib/capistrano/tasks/*.rake').each { |r| import r }
```

那么，现在我们在lib/capistrano/tasks下制作custom.rake文件。

▶ lib/capistrano/tasks/custom.rake

```
namespace :custom do
```

```
    desc 'Start custom task'
    task :start do
      on roles(:app) do
        execute "touch hello.txt"
      end
    end
  end
```

- namespace

  加上namespace后，就能以cap custom:start的形式使用命令。比如，我们经常会在nginx和Redis上用到start命令，通常我们会加上namespace，并将这个namespace作为文件名保存。

- desc

  desc是随意的，可以描述任务的说明。因为需要显示在输出任务一览表的命令中，所以请设置成便于理解的一个句子。

- on roles

  on roles(:app)的描述，显示的是在哪个服务器上执行命令。这里说的服务器，是指管理应用服务器、数据库服务器等多个服务器，以role为单位来进行管理。

在这种状态下，用cap -T命令显示任务一览表，就能看到自己添加的任务登录上了。

```
$ bundle exec cap -T | grep custom
cap custom:start                         # Start custom task
```

Capistrano的role

role设定在每个环境中，可以在各个应用服务器、Web服务器、数据库服务器上设定用户名和主机名。刚才的on roles(:app)，相当于在config/deploy/production.rb文件中用SSH连接指定的用户名@主机名。

这次我们不用准备staging，只需要在production环境中进行部署，所以在production.rb下添加以下内容。本次，主机名设置为生成的EC2实例的EIP。

▶ config/deploy/production.rb

```
set :app_eip, "[IP地址]"

role :app, "admin@#{fetch(:app_eip)}"
role :web, "admin@#{fetch(:app_eip)}"
role :db,  "admin@#{fetch(:app_eip)}"
```

现在，准备工作就完成了。执行cap custom:start任务，确认能够在主机服务器上执行。

```
$ bundle exec cap production custom:start
00:00 custom:start
      01 touch hello.txt
    ✓ 01 admin@xx.xx.xx.xx 5.323s
```

如果输出以上内容，就说明执行完成了。连接主机服务器，确认生成了文件。

```
$ ssh admin@[IP地址]
[admin]$ ls
hello.txt
```

删除添加的文件，退出登录。如果我们设置了错误的用户名，那么会发生以下错误。

```
$ bundle exec cap production custom:start
00:00 custom:start
      01 touch hello.txt
(Backtrace restricted to imported tasks)
cap aborted!
Net::SSH::AuthenticationFailed: Authentication failed for user admi@[IP地址]
```

发生Net::SSH::AuthenticationFailed错误的话，说明SSH的连接失败了，我们需要确认SSH的设定是否有问题。

8.6.3 部署脚本的设定

现在，我们想确认目前Capistrano的行为如何，所以删除样例中生成的文件，进行部署设定。首先，在Capistrano中安装必要的gem。

▶ Gemfile

```
group :development do
  ..
  .
  gem 'capistrano-rbenv'
  gem 'capistrano-bundler'
  gem 'capistrano-rails'
  gem 'capistrano3-puma'
  gem 'capistrano-nginx'
  gem 'capistrano-sidekiq'
end
```

```
$ bundle
```

然后进行Capistrano的基本设定，也就是设定Capfile和deploy.rb。文件有一定的大小，所以请从GitHub仓库下载。

- RailsSampleApp/Capfile
  https://github.com/ror5book/RailsSampleApp/blob/master/Capfile

▶ Capfile

```
#-----------------------------------------------------------------
# 关于配置文件的写法，请参考Capistrano的官方文件
# http://capistranorb.com/documentation/getting-started/configuration/
#-----------------------------------------------------------------

require 'capistrano/setup'
require 'capistrano/deploy'
require 'capistrano/rails'
require 'capistrano/rbenv'
require 'capistrano/bundler'
require 'capistrano/rails/migrations'
require 'capistrano/rails/assets'
require 'capistrano/scm/git'
require 'capistrano/puma'
require 'capistrano/nginx'
require 'capistrano/sidekiq'

install_plugin Capistrano::SCM::Git
install_plugin Capistrano::Puma
install_plugin Capistrano::Puma::Nginx

Dir.glob('lib/capistrano/tasks/*.rake').each { |r| import r }
```

在deploy.rb的repo_url中，有公开自身源码的Github的URL。请将源码公开在Github，进行设定。

- RailsSampleApp/config/deploy.rb
  https://github.com/ror5book/RailsSampleApp/blob/master/config/deploy.rb

▶ config/deploy.rb

```
#-----------------------------------------------------------------
# 关于配置文件的写法，请参考Capistrano的官方文件
# http://capistranorb.com/documentation/getting-started/configuration/
#-----------------------------------------------------------------

lock '3.9'

#-------------------------------
# 请根据自身的环境进行修改
#-------------------------------
set :repo_url, 'https://github.com/ror5book/RailsSampleApp.git'

# base
set :application, 'RailsSampleApp'
set :branch, 'master'
set :user, 'admin'
set :deploy_to, "/opt/#{fetch(:application)}"
```

```ruby
set :rbenv_ruby, File.read('.ruby-version').strip
set :pty,             false
set :use_sudo,        false
set :stage,           :production
set :deploy_via,      :remote_cache
set :linked_dirs, fetch(:linked_dirs, []).push('log', 'tmp/pids', 'tmp/cache', 'tmp/sockets',
                                                'vendor/bundle', 'public/system', 'public/uploads')
set :linked_files, fetch(:linked_files, []).push('config/database.yml', 'config/secrets.yml', 'config/secrets.yml.key')

# puma
set :puma_threads, [4, 16]
set :puma_workers, 0
set :puma_bind,          "unix://#{shared_path}/tmp/sockets/puma.sock"
set :puma_state,         "#{shared_path}/tmp/pids/puma.state"
set :puma_pid,           "#{shared_path}/tmp/pids/puma.pid"
set :puma_access_log,    "#{release_path}/log/puma.error.log"
set :puma_error_log,     "#{release_path}/log/puma.access.log"
set :puma_preload_app, true

# sidekiq
set :sidekiq_config, "#{current_path}/config/sidekiq.yml"

namespace :puma do
  desc 'Create Directories for Puma Pids and Socket'
  task :make_dirs do
    on roles(:app) do
      execute "mkdir #{shared_path}/tmp/sockets -p"
      execute "mkdir #{shared_path}/tmp/pids -p"
    end
  end

  before :start, :make_dirs
end

namespace :redis do
  %w[start stop restart].each do |command|
    desc "#{command} redis"
    task command do
      on roles(:app) do
        sudo "service redis #{command}"
      end
    end
  end
end

namespace :deploy do
  desc 'Make sure local git is in sync with remote.'
  task :check_revision do
    on roles(:app) do
```

```ruby
      unless `git rev-parse HEAD` == `git rev-parse origin/master`
        puts 'WARNING: HEAD is not the same as origin/master'
        puts 'Run `git push` to sync changes.'
        exit
      end
    end
  end

  desc 'upload important files'
  task :upload do
    on roles(:app) do
      sudo :mkdir, '-p', "#{shared_path}/config"
      sudo %[chown -R #{fetch(:user)}.#{fetch(:user)} /opt/#{fetch(:application)}]
      sudo :mkdir, '-p', '/etc/nginx/sites-enabled'
      sudo :mkdir, '-p', '/etc/nginx/sites-available'

      upload!('config/database.yml', "#{shared_path}/config/database.yml")
      upload!('config/secrets.yml', "#{shared_path}/config/secrets.yml")
      upload!('config/secrets.yml.key', "#{shared_path}/config/secrets.yml.key")
    end
  end

  before :starting, :upload
  before 'check:linked_files', 'puma:nginx_config'
  before :starting, :check_revision
end

after 'deploy:published', 'nginx:restart'
```

关于详细的配置文件的编写方法，请参考官方文档。

- Capistrano - Cinfiguration
  http://capistranorb.com/documentation/getting-started/configuration/

puma/nginx的设定

生成puma/nginx的配置文件模板。

```
[local]$ bin/rails g capistrano:nginx_puma:config
```

运行命令后，会生成下面两个文件。

- config/deploy/templates/nginx_conf.erb
- config/deploy/templates/puma.rb.erb

nginx_conf.erb将日志文件的位置进行如下更改。

▶ config/deploy/templates/nginx_conf.erb

```
access_log /var/log/access.log;
error_log /var/log/error.log;
```

Action Mailer的设定

现在进行Action Mailer的设定。基本上和7.5节"用户登录后发送邮件"中在development环境中进行的设定相同，但default_url_options设定为本次生成的EC2实例的EIP。

▶ config/environments/production.rb

```
config.action_mailer.default_url_options = {
  host: Rails.application.secrets.HOST_ADDRESS
}

config.action_mailer.delivery_method = :smtp
config.action_mailer.smtp_settings = {
  address: 'smtp.gmail.com',
  port: 587,
  authentication: :plain,
  user_name: Rails.application.secrets.SMTP_EMAIL,
  password: Rails.application.secrets.SMTP_PASSWORD
}
```

▶ config/secrets.yml

```
production:
  ..
  .
  HOST_ADDRESS: [IP地址]
```

关于SMTP_EMAIL和SMTP_PASSWORD，请在Encrypted secrets中设置为适当的内容。

```
$ EDITOR=vim rails secrets:edit
production:
  ..
  .
  SMTP_EMAIL: your_email@gmail.com,
  SMTP_PASSWORD: your_password
```

目录结构

以上是Capistrano和部署前的设定，在进行部署操作之前，我们先来确认目录的结构。如果通过Capistrano在服务器上进行部署的话，是用以下结构向服务器上传资源的。

```
├── current -> /opt/RailsSampleApp/releases/20170120114500/
├── releases
│   ├── 20170080072500
│   ├── 20170090083000
│   ├── 20170100093500
│   ├── 20170110104000
│   └── 20170120114500
├── repo
│   └── <VCS related data>
├── revisions.log
└── shared
    └── <linked_files and linked_dirs>
```

- Capistrano - Structure

  http://capistranorb.com/documentation/getting-started/structure/

- **current**　　　通往最新发布的软连接。
- **releases**　　 在每个部署中生成带有发布时间戳的目录，其中最新的是current。
- **repo**　　　　内含由版本管理系统管理的仓库信息的目录。
- **revisions.log**　关于部署、回滚等信息的日志。
- **shared**　　　内含linked_files和linked_dirs共有的文件和目录。

今后最常用到的是current目录，日志的确认等也在current目录中进行，因此要记住。
那么，现在我们提交更改内容，然后终于可以进行部署操作了。

```
git add --all
$ git commit -m "利用Capistrano的部署设定"
```

8.7 根据部署流程进行部署

现在，我们基于8.6节"用Capistrano制作部署任务"中生成的部署任务来进行应用的部署。

8.7.1 事先确认和初始设定

在进行部署之前，最开始的操作应该是在本地环境中进行确认。下面请在本地环境中进行各种浏览器的确认和测试的运行。

GitHub仓库的确认

如果在Capistrano上，从GitHub的远程仓库使用SSH agent forwarding进行部署时，即使本地机器上有最新的源码，但没有push到GitHub上的话，部署时就不会反映最新的版本。所以在执行部署命令之前，需要确认在远程仓库的对象分支上，有反映最新的提交。

8.7.2 部署命令的运行

现在，我们终于可以部署命令了。

```
[local]$ bundle exec cap production deploy
00:00 deploy:upload
      01 mkdir -p /opt/RailsSampleApp/shared/config
    ✓ 01 admin@xx.xx.xx.xx 1.458s
      Uploading config/database.yml 100.0%
      Uploading config/secrets.yml 100.0%
00:03 git:wrapper
      01 mkdir -p /tmp
    ✓ 01 admin@xx.xx.xx.xx 0.071s
      Uploading /tmp/git-ssh-RailsSampleApp-production.sh 100.0%
      02 chmod 700 /tmp/git-ssh-RailsSampleApp-production.sh
    ✓ 02 admin@xx.xx.xx.xx 0.259s
..
.
00:24 deploy:log_revision
      01 echo "Branch master (at 32947336a782d425f565ed4d159d0c2e3ad1e39b
) deployed as release 20170817020343 by your_user" >> /opt/RailsSampleApp/
revisions.log
    ✓ 01 admin@xx.xx.xx.xx 0.103s
00:25 puma:restart
      01 $HOME/.rbenv/bin/rbenv exec bundle exec pumactl -S /opt/RailsSampleApp/
shared/tmp/pids/puma.state -F /opt/RailsSampleApp/shared/puma.rb restart
```

```
   01 Command restart sent success
 ✓ 01 admin@xx.xx.xx.xx 0.620s
```

如果能够顺利运行，我们就进入下一步。如果出现什么问题，造成运行停止的话，请参考后面的trouble shooting进行debug，完成部署。

8.7.3 生产环境的确认

部署完成后，我们进行生产环境的确认。关于生产环境的确认，除了本次的添加、更改功能，最好对主要的功能都进行行为确认。本次主要有以下要素，请把这个作为检测清单进行行为确认。

☐ 可以登录/退出。
☐ 可以设置个人信息（用户名/个人头像等）。
☐ 可以投稿。
☐ 可以浏览他人的投稿。
☐ 管理人可以管理投稿（删除等）。

这时，从浏览器访问应用（EC2的EIP），如果应用没有启动，请确认后面的trouble shooting。基本上，在浏览器上的行为确认没有问题的话，部署就完成了。这次我们来练习一下各个服务的确认方法。

■ **日志的确认**

以下内容会在确认日志的时候出现，请确认各个日志的位置。

表 8-9 日志的位置

日志文件的位置	概要
/opt/RailsSampleApp/current/log/nginx.access.log	nginx的访问日志
/opt/RailsSampleApp/current/log/nginx.error.log	nginx的错误日志
/opt/RailsSampleApp/current/log/production.log	应用的日志
/opt/RailsSampleApp/current/log/puma.access.log	puma的访问日志
/opt/RailsSampleApp/current/log/puma.error.log	puma的错误日志
/opt/RailsSampleApp/current/log/sidekiq.log	sidekiq的日志
/var/log/redis.log	Redis的日志

日志的确认，用tail命令进行。比如，确认nginx的日志时，运行以下命令。

```
[admin]$ sudo tail -f /var/log/nginx/access.log
```

关于日志等级等日志本身的阅读方法，Appendix的"熟练使用日志，灵活进行运用"中有详细记载，所以我们也需要对其进行确认。

Sidekiq的确认

首先，从浏览器访问http://IP地址/users/sign_up界面，进行注册。注册完成后，将用户的role改为admin。

```
[admin]$ cd /opt/RailsSampleApp/current
[admin]$ bin/rails c production
irb(main):001:0> User.last.update_attributes(role: :admin)
=> true
```

访问http://IP地址/sidekiq，确认可以看到dashboard。

如果在注册时没有发送邮件，请参考trouble shooting，进行用户的生成和邮件的再发送操作。如果问题解决不了，请确认日志，出现错误的话请按照提示解决。

```
[admin]$ tail -f /opt/RailsSampleApp/current/log/sidekiq.log
```

Active Admin的确认

和Sidekiq相同，用户的role有必要改为admin。完成用户的生成并给与管理者权限后，访问http://xx.xx.xx.xx/admin，确认成功显示界面。

Rails的确认

出现系统错误界面的话，请确认Rails应用的日志。

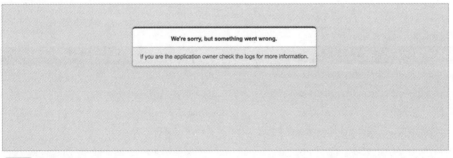

图8-10 系统错误界面

```
[admin]$ tail -f /opt/RailsSampleApp/current/log/production.log
```

nginx的确认

关于nginx的行为确认，首先确认进程的运行。正常情况下，master进程和worker进程处于运行状态。

```
[admin]$ ps aux | grep nginx
root     10735  0.0  0.1  58104  1056 ?        Ss   22:12   0:00 nginx: master
process /usr/sbin/nginx -c /etc/nginx/nginx.conf
nginx    10737  0.0  0.3  58600  3892 ?        S    22:12   0:00 nginx: worker
process
admin    10741  0.0  0.2 110472  2112 pts/0    S+   22:12   0:00 grep
--color=auto nginx
```

在跟踪日志的同时，从浏览器访问应用。确认在访问时，日志有更新。

```
[admin]$ sudo tail -f /var/log/nginx/access.log
xx.xx.xx.xx - - [17/Aug/2017:02:24:25 +0000] "GET / HTTP/1.1" 502 1635 "-"
"Mozilla/5.0 (Macintosh; Intel Mac OS X 10_11_6) AppleWebKit/537.36 (KHTML, like
Gecko) Chrome/60.0.3112.90 Safari/537.36"
```

出现错误时，会记录到错误日志中。

```
[admin]$ sudo tail -f /var/log/nginx/error.log
2017/08/15 18:24:48 [error] 19346#0: *9 connect() to unix:///opt/RailsSampleApp/
shared/tmp/sockets/puma.sock failed (111: Connection refused) while connecting
to upstream, client: xx.xx.xx.xx, server: , request: "GET / HTTP/1.1", upstream:
"http://unix:///opt/RailsSampleApp/shared/tmp/sockets/puma.sock:/", host: "xx.
xx.xx.xx"
```

puma的确认

puma默认带有状态检测的命令，我们利用它进行状态确认。

```
[local]$ bundle exec cap production puma:status
00:00 puma:status
      01 $HOME/.rbenv/bin/rbenv exec bundle exec pumactl -S /opt/RailsSampleApp/
shared/tmp/pids/puma.state -F /opt/RailsSampleApp/shared/puma.rb status
      01 Puma is started
      01
    ✓ 01 admin@xx.xx.xx.xx 0.409s
```

如果显示Puma is started，说明没有问题，但如果显示Puma not running，说明服务器没有成功启动。如果puma没有成功启动，请尝试重启。

```
[local]$ bundle exec cap production puma:restart
00:00 puma:make_dirs
      01 mkdir /opt/RailsSampleApp/shared/tmp/sockets -p
    ✓ 01 admin@xx.xx.xx.xx 0.179s
      02 mkdir /opt/RailsSampleApp/shared/tmp/pids -p
    ✓ 02 admin@xx.xx.xx.xx 0.108s
00:00 puma:start
```

```
              using conf file /opt/RailsSampleApp/shared/puma.rb
    01 $HOME/.rbenv/bin/rbenv exec bundle exec puma -C /opt/RailsSampleApp/
shared/puma.rb --daemon
    01 Puma starting in single mode...
    01
    01 * Version 3.9.1 (ruby 2.4.1-p111), codename: Private Caller
    01
    01 * Min threads: 4, max threads: 16
    01
    01 * Environment: production
    01
    01 * Daemonizing...
    01
 ✓  01 admin@xx.xx.xx.xx 0.422s
```

命令正常结束后确认puma的日志。

```
[admin]$ tail -f /opt/RailsSampleApp/current/log/puma.access.log
..
.
=== puma startup: 2017-08-17 02:31:53 +0000 ===
```

如果记录了带有当前时间的时间戳日志，说明没有问题。因此，我们可以访问浏览器，确认应用的信息。和nginx相同，如果出现错误，会记录到错误日志中。

```
[admin]$ tail -f /opt/RailsSampleApp/current/log/puma.error.log
```

Redis的确认

下面进行Redis的确认。

```
[admin]$ ps aux | grep redis
root      2567  0.1  0.4 138988  4356 ?        Ssl  Aug15   2:19 /usr/local/bin/
redis-server 127.0.0.1:6379
admin    13600  0.0  0.2 110472  2212 pts/0    S+   02:36   0:00 grep
--color=auto redis
```

如果进程没有启动，则从capistrano任务中开始启动进程。

```
[local]$ bundle exec cap production redis:start
00:00 redis:start
    01 sudo service redis start
    01 Starting redis:
    01 [  OK  ]
 ✓  01 admin@xx.xx.xx.xx 0.498s
```

请用以下命令确认日志。

```
[admin]$ tail -f /var/log/redis.log
```

8.7.4 trouble shooting（故障探测）

完成部署后却无法运行

如果运行了部署命令并且正常完成后，但却无法访问应用，首先应该查看浏览器上显示哪种界面，从而找到一些头绪。

图8-11 应用的总体情况和请求的流程

无法正常访问的原因很有可能是nginx没有启动。如果nginx是因为某种原因没有启动，这时我们可以尝试重启。

```
$ bundle exec cap production nginx:restart
```

再次确认界面，如果没有改变，请参考"nginx的确认"来进行操作。

图8-12 We're sorry, but something went wrong.

nginx启动了，应用服务器（puma）却没有响应，可能是发生了系统错误，可以尝试重启puma。如果还是没有成功，请参考"puma的确认"这个项目，进行debug。

```
$ bundle exec cap production puma:restart
```

不能发送邮件

不能顺利发送邮件时，我们从dashboard确认job的状态。如果Enqueued中存有队列，却没有进行处理，有可能是进程没有启动。我们可以连接服务器，确认进程。

```
[admin]$ ps aux | grep sidekiq
admin    10326  0.0  0.2 110472  2212 pts/0    S+  22:02  0:00 grep
--color=auto sidekiq
```

如果像上面这样，进程没有启动，需要从Capistrano的Sidekiq的任务中启动进程。

```
[local]$ bundle exec cap production sidekiq:start
00:00 sidekiq:start
      01 $HOME/.rbenv/bin/rbenv exec bundle exec sidekiq --index 0 --pidfile /
opt/RailsSampleApp/shared/tmp/pids/sidekiq-0.pid --environment production
--logfile /opt/FeedSamp…
    ✓ 01 admin@xx.xx.xx.xx 0.440s
```

再次连接服务器，确认进程启动后，再次尝试发送邮件。

```
[admin]$ ps aux | grep sidekiq
admin    10408 36.6 11.7 931636 119036 ?       Sl  22:04  0:02 sidekiq 5.0.4
RailsSampleApp [1 of 25 busy]
admin    10443  0.0  0.2 110472  2228 pts/0    S+  22:04  0:00 grep
--color=auto sidekiq
```

无法创建用户

我们不能从浏览器创建用户，但有时必须要创建用户。这时，可以从控制台直接创建用户。

```
[local]$ bin/rails c production
irb(main):001:0> user = User.create!(email: "xxx@gmail.com", name: "xxx",
password: "xxx", role: "admin")
=> #<User id: 5, email: "xxx@gmail.com", created_at: "2017-08-16 22:58:04",
updated_at: "2017-08-16 22:58:04", name: "xxx", avatar_file_name: nil, avatar_
content_type: nil, avatar_file_size: nil, avatar_updated_at: nil, role: "admin",
posts_count: 0>
```

不能发送devise的邮件时，运行confirm方法，认证后就完成了。

```
irb(main):002:0> user.confirm
=> true
```

Capistrano的debug

下面的Capistrano的日志乍一看没有问题。

```
[local]$ bundle exec cap production puma:start
00:00 puma:start
    using conf file /opt/RailsSampleApp/shared/puma.rb
    01 $HOME/.rbenv/bin/rbenv exec bundle exec puma -C /opt/RailsSampleApp/
shared/puma.rb --daemon
    01 Puma starting in single mode...
    01
    01 * Version 3.8.2 (ruby 2.3.1-p112), codename: Sassy Salamander
    01
    01 * Min threads: 0, max threads: 16
    01
    01 * Environment: production
    01
    01 * Daemonizing...
    01
  ✓ 01 admin@xx.xx.xx.xx 0.458s
```

但是，确认状态的话，会显示Puma not running，也就是说实际上命令没有顺利执行。

```
[local]$ bundle exec cap production puma:status
00:00 puma:status
    Puma not running
```

运行Capistrano出现错误后停止，或者虽然没有错误却不能顺利运行时，我们不是从本地环境输入Capistrano命令进行确认，而是实际进入服务器，输入Capistrano正在运行的命令，进行debug。比如，在上面的例子中，我们可以从日志上看到Capistrano在服务器上正在运行如下命令。

```
$HOME/.rbenv/bin/rbenv exec bundle exec puma -C /opt/RailsSampleApp/shared/puma.
rb --daemon
```

在这种情况下，我们用SSH连接部署地点的服务器，在current目录下运行相同的命令。这时，如果有daemon等选项的话，就不能在标准输出中确认错误，所以我们可以在运行时省去那些选项。

```
[local]$ ssh admin@[IP地址]
[admin]$ $HOME/.rbenv/bin/rbenv exec bundle exec puma -C /opt/RailsSampleApp/
shared/puma.rb
Puma starting in single mode...
* Version 3.8.2 (ruby 2.3.1-p112), codename: Sassy Salamander
* Min threads: 0, max threads: 16
* Environment: production
! Unable to load application: RuntimeError: Devise.secret_key was not set.
Please add the following to your Devise initializer:
```

于是，就会像这样出现RuntimeError，然后就可以锁定造成启动失败的原因了。

8.7.5 部署和停机时间

最后，介绍一下部署也分种类。本次介绍的部署方法，在应用部署时，会出现停机时间（服务器的休眠时间）。这是以前的做法，现在我们可以在服务器中添加新的代码或进行更改。

与之相对，部署的方法之一是在蓝绿部署中，服务器的停机时间为零。和原来的部署方法不同的是，在新的环境中准备好已经部署的、能够运转的服务器，将请求目标由旧服务器改为新服务器。

本次为了掌握基础知识，我们介绍的是手动的经典部署方法，理解了基本的部署之后，大家可以尝试其他的部署方法。

CHAPTER 9 应用的持续运行

9.1 用重构（refactoring）持续偿还技术负债

应用的代码是日益变化的，因此，即使当初是设计完美的应用，在运用中也会积累技术负债。所谓的技术负债涉及面从代码的编写方法，到开发体制，它的含义很广。比如，我们可以列举出以下内容。

- 版本古老的语言、框架。
- 遇到死胡同的结构。
- 非必要的复杂化的代码。
- 覆盖范围低，或者没写的测试代码。
- 开发者或关联者之间未共有的知识。
- 没有遵守编程规约的代码。

随着这些技术负债的累积，应用的品质、开发效率会降低。结果，使用负担上升，开发代价增高。对于技术负债，我们应该通过"支付利息"，保证其他用户即使不进行维护也能顺利使用，但是"支付利息"越多，难度越大，所以重要的是每天都少量偿还负债。技术负债的偿还有以下几种方法。

- 进行重构（refactoring）。
- 编写测试。
- 更新库、框架的版本。
- 顺利地共有知识。
- CI（持续集成）的构建。

在本章，我们对其中的重构（refactoring）进行介绍。关于实际的实现技巧，在本章的第2节之后会介绍各种最佳实践方式。

9.1.1 什么是重构（refactoring）

所谓的重构，指的是通过改写源码来改善应用。以"家"为例，当我们想整修、翻新时，可以利用现有的资源进行改善。有一个类似的词是replace，但这个指的是把家拆除后重建。

用更技术性的语言来说，重构指的是不改变外部行为，只更改内部构造。如果编写了测试，那么测试的结果不会改变，所以如果功能改变了，那就不是重构了。

重构的目的可以列举为如下内容。

- 软件设计的改善。
- 防止软件设计的劣化。

- 提高可读性。
- 寻找bug。

9.1.2 什么时候进行重构

关于重构，有名的《重构——改善既有代码的设计》的作者之一，Don Roberts曾说过这样的话。

> "第一次做某件事时只管去做；第二次做类似的事时会产生反感，但还是可以去做；第三次再做类似的事时，你就应该重构。"

如果不管不顾地进行通用化，就有可能会造成可读性下降，或者无谓地扩大影响范围。有一条原则是YAGNI（You ain't gonna need it），我们应该在必要时进行重构。

9.1.3 重构和测试

开头我们曾经说过，重构的前提是不改变外部行为。如果在没有测试的情况下进行重构，那么我们很难发现重构出现的错误，方法的行为发生的改变。

如果有测试的话，那么当我们无意中改变了行为时，测试会失败，我们就能立刻注意到，所以在重构时，有测试的话，就能安全的进行了。

关于测试的详细知识，请参考第6章"学习测试"。

9.1.4 删除不必要的代码

那么，重构到底可以做些什么工作呢？简单来说，就是删除不必要的代码。

比如，通过下方这个简单的命令，我们可以判断代码中的方法有没有被使用。

```
$ git grep -n validate_name
>> app/models/user.rb:24:    validate :validate_name
>> app/models/user.rb:26:    def validate_name
```

在上述例子中，方法被使用了。如果在阅读代码时，碰到了貌似不必要的方法，确定影响范围后，就可以删除了。

9.1.5　Fat Model, Skinny Controller

Rails的重构中有一句有名的话，Fat Model,Skinny Controller。这句话的意思是，和响应无关的逻辑不要放在控制器中，而是放在模型中，从而缩小控制器的体积。

在模型⟵⟶控制器⟵⟶视图的关系中，控制器的功能是连接模型和视图，所以让它的接口保持整洁，各个关系就会明确，从而提高可读性。例如像下方这样。

▶ Before

```
def index
  @published_posts = Post.where(published: true).order("created_at desc")
  @unpublished_posts = Post.where(published: false).order("created_at desc")
end
```

```
class Post < ApplicationRecord
end
```

▶ After

```
def index
  @published_posts = Post.published
  @unpublished_posts = Post.unpublished
end
```

```
class Post < ApplicationRecord
  scope :published, -> { where(published: true).order("created_at desc") }
  scope :unpublished, -> { where(published: false).order("created_at desc") }
end
```

虽然看起来代码量没什么变化，但如果我们想从其他控制器调用Post.published时会怎么样呢？可以想象，随着应用的庞大化，和模型有关的记录分散在各个位置，重复记述将会增多。

CHAPTER 9 应用的持续运行

9.2 进行通用化，目标是DRY代码

为了贯彻DRY原则，Rails中准备了各种通用化的方法。这里我们介绍其中最正统的方法，按MVC来分类介绍。

首先是视图，不过基础是熟练使用第4章中介绍的partial和助手，这里不再重新介绍。但是helper对命名空间有影响，所以要避免随意使用。关于这个问题的对策，在下一节中会讲解，现在我们先学习控制器的通用化。

控制器的通用化主要分成两类，一类是在ApplicationController等基类控制器中记述处理方法。想象在所有的页面中制作需要认证的服务情况。制作authenticate_user!方法，将未认证的用户重定向到登录表单。如果记述在个别的控制器中，这种实现叫做DRY吗？再怎么说也不算DRY。控制器如果没有特殊的行为，那么就应该继承ApplicationController，因此我们在ApplicationController中记述这个authenticate_user!方法，只需要记述一次就可以了。使用这个方法，远比写在个别控制器中更加符合Rails的原则。因此，需要在所有页面进行通用的处理时，请一定考虑写在ApplicationController中。

```
class ApplicationController < ActionController::Base
  before_action :authenticate_user!
end
```

这个例子对于记述涉及所有页面的处理来说确实很方便。但是，如果我们只想对某些特定的文件组进行通用化处理，那么所有控制器都继承ActionController，这样反而有害。影响范围过大，可维护性下降，因此不利于生产。那么，对于特定文件组的通用化，我们应该怎么办呢？这里出场的就是第二个解决方法，叫做concerns。这个concerns，可以直译为"关心的事"，是用于分割通用处理的功能。

比如，考虑在一部分控制器处理的前后，希望提供适当的日志的情况。在多个控制器中记述个别的处理，这样就成为不符合DRY规则的，不便于更改的代码。那么，这个问题应该怎么解决呢？我们来看一个使用了concerns的简单代码样例。

首先，我们在app/controllers/concerns/debuggable.rb这个文件中实现提供debug日志的处理。关于在模块的开头记述extend ActiveSupport::Concern的理由，我们将在后面介绍。

▶ app/controllers/concerns/debuggable.rb

```
module Debuggable
  # 扩大ActiveSupport::Concern
  extend ActiveSupport::Concern

  # 在被include时执行的处理
  included do
    around_action :log_around_action
  end

  def log_yo
    logger.debug('yo')
  end
```

356

```
    def log_around_action
      logger.debug '===ACTION BEGIN==='
      yield
      logger.debug '===ACTION END==='
    end
end
```

然后，从controller中include刚才的concerns，就可以调用concerns的方法了。

▶ app/controllers/api/friends/list_controller.rb

```
module Api::Friends
  class ListController < ApplicationController
    # mix-in concerns
    include Debuggable

    # around_action :log_around_action被运行
    def index
      # concerns的方法调用
      log_yo
      # do something
    end
  end
end
```

此外，因为include do ~ end代码块中记述的处理被运行了，所以concerns中定义的around_action过滤器定义在include位置的类中。像这样，使用included do ~ end定义共通的过滤器模式会频繁出现，所以最好记住。

最后我们对模型的通用化进行说明。因为方法和控制器相同，所以不需要记忆新的东西。如果想在所有的模型中进行通用的处理，就将其写在父类模型中。如果想对特定的文件组进行通用处理，我们可以写在Concern中。以下是模型中Concern的例子，可以看到和控制器是相同的。

▶ app/models/concerns/common_module.rb

```
module CommentValidator
  extend ActiveSupport::Concern

  included do
    validates :body, presence: true, length: { maximum: 140 }
  end
end
```

▶ app/models/review.rb

```
class Review < ActiveRecord::Base
  include CommentValidator
  ..
```

```
end
```

Ruby中原本就备有mix-in这个分割处理的功能。那么，我们为什么要使用ActiveSupport::Concern呢？有两个理由。首先第一个，可以实现简洁的记述方法。请比较下方的两段代码，可以看到，使用ActiveSupport::Concern时，与不使用相比，base.class_eval do ~ end部分被很好地隐藏了起来。

▶ 不使用ActiveSupport::Concern的情况

```
module WithoutConcerns
  def self.included(base)
    base.extend ClassMethods
    base.class_eval do
      scope :disabled, -> { where(disabled: true) }
    end
  end

  module ClassMethods
    ...
  end
end
```

▶ 使用ActiveSupport::Concern的情况

```
require 'active_support/concern'

module WithConcerns
  extend ActiveSupport::Concern

  included do
    scope :disabled, -> { where(disabled: true) }
  end

  class_methods do
    ...
  end
end
```

第二个理由是可以解决依赖关系。不使用ActiveSupport::Concern时，如果不提前调用module依赖的module，就无法使用，但ActiveSupport::Concern可以解决这个依赖关系。

▶ 不使用ActiveSupport::Concern的情况

```
class BuyBook
  ..
end

class StudyHard
  include BuyBook
```

```
  ..
end

class RailsExpert
  include BuyBook     # 为了解决依存关系，同样需要include BuyBook
  include StudyHard
  ..
end
```

▶ 使用ActiveSupport::Concern的情况

```
require 'active_support/concern'

class BuyBook
  extend ActiveSupport::Concern
  ..
end

class StudyHard
  extend ActiveSupport::Concern
  include BuyBook
  ..
end

class RailsExpert
  include StudyHard
  ..
end
```

9.3 编写可读性高的代码

9.3.1 带有深层关系的模型要设定delegate

当应用扩大后,关系会变得更加深入。比如,请想象以下状况。

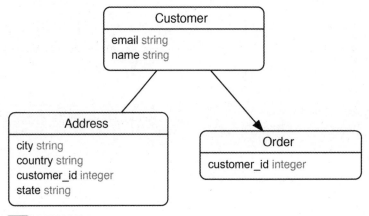

图9-1 难以阅读的状况

在这种状况下,如果想获得特定订单的用户地址,则像下方这样。

```
order.customer.address.city
```

虽然这样也不是不行,但无论如何也不能说这是容易阅读的。这时,派上用场的是delegate这个功能。这个功能简单地说就是方法的转让,使用它的话,刚才用order.customer.address.city获取的内容,现在用order.city就可以获取了。这是不需要考虑情况就可以使用的便利功能,而且实现方法也非常简单,所以趁这个机会请一定要掌握。

首先,我们来看之前例子的模型和关系的设定。

▶ app/models/customer.rb

```
class Customer < ApplicationRecord
  has_many :orders
  has_one :address
end
```

▶ app/models/address.rb

```
class Address < ApplicationRecord
```

```ruby
  belongs_to :customer, optional: true
end
```

▶ app/models/order.rb

```ruby
class Order < ApplicationRecord
  belongs_to :customer
end
```

使用rails console投入虚拟数据。

```ruby
Customer.create(name: 'alice', email: 'alice@example.com')
Address.create(customer_id: 1, country: 'Japan', state: 'Tokyo', city:
'Shibuya')
Order.create(customer_id: 1)
```

数据的投入结束后，确认同样可以从rails console中获取各个值。

```ruby
order = Order.first

order.customer.name
#=> alice

order.customer.address.country
#=> Japan

order.customer.address.state
#=> Tokyo

order.customer.address.city
#=> Shibuya
```

理解了模型的状态后，确认可以正确设定关系。接下来，我们就可以在代码中使用delegate了。

```ruby
class Customer < ApplicationRecord
  has_many :orders
  has_one :address
  delegate :country, :city, :state,
           to: :address
end

class Order < ApplicationRecord
  belongs_to :customer
  delegate :name, :country, :city, :state,
           to: :customer
end
```

更改结束后，再次用bin/rails c启动控制台，确认设定了以下association。

```
order = Order.first

order.name
#=> alice

order.country
#=> Japan

order.state
#=> Tokyo

order.city
#=> Shibuya
```

怎么样？尽管没写什么像样的代码，但关系变浅了，可读性提升了。当数据表的设计变复杂时，请一定考虑导入它。

9.3.2 熟练使用ActiveSupport

为了让代码保持简洁，便于阅读，ActiveSupport是必不可少的存在。这个是可以承担Ruby语言的扩展性、实用性以及其他跨越性操作的rails组件，熟练使用的话，普通的代码自不必说，在重构时也是一个有力的武器。只不过虽说是统称为ActiveSupport，但它的内容庞大，在String、Hash、Array等各个对象中的扩展功能，全部记住的话是非常困难的。因此，本次我们着眼于使用频率最高的"在所有对象中都可以使用的扩展功能"，并且专注于其中最应该掌握的功能，高效率地进行学习。

COLUMN

有些对象只能和相邻的对象进行会话，这种原则一般称为"迪米特法则"。简单地说，可以理解为，不用直接接触对象的成员属性和方法，通过恰当地使用delegate，就可以写出符合迪米特法则的坚固代码。

blank?

Ruby中有nil?、empty?等判断方法，简单地说，blank?就是这些的统合。具体地说，当满足以下条件时返回true。

- nil。
- false。
- 只有空白文字（whitespace）组成的字符串。
- 空的数组和哈希。
- 此外，响应empty?方法的对象全部作为空白处理。

```
false.blank?
#=> true

nil.blank?
#=> true

' '.blank?
#=> true

[].blank?
#=> true

[1, 2].blank?
#=> false

{}.blank?
#=> true
```

present?

present?和blank?组合在一起形成的方法，等同于!blank?。

```
[1, 2].present?
#=> true

[].present?
#=> false
```

presence

对于presence方法来说，如果present?是true，则返回自身接收者。如果是false，则返回nil。将其和nil guard组合使用，可以有以下用法。

```
host = config[:host].presence || 'localhost'
```

try

对于try方法来说，如果某个对象是nil，则返回nil。如果不是nil，则调用对象的方法。使用try方法的话，可以像下方这样，不使用if语句也没问题，从而成为很清爽的代码。

```
# 不使用try方法的情况
unless @number.nil?
  @number.next
end

# 使用try方法的情况
@number.try(:next)
```

顺便说一下，Ruby 2.3中增加了Safe Navigation Operator(&.)这个新的运算符，它和try方法的功能几乎相同。只是对于Safe Navigation Operator来说，不是nil时只会调用方法，因此在使用时要理解它并不能完全替代try方法。

```
10.try(:hoge)
# => nil

10&.hoge
# => Error: undefined method `hoge' for 10:Fixnum (NoMethodError)
```

9.3.3 将视图的逻辑转移到表示层

Rails中本来备有在第4章中学到的助手，它的功能是将视图的逻辑分开。但是，助手存在影响命名空间的问题，因此不能随便增加。这样的话助手的方法必然会变得繁多，可读性很差。解决这个问题的办法，就是这里要介绍的Draper。这个Draper，也叫做装饰器、视图模型、表示器，它位于视图和模型的中间。

- drapergem/draper
  https://github.com/drapergem/draper

Draper不同于助手，因为不会影响命名空间，所以可以不用担心冲突，我们可以以合适的单位来制作方法。此外，本来不应该在模型中进行的数据加工，可以轻松地转让到视图模型中，因此代码的可读性和可维护性就提高了。只看文字可能有些难以明白，下面来看一下实际的代码加深理解吧。先来看下方用助手实现的代码。

▶ app/controllers/articles_controller.rb

```
def show
  @article = Article.find(params[:id])
end
```

▶ app/helpers/articles_helper.rb

```ruby
def publication_status(article)
  if article.published_at?
    "Published at #{article.published_at.strftime('%A, %B %e')}"
  else
    "Unpublished"
  end
end
```

▶ app/views/show.html.erb

```erb
<%= publication_status(@article) %>
```

我们用Draper重写以上内容后,首先在控制器的方法链上添加.decorate。

▶ app/controllers/articles_controller.rb

```ruby
def show
  @article = Article.find(params[:id]).decorate
end
```

然后,把刚才写在helper中的逻辑转移到装饰器中。装饰器不用担心和命名空间冲突,所以我们可以轻松划分出处理格式的方法,用于处理published_at时间。

▶ app/decorators/article_decorator.rb

```ruby
class ArticleDecorator < Draper::Decorator
  delegate_all

  def publication_status
    if published_at?
      "Published at #{formatted_published_at}"
    else
      "Unpublished"
    end
  end

  def published_at
    object.published_at.strftime("%A, %B %e")
  end
end
```

最后,更改从视图调用的方法。通过使用Draper,我们可以像从模型中调用方法一样,使用视图的方法。

▶ app/views/show.html.erb

```
<%= @article.publication_status %>
```

以上就是关于表示层的说明。本次的记述量很少，大家可能感受不到好处，但是对于随着运用变得庞大的应用来说，这是非常有帮助的。如果预料到之后会有一定的规模，最好在一开始就导入进来。除了这里介绍的表示层之外，还有添加Service层、Form层等方法，如果有精力的话，最好查找相关资料进行学习。

CHAPTER 9 应用的持续运行

9.4 做成便于故障恢复的应用

应用的最终目标不是发布。应用做好后，可以让用户使用，才能为世界提供价值。Everything that can possibly go wrong will go wrong.，从墨菲定律来说，世界上不存在100%没有bug的代码，也不存在100%不会崩溃的系统，因此，我们必须做好准备，不管哪种系统，或早或晚都会发生故障，我们在构建系统时，必须考虑当发生故障时要如何恢复，怎么设计才能从错误中尽早发现bug并进行恢复。

本章，我们将以一些代码为例子，来介绍在开发便于故障恢复的应用时非常有用的TIPS。

9.4.1 生成自定义错误类

通过生成自定义错误类，我们可以享受以下好处。

- 当异常发生时，我们可以轻松知道为什么会发生错误。
- 清楚地定义错误类，可以提高代码的异常处理能力。
- 可以划分责任。

比如，下方是一个User类。这个程序是关注某人后，会返回信息，考虑已经关注了的情况（关于followed?方法，由于本次是假设情况，所以我们让它无论何时都返回true）。

```
class User
  def followed?
    true
  end

  def follow(name)
    p "关注了{name}"
  end
end

user = User.new
user.follow('alice')
```

```
>> "关注了alice"
```

在follow方法中，可能会raise '这个用户已经被关注了'，像这样简单地用RuntimeError提出异常。但是，当程序增大后，如果只是简单地用RuntimeError，就很难把握为什么会产生这个错误？在谁的责任范围能产生的这个错误？诸如此类问题。因此，我们可以像下方这样定义一个单独的错误类，这样的问题就解决了。

```ruby
class User
  class AlreadyFollowedException < StandardError; end

  def followed?
    true
  end

  def follow(name)
    raise AlreadyFollowedException, '这个用户已经被关注了' if followed?
    p "#关注了{name}"
  end
end

user = User.new
user.follow('alice')
```

```
>> User.rb:15:in `follow': 这个用户已经被关注了 (User::AlreadyFollowedException)
>>     from Untitled 2.rb:21:in `<main>'
```

这样，就会发生AlreadyFollowedException异常，也就是说，由于已经被关注，因此发生了异常，而且明确显示了是在User类的责任范围内发生的错误等。此外，通过定义成类，代码的再利用性提高了，符合DRY规则。

在Rails的代码管理方法中，还可以像app/lib/exceptions.rb一样，在lib目录下定义总结了异常类的module文件。在各种应用、gem中都有使用，所以请在GitHub中查找并浏览内容。因为会对实现有启发，推荐大家参考一下。

9.4.2 只捕获预定的异常

即使生成了自定义的错误类，但如果不是只捕获合适的异常，那么就有可能捕获了错误但不进行处理。如果捕获了Exception，就非常危险了。我们看一下错误类的继承关系就会明白，Ruby的Exception类是所有异常的祖先，因此会捕获所有致命性的错误。在rescue的内部，实际上只有对"用户已经被关注了"这个异常的处理。因此，当捕获到致命错误，比如NoMemoryError等，就会放置不理，所以，请不要捕获Exception。

```
Figure 9.1.  Ruby exception hierarchy

Exception
   ├── fatal      used internally by Ruby
   ├── NoMemoryError
   ├── ScriptError
   │      ├── LoadError
   │      ├── NotImplementedError
   │      └── SyntaxError
   ├── SecurityError
   ├── SignalException
   │      └── Interrupt
   ├── StandardError
   │      ├── ArgumentError
   │      ├── FiberError
   │      ├── IndexError
   │      │      ├── KeyError
   │      │      └── StopIteration
   │      ├── IOError
   │      │      └── EOFError
   │      ├── LocalJumpError
   │      ├── NameError
   │      │      └── NoMethodError
   │      ├── RangeError
   │      │      └── FloatDomainError
   │      ├── RegexpError
   │      ├── RuntimeError
   │      ├── SystemCallError
   │      │      └── system-dependent exceptions (Errno::xxx)
   │      ├── ThreadError
   │      ├── TypeError
   │      └── ZeroDivisionError
   ├── SystemExit
   └── SystemStackError
```

图9-2 Ruby exception hierarchy（出处：Ruby Exceptions）

```
def follow
  ...
rescue Exception
  # 含有Ruby的致命错误，有将它们搁置的危险
end
```

同样的理由，如果rescue的参数什么都没写，那么StandardError和它的子类全部都会被捕获。因此，如果不清楚自己在干什么的话，应该避免这种写法。

```
def follow
  ...
rescue
  # 本来应当是当作系统错误的处理也被捕获
end
```

为了防止发生预想不到的系统故障，我们只捕获预想中的异常并进行适当处理。在制作错误类，并记述用于该错误的处理时，我们一定要只捕获rescue小节中生成的自定义错误。

```
def follow
```

```
...
rescue User::AlreadyFollowedException
  # 只捕捉预期的错误
end
```

9.4.3 为了尽早发现原因，保留必要的日志

比如，我们在思考向所有用户一同发送邮件的处理时，可能希望即使中途发送出现了异常也不要停止，用rescue捕获异常后接着给下一个用户发送邮件。在捕获异常时，需要检查那个错误，并对发生错误的用户进行适当的处理。

```
User.find_each do |user|
  begin
    # 发送邮件的处理
  rescue
    # 对发生错误的用户进行的处理
  end
end
```

这时，错误的原因是什么？如果对发生错误的用户进行的处理没有生效，接下来准备做什么呢？在应用的运行过程中，我们需要思考那时的对策，但是提前做好准备也同样重要。因此，我们有必要对担心的处理保留必要的日志，整理出一个能够快速找出原因的环境，做出一个能够有效应对故障的应用。

```
User.find_each do |user|
  begin
    # 发送邮件的处理
  rescue => exception
    # 对发生错误的用户进行的处理
    Rails.logger.error exception.message
    Rails.logger.error exception.backtrace.join('\n')
  end
end
```

9.4.4 没有进行预想的处理时，发生异常

save和save!，可能对于有些人来说，一眼看上去也没什么差别。在进行下方这样的事务的处理时，如果不知道这个微小差别，那么就注意不到应用中发生的异常（关于save和save!的差别，详细内容请参考6.1节）。

```
begin
  self.transaction do
```

```
    ...
    @user.save  #  即使失败，处理仍会继续
  end
rescue
  ...
end
```

上方代码中，只运行了@user.save，因此只会返回false。即使事务失败了，也不会发生异常，处理仍旧继续。在这种情况下，应该像@user.save!这样，运行带!的方法。

```
begin
  self.transaction do
    ...
    @user.save!  #  失败后发生异常，正确进行异常处理
  end
rescue
  ...
end
```

CHAPTER 9　应用的持续运行

9.5 注意缩小影响范围

制作Ruby、Rails的应用时，经常过不了多久，就会不知不觉中扩大影响范围。在进行应用开发时，如果在实现中有选项的话，基本上我们应该优先考虑影响范围小的选项。如果影响范围太大，超过了自己能够控制的范围，就会大大提高在意想不到的地方发生bug的可能性。而且，如果持续选择影响范围大的选项，就会不断累积技术负债。在每次修改时，影响范围的调查不断堆积，因为不清楚影响范围，必须在经过冗长的测试后才能发布，就会造成一系列悲剧。

本章将一边看代码，一边学习为了防止这些问题，应该如何缩小影响范围。

9.5.1　不要轻易更改基类

如果我们沉迷于写出符合DRY规则的代码，有时会产生意想不到的问题。如果随意更改基类，可能会发生，遇到异常时必须要特意用if语句来写分支，或者更改之后在意想不到的地方发生了bug等情况。如果我们想进行通用处理，不要生成庞大的基类来继承，而是应该使用Mix-in功能。

不要随意增加回调

ActiveRecord的回调非常便利，可以把模型的处理作为hook，从而可以轻松地添加处理。但是，回调是会增加依赖关系的行为，有可能最初觉得是必要的处理，但却发生了异常，可维护性大大降低。

要增加回调时，首先要考虑这真的是必要的吗？此外，在初始阶段，考虑DRY之前，首先要在头脑中考虑的是YAGNI法则，后面再考虑同样的处理出现在了三个地方，所以在模型中将其写成回调时，最好不要轻易增加回调。

9.5.2　注意白名单和黑名单

大家应该听到过白名单和黑名单的说法。

- 白名单方式：许可内容的一览表。
- 黑名单方式：不许可内容的一览表。

通常用到的场合是，从100个邮件地址中，选出骚扰邮件列入黑名单。在这个例子中，因为黑名单的方式更简便，所以不用思考就可以选择黑名单方式。但是如果我们思考Rails的Strong Parameters的情况，就会有不同的理解。

Strong Parameters的例子

在Strong Parameters中,可以使用permit来处理值。

```
def person_params
  params.require(:person).permit(:name, :age)
end
```

上面使用的是白名单的方式,你可能觉得,通常的参数都是安全的,定义不被许可的方法更方便,所以想用黑名单的方式。但是,实际上使用Strong Parameters时,没有用黑名单来记述的方法。

```
def user_params
  # 没有下面这样的方法
  params.require(:user).exclude(:account_id, :is_admin)
end
```

这是为什么呢?理由很简单,黑名单方式在安全上存在问题。当应用增大、处理的属性增加时,如果使用黑名单方式,就有可能忘记在名单上添加内容,从而有随意许可的风险。

正如我们从这个例子中看到的,黑名单方式,在不知不觉中会扩大影响范围,造成安全性问题。因此理解这两种方式的差异后再去使用,是很重要的。

路由的例子

在Strong Parameters中,我们不可以自己选择黑名单方式,但实际上,我们可能在不知不觉中就从这两个方式中进行了选择。比如使用resources方法,可以轻易地对资源添加7个action到路由。

```
resources :photos
```

即使只对index进行开发,也可能会以"太麻烦了,总有一天会用到"等理由对其他功能继续进行开发。但是,如果我们不进行最低必要性的许可,就有可能产生问题。正如YAGNI(You ain't gonna need it)说的一样,直到必要时再添加功能,这是铁的原则。

基本上,我们要养成不使用的东西不设定,需要时才设定的习惯。如果只开发index,那么就使用only,以白名单的方式对方法进行许可,将影响范围控制到最小。

▶ 使用白名单方式的例子

```
resources :photos, only: [:index]
```

实际上在7个action中,要使用:destroy之外的其他6个时,用except以黑名单方式进行路由的设定也没问题。

▶ 使用黑名单方式的例子

```
resources :photos, except: [:destroy]
```

这两种方式各有优劣,重点是理解它们的特性,在合适的时候选择合适的方式。

9.5.3　default scope is evil

很多人会使用default_scope,下面我们来看一下其中的陷阱。default_scope在对模型设定通用范围时使用,现在看下方代码时,可能觉得没有问题。

```
class Post
  default_scope where(published: true).order("created_at desc")
end
```

实际上default_scope不可以被覆盖,但在实现时肯定不会发现这一点。当我们想把默认的created_at排序替换为updated_at时,会变成下方这种情况。但我们查看SQL时,会发现是按created_at和updated_at来排序的。

```
> Post.order("updated_at desc").limit(10)
  Post Load (17.3ms)  SELECT `posts`.* FROM `posts` WHERE `posts`.`published` = 1 ORDER BY created_at desc, updated_at desc LIMIT 10
```

如果想按期望的方式进行排序,我们需要使用unscoped这个方法。

```
> Post.unscoped.order("updated_at desc").limit(10)
  Post Load (1.9ms)  SELECT `posts`.* FROM `posts` ORDER BY updated_at desc LIMIT 10
```

这样就能得到期望中的结果了。但是,在实现半年后再使用Post模型时,我们还会记得这个默认范围的陷阱吗?在对新加入的成员进行代码检查时,还会注意到发行的SQL和预期中不一样吗?即使有什么方法能够回避这种问题,但我们也不能因为设置了默认范围,就把unscoped的方法像口头禅一样写在模型后面吧?

默认范围,是会在不知不觉中扩大影响范围的典型案例之一。如果无论如何都想将范围通用化,那么最佳做法是重新定义范围后再使用。

```
class Post
  scope :published, -> { where(published: true).order("created_at desc") }
end
```

COLUMN

注意，default_scope还有一个副作用。下面是对定义了default_scope的模型进行初始化的结果。

```
> Post.new
=> #<Post id: nil, title: nil, created_at: nil, updated_at: nil, user_id: nil, published: true>
```

于是，明明什么也没有设置，但就像published:true一样，由default_scope定义的值在初始化时被设置了。我们要理解这些副作用，并且在实现时最好尽量避开default_scope。

CHAPTER 10 应用运行中的要点

10.1 什么是应用的运行

在第8章中,我们对本地服务器进行了部署,应用对外界公开,所以用户可以使用。公开应用后没有结束,还需要运行应用。这一节,我们将介绍什么是运行,以及有助于运行的工具。

10.1.1 分解应用的运行业务

笼统地称为"运行",大家也不知道它具体是什么。如果对"运行"没有概念,就不知道该如何着手。首先我们应该知道什么叫做"运行",然后确认应该从什么时候开始进行自动化。运行可以分为三类,我们来看具体的例子。

- 监控应用有没有正常运转。
- 发生故障时的恢复作业。
- 功能开发、bug修复等持续开发。

从上面的介绍中可以知道,监控、维护、开发等各种业务统称为运行。其中,监控应用有没有正常运转,可以说在运行应用中是最重要的。理由是,无论是多好的应用,如果不能运转的话,就不能给用户带去价值。即使想修复故障,但如果察觉不到应用的异常,应对自然就会落后。

* :发生故障时的恢复操作,由于有应用数量那么多的模式,因此不能进行说明。本书在10.2.3等地方对故障原因的划分进行了补充。

10.1.2 监控什么?

现在,我们明白了监控是很重要的,但是监控应用正常运转时,应该监控什么呢?对应用的访问数量?服务器的CPU使用率?内存的使用率?越想内容越多。在这种时候,我们就需要借鉴前辈的智慧了。本次我们参考提倡Datadog检测服务的监控理论。首先,这个理论将数据分为以下三类。

- work metrics
- resource metrics
- event

对于event,大家应该能够理解,但work metrics和resource metrics是什么呢?这里的metrics,指的是对应用的请求数、服务器的CPU使用率等数值。此外metrics分为work(工作)和resource(资源)两部分,也就是work metrics和resource metrics。那么,可能有人会问,"什么是work?什么是

resource？如何进行划分呢？"。那么接下来，我们介绍这3个种类具体是什么，以及将划分出什么样的数据。

▌work metrics

work metrics，指的是将应用产生的价值数值化后的数据。那么，应用产生的数据指的是什么呢？我们来具体地看一下。以用户网站为例，就是PV、页面的显示时间等数值化的价值，以邮件系统为例，就是邮件的发送数、每秒的发送数以及发送成功的数量等。将这些换成metrics，就是应用1秒中处理的请求数、响应时间和错误率，这些就叫做work metrics。work metrics可以说成是应用正常运行的程度，所以通过监控work metrics，我们可以检测到应用的异常。

▌resource metrics

resource metrics指的是将因为生成价值而消费的资源数值化后的数据。如果能够理解work metrics的话，就能够轻松地理解resource metrics。为了生成刚才说的价值（处理能力等），需要消耗服务器的CPU、内存、磁盘存储等资源。换而言之，如果没有资源，就不能生成价值。因此，资源的枯竭对系统会造成致命的影响，所以对它的监控设计是非常重要的。

▌event

event指的是应用的行为发生改变的契机。具体包括，为了显示代码变更的部署，以及应用的负荷测量服务器等。此外，还有AWS等外部服务的故障，以及将应用放在电视中，增加访问量等。

10.1.3 将数据组合起来，探究故障的原因

下面我们对应该监控的对象和数据的分类方法进行说明。先将这些数据组合起来，介绍如何进行监控从而检测异常，并对原因进行探究。基本上，流程是用work metrics检测异常，用resource metrics探究原因，然后看event，判断什么是造成问题的契机，我们按照这个流程进行说明。

work metrics在确认"应用正常运转"时是一个有效的信息，但是在发生异常时，不能用于调查原因。我们思考一下刚才举的应用1秒中处理的请求数（以下称为处理能力）的例子。查看work metrics，可以发现处理能力下降了，但是除此之外就什么都不明白了。在这时，我们应该和resource metrics组合起来进行调查。

Web应用在处理请求时，通常依赖于服务器的CPU、内存和数据库等资源。大多数的应用异常，都是由于这些资源枯竭，遇到了瓶颈。比如，CPU的利用率变为100%时，服务器的处理变慢，处理一个请求时所需的时间增多，因此处理能力下降。

假设我们已经知道"处理能力的低下是由于CPU的使用率为100%"。那么接下来，为了解决这个问题，需要调查是由于什么造成了这种情况。首先，CPU的使用率是什么时候增高的呢？我们通过resource metrics进行调查。弄清楚上升时间后，确认那段时间中，是否提交了代码的变更，外部服务器是否产生了故障等。本次，我们假设在那段时间中进行了代码的变更，加入了对大多数用户会造成问题的修改。现在，我们可以分析出，频繁进行异常处理时，会对CPU造成很大负担，所以CPU使用率升高。因此，我

们恢复代码的更改，就可以修复应用的异常了。像这样，正确分类数据，使其带有一定作用，从而应该监控的对象就清晰了，处理监控数据时也会更加顺利。

10.1.4 如何收集各个metrics？

那么，应该如何收集各个metrics呢？本书没有对收集方法进行详细的说明，但介绍了方便收集metrics的SaaS。这里准备了免费的版本（执笔时），导入方法也很简单，可以尝试使用。

COLUMN

SaaS指的是将必要的功能作为必要的服务来使用的软件。之前提到的New Relic、Mackerel是监视性能、服务器等的服务。把来自服务的提供点的程序包和gem安装到应用、服务器中，将各种数据发送给提供服务的服务器。而且，被加工为metrics的内容，可以从专用管理界面阅览。不需要知道基础设施的专业知识，也可以轻松地导入进来，所以我们使用这些服务来收集metrics。

▌什么是New Relic？

New Relic在执笔时提供7个服务，有从Web和移动应用的性能监控到服务器资源监控、即时分析等多种功能。其中还有New Relic APM（Application Performance Monitoring）这个监控应用性能的优良功能。APM可以获取处理能力、请求数、错误数、响应时间（可以分开看应用的处理时间和数据库的响应时间）等能够作为work metrics使用的数值。

在实际应用中导入APM的方法是登录NewRelic账号获取配置文件。将那个文件放到config下，向Gemfile添加以下记述，运行bundle install后，再次启动就可以了。此外，在开发环境等方面监控性能没什么意义，所以我们可以安装到staging环境中。

▶ Gemfile

```
group :production do
  gem 'newrelic_rpm'
end
```

NewRelic中有用英语写的、按步骤说明的导入方法，请参考相关说明。

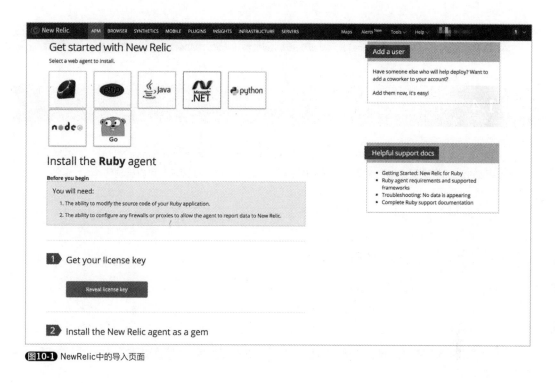

图10-1 NewRelic中的导入页面

重启后，访问NewRelic，打开APM界面，会看到如下图一样的界面，这表示自己的应用被跟踪了。

除了Ruby之外，Java、Python、PHP等各种语言都提供了SDK。所以，我们可以使用NewRelic嵌入到Rails以外的应用中监视性能，还可以使用Rails教程中介绍的Heroku等的PaaS。虽然NewRelic只提供英语信息，但因为用户众多，Qiita等服务也共享了许多信息，所以我们可以参考它们的使用方法。

图10-2 被跟踪的应用一览表

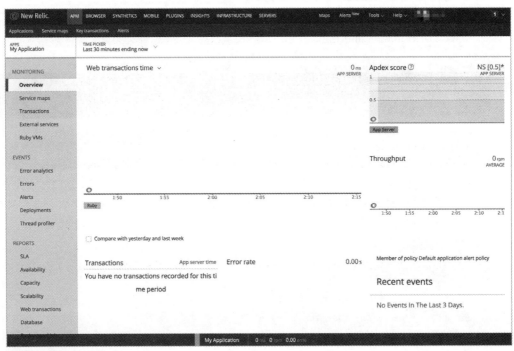

图10-3 应用详细界面

什么是Mackerel？

Mackerel是主要用于监控服务器资源的服务，由Hatena公司运营。单从功能来看，服务器端监控可以和NewRelic做同样的事情，但是Mackerel对服务器资源的监控专门化。

我们参照Mackerel的界面进行导入。首先登录Mackerel，在进行Mackerel的导入时，会显示下方这样的新主机登录页面。和NewRelic一样，上面有各种OS的导入方法。

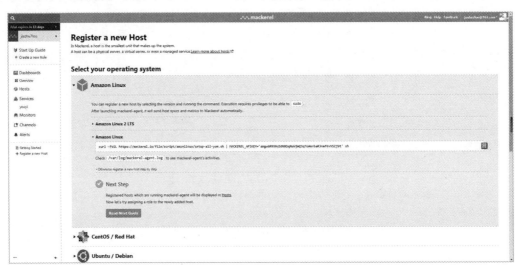

图10-4 新主机登录页面

本次假定在AmazonLinux上启动。用SSH连接想要跟踪的服务器，并运行以下命令。

```
$ curl -fsSL https://mackerel.io/file/script/amznlinux/setup-all-yum.sh | MACKEREL_APIKEY='<YOUR_API_KEY>' sh
```

运行后，开始生成日志，并进行mackerel-agent的安装和启动。这里安装的agent会将服务器的信息发送给Mackerel。

安装好mackerel-agent后，在Mackerel上可以像下方这样，立刻追踪到自身的实例，从而能够阅览服务器的CPU等信息。

图10-5 跟踪主机一览表

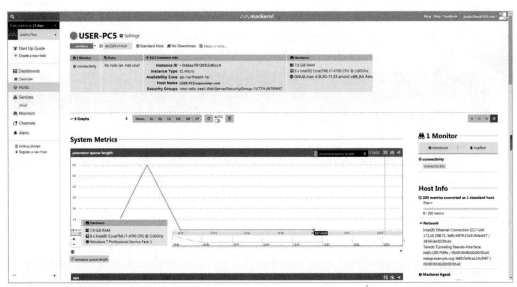

图10-6 主机详细界面

现在,我们就可以获取work metrics和resource metrics了。通过这样使用SaaS,可以轻松地获取metrics。除了本章介绍的功能,NewRelic、Mackerel还有各种各样的功能,请一定要尝试一下。

CHAPTER 10 应用运行中的要点

10.2 将日志灵活运用到应用中

本节对8.7节中提到的应用、中间件的日志进行补充。日志大体可以分为以下三种，在发生故障、检查性能等情况中可以利用各个日志提供的信息。

- 访问日志
  访问应用时留下来的日志。主要记录在nginx等Web服务器中，包括访问地的IP、访问时间、URL、请求参数等。
- 应用日志
  表示应用正常运转的日志。如果是EC的系统，会记录用户的商品购入、结算时间，当用户询问时可以作为参考。
- 错误日志
  记录应用中发生的异常、错误请求等。

10.2.1 了解日志等级

日志中，定义了"日志等级"这个输出到日志文件中的信息基准。这里总结了Rails的日志等级，我们来具体看一下。日志等级按升序排列。

表 10-1 Rails的日志等级

日志等级	说明
unknown	未知的错误
fatal	出现应用崩溃等无法控制的致命错误时输出
error	输出应用中可以控制的错误内容。比如捕获到异常时输出错误信息等
warn	输出不正常、也不致命的信息。使用了在外部API通信时花费时间比预期时间长的gem预期废除的方法时，发出警告信息（deprecation warning）等
info	输出最好知情的信息。和外部API交换的信息输出、追求性能部分的处理时间等
debug	输出面向开发者的信息。开发中ActiveRecord输出的SQL日志，视图渲染所用的时间等

此外，日志等级可以根据环境设定输出到哪一个等级。在开发环境中，可以输出debug以上的日志，也就是输出全部日志。与之相对，production输出info以上的日志。

表 10-2 Rails中每个环境的输出日志等级

环境	输出日志等级
development	debug
test	debug
production	info

输出的日志等级可以更改。和刚才一样，在config/environments/下，某个想要更改的环境文件中，我们可以在下方的项目中设定想要输出的日志等级。

```
Rails.application.configure do
  ...
  config.log_level = :error
end
```

日志等级根据框架、中间件的不同，定义存在差异，不过没有太大的不同。但是，日志等级以什么样的格式输出，这个根据输出地的应用不同，会发生改变。首先我们来看一下8.7节中确认的nginx的错误日志。

```
2017/08/15 18:24:48 [error] 19346#0: *9 connect() to unix:///opt/FeedSample/
shared/tmp/sockets/puma.sock failed (111: Connection refused) while connecting
to upstream, client: 210.165.147.225, server: , request: "GET / HTTP/1.1",
upstream: "http://unix:///opt/FeedSample/shared/tmp/sockets/puma.sock:/", host:
"13.113.254.120"
```

在最初的日期后面输出的是error。nginx、Apache等Web服务器就是像这样，在日志的每一行中加入了错误日志的记述。因此，用grep搜索的话有可能只得到错误日志。

下面来确认Rails中的日志。在合适的控制器的action中像下方这样加入logger并访问。

```
def index
  logger.fatal('用fatal等级输出错误日志')
end
```

用fatal等级输出错误日志

于是输出了上方这样的日志。但是，在这种状态下，既没有显示输出时间，也没有错误等级，所以我们需要更改日志的格式添加输出内容。在config/environments/下的某个希望更改的环境（如果是开发环境的话，就是development）文件中，添加以下项目。

```
Rails.application.configure do
  ...
  config.log_formatter = ::Logger::Formatter.new
end
```

重新启动应用，再次访问。然后就像下方这样，输出了错误日志以及处理时的时间。

```
F, [2017-08-18T13:14:16.330683 #25984] FATAL -- : 用fatal等级输出错误日志
```

10.2.2 进行日志文件的运行设计

8.7节中相关的日志都输出到文件中了。如果用邮件输出的话，久而久之，会消耗服务器的磁盘容量。因此，我们不能将所有日志都保存到服务器中，应该将某些日期的日志保存到服务器中，其他的日志保存到别的地方。如果销毁了日志，一旦发生什么问题就不能进行追踪，所以我们对此应该有一些对策，比如在S3中保存日志等。

此外，随着对应用的访问增加，日志规模也会相应地增大。如果是大型网站，一天就能生成数GB的日志。这个例子是真正的大型网站，但如果真的等到规模那么大后再整备日志文件，日志的分割和传送就需要花费大量时间。因此，我们应该尽早进行日志文件的运行设计。

对于日志文件的运行，推荐大家使用fluentd。fluentd是用Ruby制作的用于数据日志收集的软件，特点是有丰富的插件以及具备很高的稳定性。fluentd以插件的形式来获取日志、将其输出到别的系统中，同时具有和第8章中用到的tail -f同样功能的in_tail插件，以及支持输出到AWS的S3中的插件。因此，可以简单地在AWS、Google Cloud Platform等存储服务中保存日志。

- fluentd官方网页
  https://www.fluentd.org/

> **COLUMN**
>
> **logrotate**
> 对于日志的清洁来说，logrotate是一个非常便利的功能。这个功能可以将指定时间内对象的日志进行分割，保存每日的名称文件。如果有设定日期之前的日志，那么会进行日志的删除。logrotate不是作为deamon运行，而是用cron运行。使用yum命令就可以轻松地进行安装，请一定要试一试。

10.2.3 掌握划分故障原因的方法

Web服务是由nginx、MySQL等多个中间件构成的，所以可能发生故障的地方很多。因此，发生故障时，从故障的表现进行假设、划分原因的思考方法是很重要的。不过，这是依靠经历故障的次数和故障模式培养出来的。我们举简单的例子来说明，看一下在下面两种情况中应该如何进行假设。

1. 访问后显示空白界面，状态为连接中

界面变为空白，等待连接，由此我们可以假设界面正在等待某种响应。因为如果服务器本身或者应用崩溃了，会返回无法访问的答复，并显示如下界面。

图10-7 不可访问的界面

由于这里没有响应，因此为了调查哪里卡住了，我们可以查看nginx和应用的日志，来检测哪里出现了问题。

2. 访问后，显示这个页面不可访问

这是和刚才相反的模式。这种情况，应该是nginx或应用崩溃了，或者有极低的可能性是服务器本身停止了。其他可能的假设和验证方法总结在了下面的表格中。

表 10-3 发生故障时的假设及其验证方法

层级	假设	验证方法
网络	服务器的网络设定（SecurityGroup等）有问题，打断了来自外部的连接	在来自浏览器的访问被拒绝的状态中，在服务器中用curl命令以localhost为目的地发送请求，确认返回响应。如果确实返回响应，说明应用、中间件正常运转，可能是来自外部的访问被拒绝了
服务器	因为某种理由，服务器停止了	确认可以用SSH连接服务器。如果可以连接，确认磁盘的空余状态
nginx（Web服务器）	nginx的进程死亡	用ps命令确认nginx的进程活着
应用	应用的进程停止了	用ps命令确认应用的进程活着

首先，为了调查nginx和应用的进程是否活着，我们对服务器使用SSH。如果不能使用SSH，说明很可能是服务器或者网络停止了。如果可以使用SSH，但却不能运行命令，可能是磁盘存储空间满了。

完成SSH后，确认nginx和应用的进程。如果进程停止了，可以使用以下curl命令唤醒应用。

```
# 主机（:3000）配合应用
$ curl --head localhost:3000
```

如果返回响应，我们就能知道，来自服务器的访问可以被正常处理，但来自外部的访问（本次是通过浏览器确认）因为某种理由没有顺利处理。因此，假设是网络或AWS中SecurityGroup的设定有问题，可以向服务器管理者等进行询问。如果是nginx或应用的进程停止了，我们再次启动进程，然后从日志中寻找进程停止的原因。

我们说明了在实际的情况中，应该如何思考划分故障原因。开头中写了，在应用中发生故障时，应该像上方这样，提出假设并进行验证。但是无论如何提出假设，如果没有应用的日志，就没有办法进行验证。所以了为尽快解决故障，我们应该做出适当的日志设计。

CHAPTER 10 应用运行中的要点

10.3 理解操作nginx、puma的命令

在8.6节中，我们使用Capistrano，完成了作为Rails服务器的puma以及Web服务器的nginx的部署任务。那时我们使用的是Capistrano关联的gem来生成任务，所以没有接触到实际的命令。现在我们不仅希望用Capistrano，还希望直接用命令处理puma、nginx，所以本节对各个命令进行补充。

10.3.1 puma

puma是用于启动Rails应用的应用服务器。puma有puma命令和pumactl命令，推荐大家使用后者。虽然基本功能没有差异，但pumactl不止有start，还有stop、restart等命令，可以更加直观地进行操作。

此外，还有一个差异是不用指定config文件，默认会使用config/puma.rb文件。

操作puma所需的基本命令

puma的启动

请在运行环境中，准备好config文件（/opt/RailsSampleApp/shared/puma.rb）的路径。

```
$ bundle exec pumactl -C /opt/RailsSampleApp/shared/puma.rb
```

puma的停止

请使用应用目录的路由运行。

```
$ bundle exec pumactl -S ./tmp/pids/puma.state stop
```

我们可以使用-S选项指定state文件，但像下方这样在config/puma.rb中指定state文件路径时，不需要用选项指定。只要在文件最后进行添加就没有问题了。

▶ config/puma.rb

```
application_path = "#{File.expand_path("../..", __FILE__)}"
state_path "#{application_path}/tmp/pids/puma.state"
```

puma的重启

请使用应用目录的路由运行。

```
$ bundle exec pumactl -S ./tmp/pids/puma.state restart
```

puma的启动确认

```
$ ps aux | grep puma
user_name         43501   0.0  0.0 2423376    212 s009  R+   11:03AM   0:00.00
grep --color=auto --exclude-dir=.bzr --exclude-dir=CVS --exclude-dir=.git
--exclude-dir=.hg --exclude-dir=.svn puma
user_name         43180   0.0  0.9 2646852 149964 s008  S+   11:02AM   0:06.73
puma 3.10.0 (tcp://0.0.0.0:3000) [RailsSampleApp]
```

本书中出现过好几次，这是使用ps命令和grep命令的启动确认命令。通过改变grep命令的参数，可能会锁定到别的进程。

10.3.2　nginx

nginx是从客户端接收请求，并进行某种处理的Web服务器。在第8章中的作用是，将来自客户端的请求传送给运行Rails应用的puma。此外，还可以不通过Rails，直接返回对public目录的访问。

操作nginx的基本命令

nginx的启动

```
$ sudo nginx
```

nginx的停止

```
$ sudo nginx -s stop
```

在不停止nginx的前提下更新设定文件

```
$ sudo nginx -s reload
```

nginx设定文件的语法检测

```
$ sudo nginx -t
nginx: the configuration file /etc/nginx/nginx.conf syntax is ok
```

```
nginx: configuration file /etc/nginx/nginx.conf test is successful
```

nginx的启动确认

```
$ ps aux | grep nginx
user_name    4066  0.0  0.0  11432   928 pts/0    D+   11:01   0:00 grep nginx
root         5529  0.0  0.2  86892  2420 ?        Ss   3月30   0:00 nginx: master
process /usr/sbin/nginx
www-data    11572  0.0  0.2  86892  2808 ?        S    10月11 10:10 nginx: worker
process
www-data    11573  0.0  0.2  86892  2792 ?        S    10月11 10:14 nginx: worker
process
www-data    11574  0.0  0.3  86892  3060 ?        S    10月11 10:29 nginx: worker
process
www-data    11575  0.0  0.2  86892  3036 ?        S    10月11  9:46 nginx: worker
process
```

> **COLUMN**
>
> **什么是热重启**
>
> puma可以进行热重启。所谓的热重启，是指可以在继续服务器请求处理的同时，反映更改内容。通常在重启应用时，要先停止应用，然后再重新启动。这时，在停止到启动这段时间内，会产生无法处理的请求。此外，还可能当用户在应用内进行更改或处理时，没有进行完的时候，应用就停止了。而热启动不用那段停止时间，就能反映变更。

作者简历

太田 智彬
招聘技术人才
东京涉谷人,从事过大型网址的构建、Web应用的开发。作为技术担当,从事前端项目领导、制作流程改善。现在致力于BRP的计划、立案。著作:《面向工程师的Git教科书》《突破JavaScript》(翔泳社)《有用的CSS3设计零件库》(MdN)等。

寺下 翔太
完成2015年东京大学研究院信息理工学研究科硕士课程后,入职大公司SIer,主要从事公共系统的后端开发。2016年跳槽到Recruit Lifestyle,多次使用Rails进行服务开发。现在主要开发利用GCP的数据分析基盘,喜欢的语言是Ruby和Golang。

手塚 亮
毕业后入职Web制作公司,有Web设计、前端、后端的开发经验。2013年入职nanapi,从事用Rails的媒介开发,新产品的策划、安卓应用开发等,一直工作到2015年。经历了媒介的开发统括、营业组织的业务效率化等业务,2017年创建GENERADES公司担任CTO。

宗像 亚由美
在CREATIVE SURVEY的成立初期,作为Web应用工程师,经历了前端开发、后端开发。而且不止于开发,还参与到售前技术支持、PM、客户服务等业务。之后,在印度的Start Up,经历了制作Web以及IoT方面的策划到开发。现在是两个孩子的母亲。

Ruby On Rails 5 の上手な使い方
(Ruby On Rails 5 no Jozu na Tsukaikata: 5309-4)
©2018 Tomoaki Ota / Shota Terashita / Ayumi Munakata / Ryo Tezuka
Original Japanese edition published by SHOEISHA Co.,Ltd.
Simplified Chinese Character translation rights arranged with SHOEISHA Co.,Ltd.
through CREEK & RIVER Co.,Ltd. and CREEK & RIVER SHANGHAI Co., Ltd.
Simplified Chinese Character translation copyright © 2021 by China Youth Press

律师声明

北京默合律师事务所代表中国青年出版社郑重声明：本书由日本翔泳社授权中国青年出版社独家出版发行。未经版权所有人和中国青年出版社书面许可，任何组织机构、个人不得以任何形式擅自复制、改编或传播本书全部或部分内容。凡有侵权行为，必须承担法律责任。中国青年出版社将配合版权执法机关大力打击盗印、盗版等任何形式的侵权行为。敬请广大读者协助举报，对经查实的侵权案件给予举报人重奖。

侵权举报电话

全国"扫黄打非"工作小组办公室
010-65233456   65212870

http://www.shdf.gov.cn

中国青年出版社
010-59231565
E-mail: editor@cypmedia.com

版权登记号：01-2020-3014

图书在版编目（CIP）数据

Ruby on Rails应用开发最强教科书：完全版 /（日）太田智彬等著；张倩南译. — 北京：中国青年出版社，2021.7
ISBN 978-7-5153-6415-5

Ⅰ.①R… Ⅱ.①太… ②张… Ⅲ.①计算机网络-程序设计 Ⅳ.①TP393.09

中国版本图书馆CIP数据核字（2021）第093772号

Ruby on Rails应用开发最强教科书 [完全版]

[日]太田 智彬　[日]寺下 翔太　[日]手塚 亮　[日]宗像 亚由美 / 著
张倩南 / 译

出版发行：	中国青年出版社
地　　址：	北京市东四十二条21号
邮政编码：	100708
电　　话：	(010) 59231565
传　　真：	(010) 59231381
企　　划：	北京中青雄狮数码传媒科技有限公司
印　　刷：	天津旭非印刷有限公司
开　　本：	787 x 1092 1/16
印　　张：	24.5
版　　次：	2021年9月北京第1版
印　　次：	2021年9月第1次印刷
书　　号：	ISBN 978-7-5153-6415-5
定　　价：	128.00元（附赠高效学习资料，加封底公众号获取）

本书如有印装质量等问题，请与本社联系
电话：(010) 59231565
读者来信：reader@cypmedia.com
投稿邮箱：author@cypmedia.com
如有其他问题请访问我们的网站：http://www.cypmedia.com

主　　编　张　鹏
策划编辑　田　影
责任编辑　张　军
营销编辑　时宇飞
封面制作　乌　兰